建筑与景观照明设计

李文华 著

中国水利水电出版社
www.waterpub.com.cn

内 容 提 要

本书系统地讲述了建筑与景观照明设计的内容和方法，内容包括：光的基本概念，电光源，照明灯具，建筑与景观照明设计基础，建筑物外观照明设计，景观照明设计，城市商业街照明设计，城市光污染控制及绿色照明与节能等共8章。附录内容包括：照明设计常用术语，常用电气图形符号，照明设计师国家职业标准（2019修订版），灯具国家标准目录等，方便读者参考使用。

本书内容新颖、全面系统、图文并茂，兼顾专业与普及两个方面，适应面较广，可作为高等院校、高职高专相关专业课程的教材，也可作为从事城乡规划、建筑设计、环境设计、室内设计、照明设计、照明施工人员的参考书。

图书在版编目（CIP）数据

建筑与景观照明设计 / 李文华著. -- 北京 : 中国水利水电出版社, 2014.9(2022.8重印)
ISBN 978-7-5170-2478-1

Ⅰ. ①建… Ⅱ. ①李… Ⅲ. ①建筑—照明设计②景观设计—照明设计 Ⅳ. ①TU113.6

中国版本图书馆CIP数据核字(2014)第212363号

书　　名	**建筑与景观照明设计**
作　　者	李文华　著
出版发行	中国水利水电出版社 （北京市海淀区玉渊潭南路1号D座　100038） 网址：www.waterpub.com.cn E-mail：sales@mwr.gov.cn 电话：（010）68545888（营销中心）
经　　售	北京科水图书销售有限公司 电话：（010）68545874、63202643 全国各地新华书店和相关出版物销售网点
排　　版	北京时代澄宇科技有限公司
印　　刷	清淞永业（天津）印刷有限公司
规　　格	210mm×285mm　16开本　16印张　379千字
版　　次	2014年9月第1版　　2022年8月第2次印刷
印　　数	3001—5000册
定　　价	**69.00元**

前 言

光以各种方式介入人们的生活和环境，深深地影响着人们的心理和精神世界。

自 1878 年美国人爱迪生发明了白炽灯泡以来，照明技术已经历了漫长的发展历程。

时至今日，随着我国经济、文化和物质生活水平迅速提高，科技显著进步，城乡建设不断蓬勃发展，照明设计理念和照明设备也已经有了长足发展，照明设计已是城市规划、建筑与景观设计中一个不可缺少的重要组成部分。它不仅可以美化城市，增加城市的魅力，提高城市的知名度和美誉度，而且还可以优化人们的夜间生活和投资环境，促进旅游业、商业、交通运输业、服务业和照明等行业的发展，并减少交通事故和夜间犯罪，提高人们夜间活动的安全感，并对完善建筑功能、营造环境氛围、强化城市特色、定位场所性质等，也都会起到至关重要的作用。

照明设计所具有的重要政治、经济意义和深远的社会影响，越来越引起有关部门、社会各界，特别是城乡建设部门和广大照明工作者的高度重视和普遍关注。

当前，中国正逢盛世，2008 年成功地举办了北京奥运会与残奥会，2009 年山东省喜迎全运会和 2010 年上海喜迎世博会等，诸如此类的全民重大活动已经带动城市、建筑、景观的美化与亮化工程。为了满足当下建筑与景观照明设计的飞速发展和迫切的专业需求，为了人们能够实现创造更多高质量、高效能和绿色环保、宜人宜情环境的理想，本书试图努力在这方面作些探索。

首先，本书力求内容新颖、全面系统、图文并茂，兼顾专业与普及两个方面，适应面较广，适合作为高等院校、高职高专相关专业课程的教材，也可作为从事建筑设计、景观设计、环境艺术设计、照明设计、照明施工、照明安装、运行维护人员的参考书，实际意义和理论意义兼备。

其次，本书着力在建筑与景观照明设计基础、照明设计与各类型建筑与景观各种功能要求的关系等方面寻求突破，理论知识结合案例分析，实用性、理论性、科学性、艺术性紧密结合。一方面，让事实说话，解说专业问题；另一方面，满足时代需求，将经过实践验证并升华的科学、高效的理论用来指导再创作、再实践。

由于建筑设计、景观设计、室内设计等专业与照明设计有密切的关系，这就需要建筑师、景观设计师和室内设计师等能正确看待照明设计工作，充分认识到照明设计在专业设计中的角色地位和重要性，切实地把照明纳入到整体设计中，同时，还要考虑到照明设计也是一门独立的专业，有其自身的规律特点和专业内容。

坚持设计以人为本、技术服务艺术，是本书编写过程中的指导思想。

本书力求内容丰富、资料翔实，尽量反映当前照明设计的最新经验和最新研究成果，旨在为照明设计提供全面系统的新理念、新技术，从而推动我国建筑与景观照明设计水平的提高。具体内容包括光的性质、光度量、光与视觉、光与颜色、建筑及装饰材料与光学特性、电光源、建筑与景观照明灯具、现代建筑照明设计、传统建筑照明设计、景观照明设计、城市光污染与控制、照明节能等。

本书编写力求简明扼要、深入浅出，以方便读者理解与接受为目标；在整体叙述上强调科学性、实用性和广泛性。为更加直观有效地说明相关理论，在书中还有针对性地附加了大量的实景图片。

由于水平有限，加之编写时间仓促，书中难免有不妥之处，敬请专家、设计师和读者批评指正。

李文华

2014 年春

目 录

第一章　光的基本概念

第一节　光的性质

一、人类与光

光是自然的一个最基本的构成要素，它总是与空气、与自然景观、与最美丽时刻的记忆联系在一起。光辐射引起人的视觉，人才能够看见并认识所处的周围环境。人从外界获得的信息有 80% 来自光和视觉。人类对光有着本能的生理需求和心理依赖。

人类的生活离不开光。良好的光环境是保证人们进行正常工作、生活、学习的必要条件，它对于劳动生产率、生理与心理健康等都有直接影响。

二、光的性质

光是一种电磁辐射能，是能量的一种存在形式。当一个物体（光源）发射出这种能量，则即使没有任何中间媒质，也能向外传播。这种能量形式的发射和传播过程，就称为辐射。光在一种介质（或无介质）中传播时，它的传播路径是直线，称之为光线。

现代物理证实，光在传播过程中主要是显示出波动性，而在光与物质的相互作用中，主要显示出微粒性，即光具有波动性和微粒性的二重性。与之相对应的，关于光的理论也有两种，即光的电磁理论和光的量子理论。

（一）光的电磁理论

光的电磁波波动理论认为光是能在空间传播的一种电磁波。电磁波的实质是电磁振荡在空间的传播。电磁波在介质中传播时，其频率由辐射源决定，将不随介质而变，但传播速度将随介质而变。将各种电磁波按波长（或频率）依次排列，可以画出电磁波的波谱图，如图 1–1–1 所示。波长不同的电磁波，其特性也会有很大的差别。通常不同波段的电磁波是由不同的辐射源产生，它们对物质的作用也不同，因此具有不同的应用和测量方法，但相邻波段的电磁波没有明显的界线，因为波长的较小差别不会引起特性的突变。

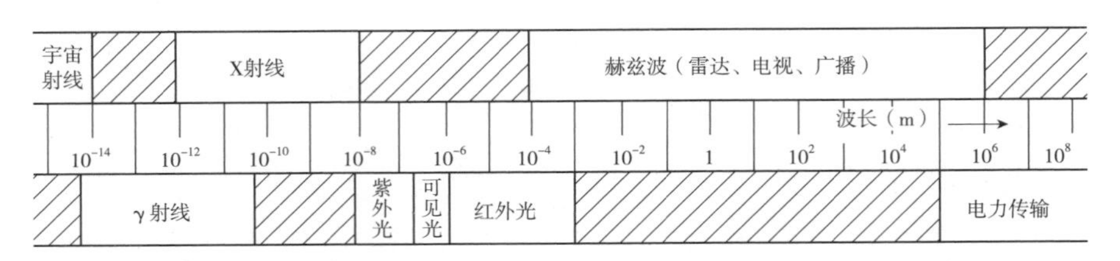

图 1–1–1　电磁波波谱图

电磁波的波长范围极其宽阔，而可见光只占其中极狭窄的一个波段。可见光与其他电磁波最大的不同是它作用于人的肉眼时能引起人的视觉。可见光的波长范围约为 380~780nm。可见光波长不同时会引起人的不同色觉。将可见光按波长为 380nm 到 780nm 依次展开，光将分别呈现紫、蓝、青、绿、黄、橙、红色，如图 1–1–2 所示。

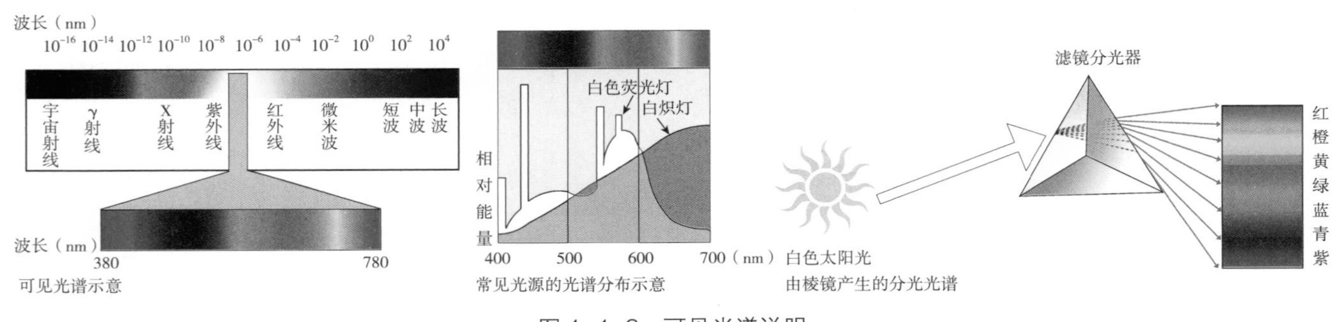

图 1–1–2　可见光谱说明

波长小于 380nm（约 100 ~ 380nm）的电磁辐射叫紫外线，波长大于 780nm（约 780nm ~ 1mm 之间）的辐射称为红外线。紫外线和红外线虽然不能引起人的视觉，但其他特性均与可见光极相似。通常把紫外线、红外线和可见光统称为光。

光的电磁理论可以解释光在传播过程中出现的一些现象，例如光的干涉、衍射、偏振和色散等。这说明光在传播过程中主要表现为波动性。

（二）光的量子理论

光的量子理论认为光是由辐射源发射的微粒流。光的这种微粒是光的最小存在单位，称为光量子，简称光子。光子具有一定的能量和动量，在空间占有一定的位置，并作为整体以光速在空间移动。光子与其他实物粒子不同，它没有静止的质量。

光的量子理论可以解释一些用光的电磁理论无法解释的现象，例如光的吸收、散射及光电效应等。上述这些现象都和光与物质相互作用有关，这说明光在与物质相互作用时，主要表现为微粒性。

入射：光线投射到表面为入射。

反射：光线或辐射热投射到表面以后又返回的现象。

折射：当光线倾斜地从一个介质射入另一个介质时改变光线的方向，在两种介质中光线的传播速度不同，如图 1–1–3 所示。

反射定律：当光线或声波被光滑表面反射时，入射角等于反射角，入射光线、反射光线和表面的法线都在同一平面内。

入射角：当光线射到表面上时，该光线与入射点处表面的法线形成的夹角。

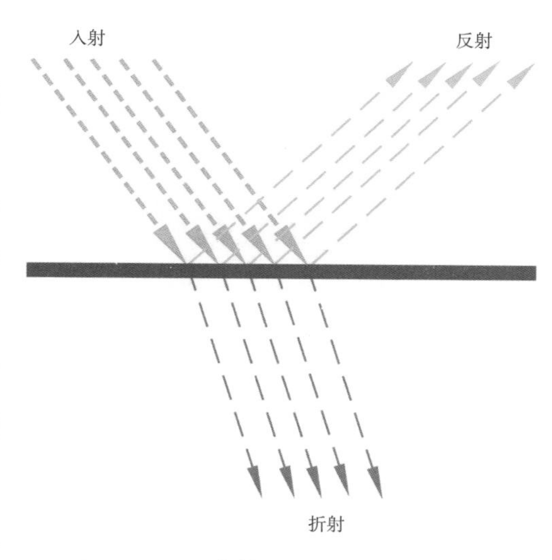

图 1–1–3　光的入射、反射和折射

反射角：反射的光线与入射点处反射表面的法线形成的夹角，如图 1–1–4 所示。

漫射：光经过凹凸不平的表面的漫反射，或通过半透明材料的无规律的散射，如图 1–1–5 所示。

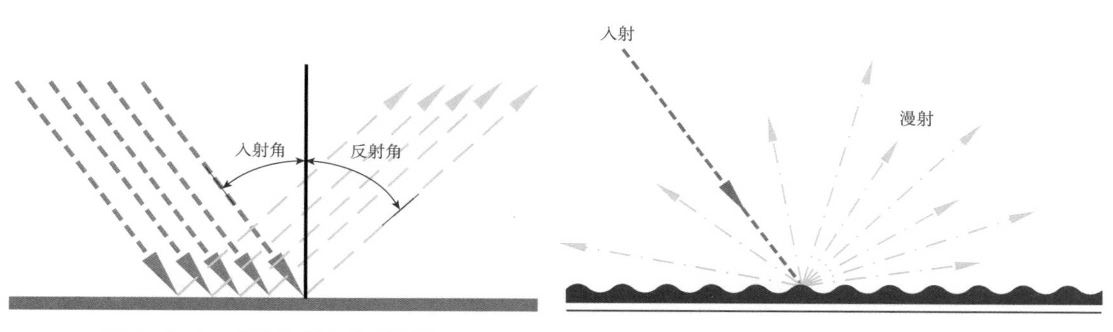

图 1–1–4　光的入射角和反射角

图 1–1–5　光的漫射

透射系数：透过物体并由物体发射的辐射能与入射到该物体上的总能量之比。

反射系数：表面反射的辐射能与入射到该表面上的总辐射能之比。

吸收系数：表面吸收的辐射能与入射到该表面上的总辐射能之比。

折射角：折射的光线与入射点处两种介质交界面的法线形成的夹角，如图 1–1–6 所示。

绕射：当光波或声波发生弯曲绕过障碍物时，光波或声波的调整，如图 1–1–7 所示。

不透明的：光不能穿透的。

半透明的：能透射和漫射光线，但不能看清另一面的物体。

透明的：能够透射光线，因此能清楚地看到前面或后面的物体。

光的量子理论中光子的振动频率与相应的光的电磁理论中光波的振动频率是一致的。这是因为两种理论说明的是同一个物理现象，当然不能互相矛盾，只是前者主要从微观上

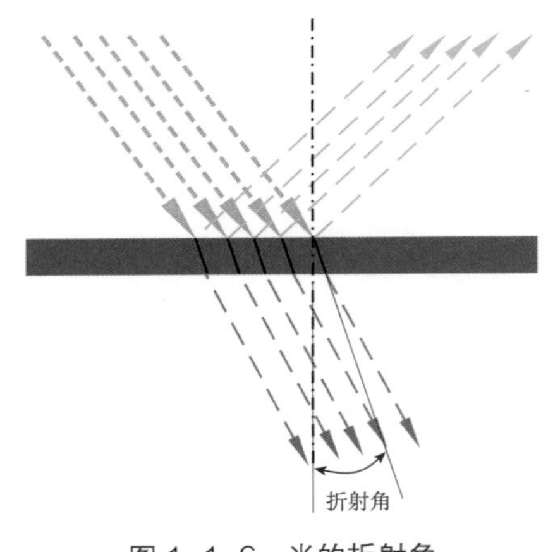

图 1-1-6　光的折射角

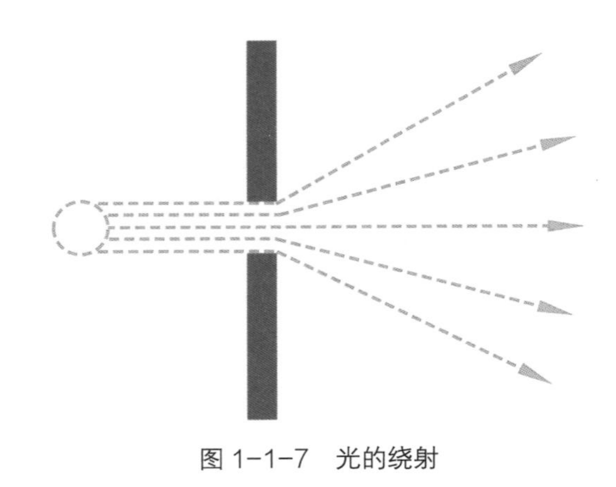
图 1-1-7　光的绕射

讨论光，而后者则从宏观上研究光。

第二节　光度量

在照明设计和评价时离不开定量分析、测量和计算，因此在光度学中涉及一系列的物理光度量，用以描述光源和光环境的特征。常用的有光通量、照度、发光强度、亮度等。

一、光通量

光通量（luminous flux）是光源在单位时间内发出的光的总量。它表示光源的辐射能量引发人眼产生的视觉强度。

光通量的物理量符号为 Φ，单位为流明（lm），1lm = 1cd · sr。

在国际单位制和我国规定的计量单位中，流明是一个导出单位。1lm 是发光强度为 1cd 的均匀点光源在 1sr 立体角内发出的光通量。

在照明工程中，光通量是说明光源发光能力的基本量。例如，一只 40W（W 为电能功率的单位符号）白炽灯发出的光通量为 350lm，一只 40W 荧光灯发出的光通量为 2100lm，一只 220V（V 为电压的单位符号）、2000W 溴钨灯的光通量为 45000lm。

发光效率是照明工程中常用的概念。不同的电光源消耗相同的电能，其辐射出的光通量也并不相同，即不同的电光源具有不同光电转换效率。电光源所发出的光通量 Φ 与其消耗的电功率 P 的比值称为该电光源的发光效率。由定义可得发光效率公式为：

$$\eta=\Phi/P$$

式中，发光效率 η 的单位是流明 / 瓦（lm/W）。

二、照度

照度是表示受照物体表面每单位面积上接收到的光通量。如果受照表面均匀受光，即受照表面上照度处处相等，则受照表面所接受的光通量为 $E=\Phi/A$，如图 1–2–1 所示。照度是客观存在的物理量，与被照物和人的感受无关。

照度是照明工程各项标准和规范中最常用的物理量。照度的物理量符号是 E，单位是勒克斯，其符号为 lx。1lx 等于 1lm 的光通量均匀分布在 1m^2 表面上所产生的照度。照度的数值可用照度计直接测量读出，如图 1–2–2 所示。照度可以直接相加。照度的另一个单位是烛光，即每平方英尺的光通量。

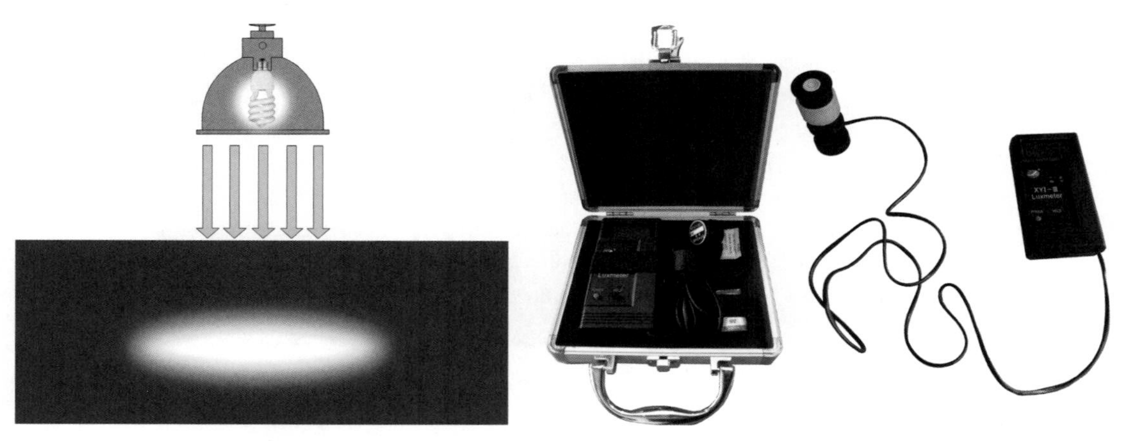

图 1–2–1　照度定义的示意图　　图 1–2–2　数字照度计（摄影：李文华）

各种环境条件下被照表面的照度参见表 1–2–1。

表 1–2–1　各种环境条件下被照表面的照度　　单位：lx

被照表面	照　　度	被照表面	照　　度
朔日星夜地面上	0.002	晴天采光良好的室内	100 ～ 500
望日月夜地面上	0.2	晴天室外太阳散射光下的地面上	1000 ～ 10000
读书所需最低照度	＞ 30	夏日中午太阳直射的地面上	100000

三、发光强度

发光强度简称光强，其符号为 I，其单位名称是坎德拉（candela），单位符号为 cd，计算公式为 $I=\mathrm{d}\Phi/\mathrm{d}\omega$。

发光强度是表征光源发光能力大小的物理量，亦即是表示光源向空间某一方向辐射的光通密度。在数量上 1 坎德拉等于 1 流明每球面度，即 1cd=1lm/sr，如图 1–2–3 所示。

坎德拉是我国法定单位制与国际单位制的基本单位之一，其他光度量单位都是由坎德拉导出的。

在不同的方向，发光强度是不一样的。光强是光源本身所特有的属性，仅与方向有关，与到光源的距离无关，常用于说明光源和照明灯具发出的光通量在空间各方向或在选定方向上的分布密度，如图 1–2–4 所示。例如，一只 40W 的白炽灯发出 350lm 光通量，它的平均光强为 350/4π=28cd。

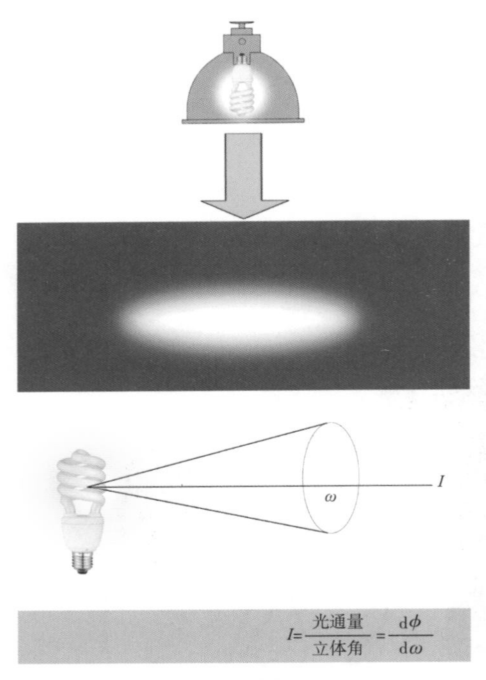

图 1-2-3　光强定义的示意图

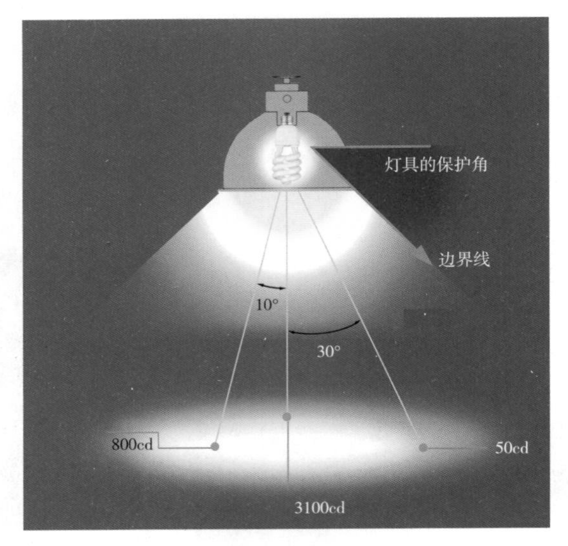

图 1-2-4　光强意义的示意图

四、亮度

光源或受照物体反射的光线进入眼睛，在视网膜上成像，使人们能够识别物体的形状和明暗。视觉上的明暗知觉取决于进入眼睛的光通量在视网膜物像上的密度——物像的照度。

这说明，确定物体的明暗要考虑两个因素：物体（光源或受照体）在指定方向上的投影面积——这决定物像的大小；物体在该方向上的发光强度——这决定物像上的光通量密度。根据这两个条件，可以建立一个新的光度量——亮度（luminance），如图 1-2-5 所示。

亮度的物理量符号为 L，单位名称为坎德拉每平方米，符号为 cd/m^2。

也可以说，光源的亮度是指光源表面沿法线方向上每单位面积的光强。通常，亮度在各方向上不相同，所以在谈到一点或一个有限表面的亮度时需要指明方向，如图 1-2-6 所示为表面亮度在室内环境中的分布示意图。

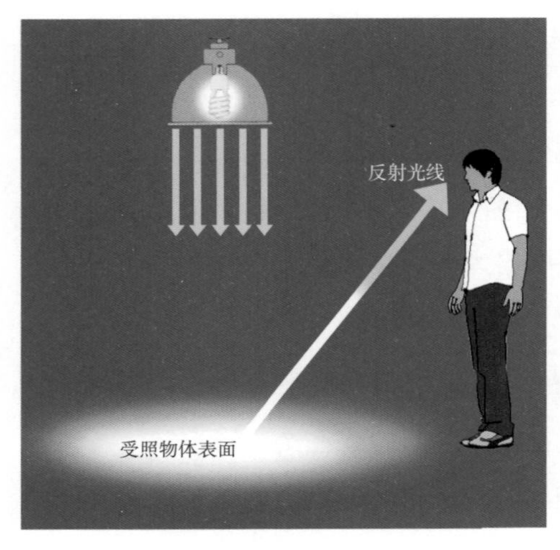

图 1-2-5　亮度定义的示意图

图 1-2-6　亮度在室内环境中的分布示意图

几种发光体的亮度值参见表 1-2-2。

表 1-2-2 几种发光体的亮度值 单位：cd/m^2

发光体	亮度	发光体	亮度
太阳表面	2.25×10^9	从地球表面观察月亮	2500
从地球表面（子午线）观察	1.60×10^9	充气钨丝白炽灯表面	1.4×10^7
晴天的天空（平均亮度）	8000	40W 荧光灯表面	5400
微阴天空	5600	电视屏幕	1700 ~ 3500

上述 4 个光度量有不同的应用领域，可以互相换算，并且可用专门的光度仪器进行测量。光通量表征光源辐射能量的大小；光强用来描述光通量在空间的分布密度；照度说明受照物体的照明条件（受光表面光通密度），它的计算和测量都比较简单，在光环境设计中广泛应用这一概念；亮度则表示光源或受照物体表面的明暗差异。光通量、光强、照度和亮度的关系如图 1-2-7 所示。

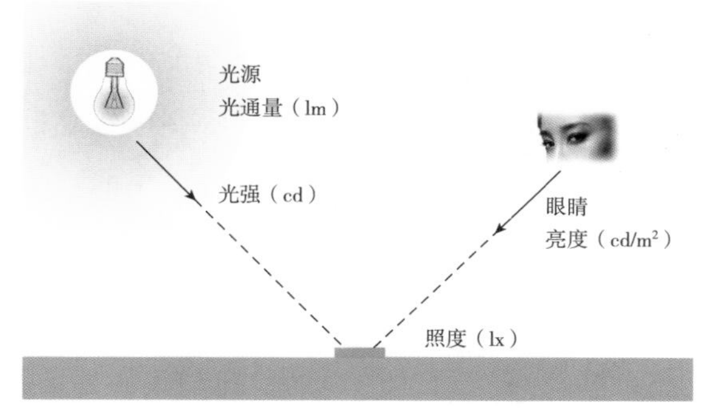

图 1-2-7 光通量、光强、照度和亮度的关系

第三节 光与视觉

“我们的眼睛是造来观看光线下的各种形式的。”

——勒·柯布西耶

视觉是光射入眼睛后产生的一种知觉，即视觉依赖于光。为了保证视觉功能的正常发挥，必须创造良好的光环境。因此，进行照明设计有必要了解视觉的形成、视觉的特性和视觉的功效等相关知识。

一、视觉的形成

人们的视觉感觉只能通过眼睛来完成，眼睛好像一部精密的光学仪器，在很多方面都与照相机相似。

眼睛主要由 3 部分组成，即眼球壁、成像系统和调节系统。其构造如图 1-3-1 所示。

1. 眼球壁

眼睛是一个直径约 24mm（21 ~ 25mm）的略带椭圆的球体，称为眼球。眼球的壁由 3 层薄膜组成：外层薄膜——角膜和巩膜；中层薄膜——虹膜、睫状体和脉络膜；内层薄膜——视网膜。

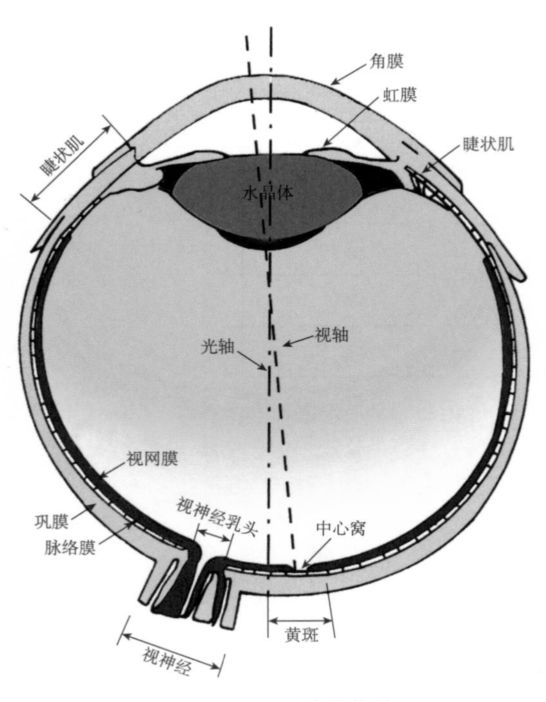

图 1-3-1　眼睛的构造

2. 成像系统

眼睛的成像系统是指光在眼球中通过的路程，又称光路系统，它包括角膜、前房、晶状体和玻璃体 4 个部分，如图 1-3-2 所示。

3. 调节系统

为了看清目标，就必须调节眼睛的各有关部位，以控制射入眼球的光的强弱，并使目标物能成像于视网膜的中央凹处，因为只有中央凹区域内才有高的分辨率和视觉灵敏度。眼睛的调节系统在瞳孔的调节、晶状体的调节、眼球的转动 3 个方面进行调节。调节瞳孔的目的主要是控制射入眼球的光线强度。当视野亮度较高时，瞳孔自行缩小，反之则会自行放大；当观察目标很远时，瞳孔也会略有缩小，以增大景深，而看近的物体时，瞳孔又会略有放大。晶状体是由睫状肌通过悬韧带调节的，调节的目的就是改变晶状体的屈光度。眼球转动的目的是为了迅速地捕捉到观察目标，通常，也可以通过扭动头部甚至躯干，使人们的视觉范围大大地扩大。

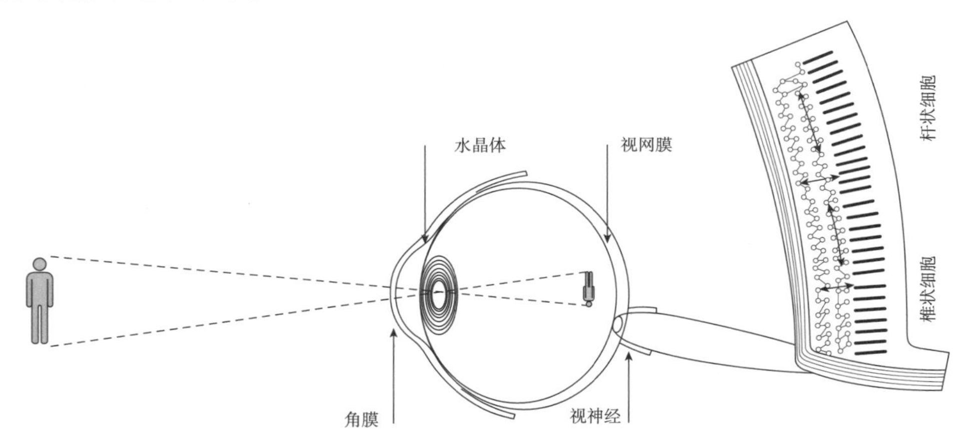

图 1-3-2　眼睛构造剖面图及成像原理

二、视觉的特性

1. 视觉阈限

视觉系统极其复杂，它有很大的自调能力，但这种能力有一定的限度。例如视觉器官可以在很大的强度范围内感受到光的刺激，但也有一个最低的限度，当低于这一限度时，就不再能引起视觉器官对光的感觉了。能引起光觉的最低限度的光量，就称为视觉的阈限，一般用亮度来度量，故又称为亮度阈限。

视觉的亮度阈限与下列诸多因素有关：

（1）视觉的亮度阈限与目标物的大小有关。目标物的大小一般用目标物对眼睛所张的角度表示，称为视角。视角越小，则亮度阈限越高；视角越大，亮度阈限就越低。但当视角超过 30° 时，亮度阈限不再降低。

（2）视觉的亮度阈限与目标物发出的光的颜色也有关系。在相同的视角下，对波长较长的光，例如红光、黄光，其亮度阈限就高；对波长较短的光，例如蓝光，则亮度阈限值要低一些。这是因为在暗视觉条件下，光谱光效率向短波方向偏移的缘故。

（3）在上述讨论中，对观察时间未作限制，也即观察者可以无限制地长时间观察目标物。如果对观察时间作一定的限制，或目标物的呈现时间有一定的限制，例如不超过 0.1s，而目标物又较小，视角不超过 1°，则目标物呈现时间将影响亮度阈限值。即目标物呈现时间越短，亮度阈限值就越高；呈现时间越长，亮度阈限值就越低。

一般来说，亮度越高，越有利于视觉。但当亮度超过 10^6cd/m^2 时，视网膜可能被灼伤，所以人们只能忍受不超过 10^6cd/m^2 的亮度。

2. 视力

视力定性含义是眼睛区分精细部分的能力。视力定量含义是指人眼睛能够识别分开的两个相邻物体的最小张角 D 的倒数（$1/D$）。生理因素、年龄因素都是影响视力的因素。

3. 视觉速度

光线进入眼睛，作用于视网膜并形成视觉，是需要一定时间的。从物体出现到形成视觉所需要的时间 t（s）的倒数称为视觉速度。视觉速度与照明有直接关系，良好的照明条件可以缩短形成视觉所需的时间，也即提高了视觉速度，从而提高了工作效率。视觉速度受目标物尺寸（即视角大小）、亮度对比、环境亮度与背景亮度等因素影响。

4. 视野

当人面向正前方，眼睛水平地正视前方时，除了能看到正前方的目标外，还能模糊地看到周围一个很大的范围，称为视野或视场。视野的大小与环境亮度等客观因素有关，同时与生理因素，尤其是人种有关。

图 1-3-3 所示是人眼的视野范围，中央白色部分为双眼看到的范围，斜线部分为单眼看到的其余范围，黑色部分是被脸、眉、颊和鼻遮挡的范围。

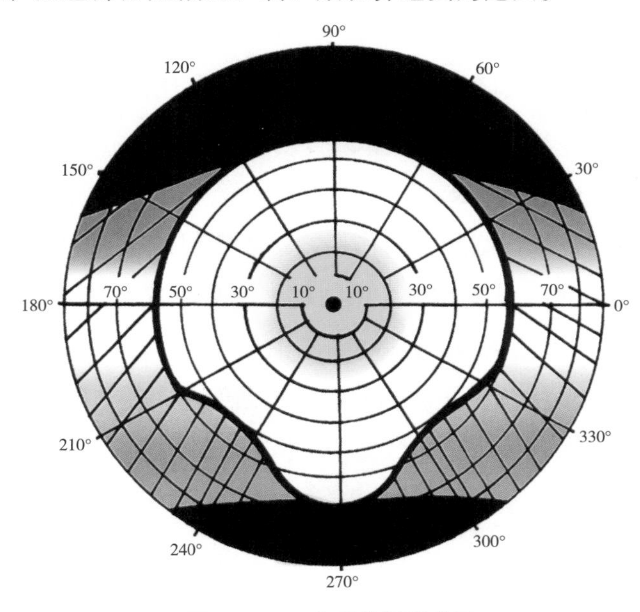

图 1-3-3　人眼的视野范围

5. 明视觉与暗视觉

由于锥体、杆体细胞分别在不同的明、暗环境中起主要作用，故形成明、暗视觉。明视觉是指在明亮环境中（大于几个 cd/m^2 以上的亮度水平），主要由视网膜的锥体细胞起作用的视觉。明视觉能够辨认很小的细节，此时人眼具有颜色感觉，而且对外界亮度变化的适应能力强。暗视觉是指在黑暗环境中（$0.001cd/m^2$ 以下的亮度水平），主要由视网膜杆体细胞起作用的视觉。暗视觉只有明暗感觉而无颜色感觉，也无法分辨物件的细节，对外部变化的适应能力低。

当环境亮度在 0.03 ~ $3cd/m^2$ 之间时，将同时存在锥体视觉和杆体视觉，这时的视觉特性既不同于明视觉，也不同于暗视觉，此时介于明视觉和暗视觉之间，这种环境条件常称为中间视觉或介视觉。明视觉、中间视觉及暗视觉与其相对应的光环境之间的关系如图 1-3-4 所示。

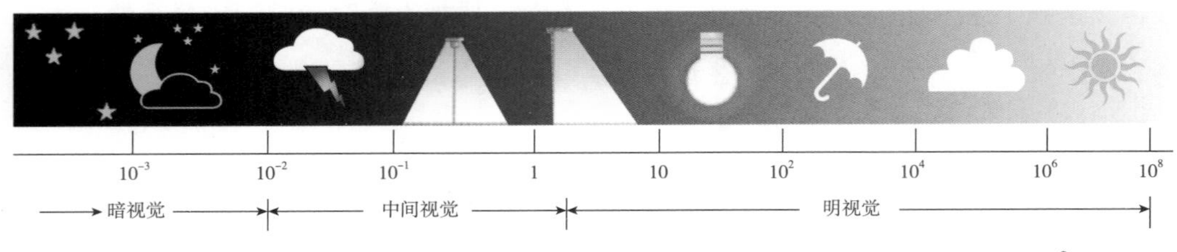

图 1-3-4　明视觉、中间视觉及暗视觉与其相对应的光环境示意图（单位：cd/m^2）

6. 颜色感觉

在明视觉时，人们对于 380 ~ 780nm 范围内的电磁波会引起不同的颜色感觉，见表 1-3-1。

表 1-3-1　光谱颜色中心波长及范围　　单位：nm

颜色感觉	中心波长	范　围	颜色感觉	中心波长	范　围
红	700	640 ~ 750	蓝	510	480 ~ 550
橙	620	600 ~ 640	绿	470	450 ~ 480
黄	580	550 ~ 600	紫	420	400 ~ 450

7. 光谱光视效率

人眼观看同样功率的辐射，在不同波长时感觉到的明亮程度不一样。人眼的这种特性常用光谱光视效率 [$V(\lambda)$] 曲线来表示，如图 1-3-5 所示。它表示获得相同视觉感觉时，波长 λ_m 和波长 λ 的单色光辐射通量的比。辐射源在单位时间内发出的能量，一般用 Φ_e 表示，单位为 W。

由于在明、暗环境中，分别由锥体和杆体细胞起主要作用，所以它们具有不同的光谱光视效率曲线。这两条曲线代表等能光谱波长 λ 的单色辐射所引起的明亮感觉程度。明视觉曲线 $V(\lambda)$ 的最大值在波长 555nm 处，即在黄绿光部位最亮，愈趋向光谱两端的光显得愈暗。$V'(\lambda)$ 曲线表示暗视觉时的光谱光视效率，它与 $V(\lambda)$ 相比，整个曲线向短波方向推移，长波端的能见范围缩小，短波端的能见范围略有扩大。在不同光亮条件下，人眼感受性不同的现象称为"普尔钦效应"（Purkinje effect）。在室内设计中的颜色协调时，就应根据它们所处环境的明暗可能变化程度，利用上述效应，选择相应的亮度和色彩对比。

8. 明适应与暗适应

从黑暗处进入明亮的环境时，人们最初会感到非常刺眼，睁不开眼，因此无法看清周围的景物。大约经

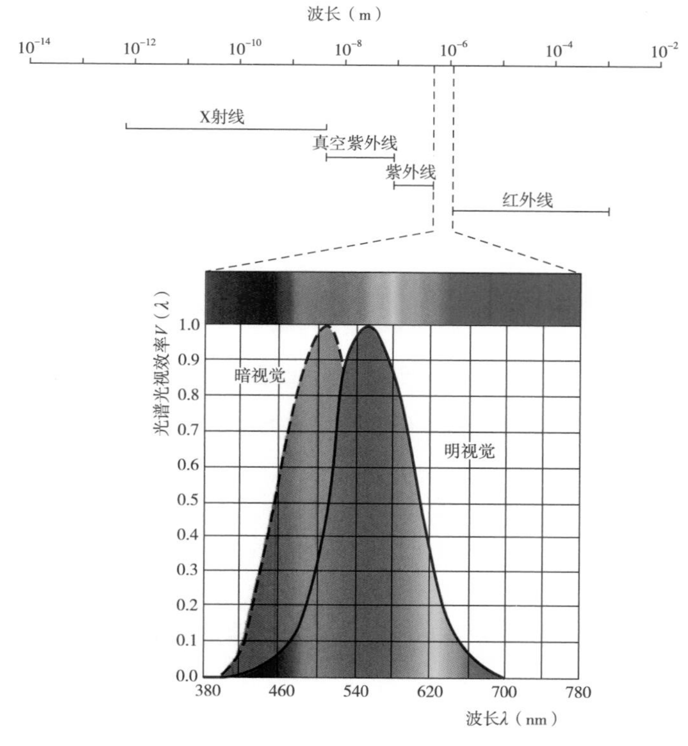

图 1-3-5　光谱光视效率曲线

过 1min 后才能恢复正常的视觉工作。眼睛的这种由暗到亮环境的适应过程就称作明适应。

人从明亮的环境进入暗处时，在最初阶段会什么都看不见，逐渐适应了黑暗后，才能区分周围物体的轮廓，这种从亮处到暗处，人们视觉阈限下降的过程就称为暗适应。一般人要在暗处逗留 30 ~ 40min，视觉阈限才能稳定在一定水平上，如图 1-3-6 所示。

暗适应的长短与适应前后的光环境有关，适应前后两种光环境的亮度之差越大，则适应的时间也就越长。另外，年龄大小、营养状况、是否缺氧、有无夜盲症等生理因素也是影响暗适应长短的重要因素。

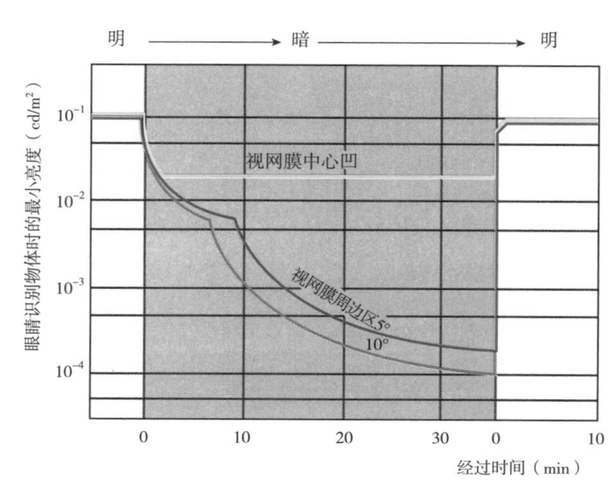

图 1-3-6　明适应与暗适应

在室内照明设计时，要充分考虑到人的明适应和暗适应因素，加强过渡空间和过渡照明的设计以起到视觉导向或氛围营造的作用，确保人的视觉达到健康舒适的程度。

9. 恒常现象

一个物体在照明的性质与强度发生变化的情况下，人对该物体还保持原有的识知状态，这种现象叫恒常现象。在室内设计中，同一界面的驼色乳胶漆，在白天的阳光下看和在夜晚的灯光下看会是同样的颜色，就是这个道理。

10. 后像

物体对人的视觉神经刺激消除之后，在视网膜上仍残留着原物体的影像，这种现象称为后像。后像又分正后像和负后像。正后像也叫积极后像，是与原物体的亮度和色调相同的后像。负后像，也叫消极后像，是与原物体的亮度和色调正好相反的后像。

三、视觉功效

人们完成视觉工作的功效称为视觉功效，它包含两方面的内容，即视觉功效潜力和视觉功效状态。前者是人们完成某项视觉工作的能力，主要取决于视觉的生理特性和物理特性；后者是人们完成某项视觉工作的状态，它可能会涉及社会学和心理学等学科。

1. 可见度

人们在观察目标物时，除了与人的视力有关，即与人的视觉功效潜力有关外，还与该目标物的物理条件及其所处的物理环境有关。为了定量地表示人们观察目标物时看清楚的程度，引入可见度的概念。可见度又称能见度，或简称为视度。

可见度取决于视角、背景亮度和亮度对比 3 个因素。

2. 视功效特性

视角、背景亮度（或照度）和临界亮度对比的关系称为视功效，它们之间的关系可以用视功效特性表示，这是制定照度标准的主要依据。视功效特性由实验求得。

3. 视觉满意度

视觉满意度属于心理度量范畴，只有通过实验才能获得所需的结论。全部被测试者都认为满意的照度是不存在的。在室内设计中，室内照度达到略低于 2000lx 时，一般不会使人感到不满意，实际上，考虑到经济性，只要照明器布置得当，室内相关表面的亮度合适，一般照明有 1000lx 的照度就不会引起任何不满。

第四节　光与颜色

光源的颜色和环境的色彩通过视觉影响着人们。它不仅直接影响视觉的生理机能，还将影响着人的心理状态。颜色同光一样，是构成光环境的要素。照明质量的评价不止考虑光的强度，还要顾及光源和环境的颜色。颜色设计需要运用物理学、心理学及美学等多方面的规律。

一、颜色的基本特性

（一）颜色的形成

颜色来源于光。可见光包含的不同波长单色辐射在视觉上反映出不同的颜色。在两个相邻颜色范围的过渡区，人眼还能看到各种中间颜色。

一个光源发出的光经常是由许多不同波长单色的辐射组成的，每个波长单色的辐射功率也不一样。光源的各单色辐射功率，按波长进行的相关分布称作光源的光谱功率分布（或称光谱能量分布），它决定着光的色表和显色性能。

物体色是物体对光源的光谱辐射有选择地反射或透射对人眼所产生的感觉。物体色决定于物体表面的光谱反射率，同时，光源的光谱组成对于显色也是至关重要的。

（二）颜色的基本特征

1. 颜色的分类

颜色可分为无彩色和彩色两大类。

（1）无彩色。指白色、黑色和中间深浅不同的灰色。它们只有明度变化，没有色调和彩度的区别。从黑色开始，依次逐渐到灰色、白色，这个系列称作无色系列。

（2）彩色。指黑白以外的各种颜色。按照波长，彩色可以依次排列组成一个系列，称为彩色系列。

2. 色彩三要素

任何一种有彩色的表观颜色，都可以按照 3 个独立的主观属性分类描述，这就是色调、明度和色饱和度，称为色彩三要素。

（1）色相（也称色调，符号为 H）。是指各彩色彼此区分的特性，如红、橙、黄、绿、蓝等。可见光谱不同波长的辐射，在视觉上表现为各种色调取决于该种颜色的主要波长。各种单色光在白色背景上呈现的颜色，就是光谱色的色相。光谱色按顺序和环型排列及组合成色相环，色相环包括 6 个标准色以及介于这 6 个标准色之间的颜色，即红、橙、黄、绿、蓝、紫以及红橙、橙黄、黄绿、青绿、红紫 12 种颜色，也称 12 色相。

（2）明度（符号为 V）。是指颜色相对明暗的特性。彩色光的亮度愈高，人眼愈感觉明亮，它的明度就愈高。物体色的明度则反映为光反射比的变化，反射比大的颜色明度高，反之明度低。它通常有两方面的具体含义：其一，不同色相的明暗程度是不同的，光谱中的各种色彩，以黄色的明度为最高，由黄色向两端发展，明度逐渐减弱，以紫色的明度为最低；其二，同一色相的明度，由于受光强弱的不同，也是不一样的。光越强，明度越高；反之，就越低。

（3）色饱和度（也称彩度，符号为 C）。是指彩色的纯洁性，是描述颜色的深浅程度的物理量。可见光谱的各种单色光彩度最高，黑白系列的彩度为零，或可认为黑白系列无彩度。光谱色中加白，则彩度降低，明度提高；加黑，则彩度降低，明度也降低。

二、颜色的混合

颜色的混合是指将两种或更多种不同的颜色混合，从而产生一种新的颜色。光源色的混合与物体色（颜料）的混合有很大的不同，光源色的混合遵循加法混色，物体色的混合遵循减法混色。

实践证明，人眼能够感知和辨认的每一种颜色都能从红、绿、蓝 3 种颜色匹配出来，而这 3 种颜色中无论哪一种都不能由其他两种颜色混合产生，因此，在色度学中将红（700nm）、绿（546.1nm）、蓝（435.8nm）称为三原色。

在三原色中，若将红色光与绿色光混合可得出另一种中间色。将红、绿两种光强度任意调节，可得出一系列的中间色，如红橙色、橙黄色、橙色、黄橙色、黄色、黄绿色、绿黄色等。当绿色光与蓝色光混合时，可得出一系列介于绿与蓝之间的中间色。蓝与红混合时，可得出一系列介于蓝与红之间的中间色。上述光色只要比例合适，相加可得出：

红色 + 绿色 = 黄色

绿色 + 蓝色 = 青色

蓝色 + 红色 = 品红色

红色 + 绿色 + 蓝色 = 白色

光的混合遵循以下规律。

（1）补色律。凡两种颜色按适当比例混合能产生白色或灰色，这两种颜色称为互补色。如黄色光和蓝色光混合可获得白色光，故黄色光与蓝色光为互补色，黄色是蓝色的补色，蓝色也是黄色的补色。同样，红和青、绿和品红为互补色。

（2）中间色律。两种非互补色的光混合，可产生中间色。色调取决于两种光色的相对比例，偏向于比重大的光色。

（3）替代律。表观颜色相同的光，不管其光谱组成是否相同，在颜色相加混合中具有同样的效果。

（4）亮度叠加律。由几种颜色光组成的混合色的亮度，是各种颜色光亮度的总和。颜色光学混合是由不同颜色的光线引起眼睛同时兴奋的结果。它与颜料混合完全不同。颜料混合是利用不同波长的光线在所混合的颜料微粒中逐渐被吸收而引起的变化。

颜色的光学混合定律在装饰与艺术照明中可以得到实际应用。例如，可以利用几种光色不同的光源的混合光来得到光色优良的混光照明、舞台照明等，这是获得良好照明很经济的办法。三基色荧光灯、钠－铊－铟灯等新光源的制造也是应用颜色光学混合定律的实例。

三、颜色显示

物体表面的颜色由从物体表面所反射出来的光的成分和它们的相对强度决定。当反射光中某一波长最强时，物体便显示这种色调。这个最强的波长就决定了该物体的色彩。显然，物体所显现的颜色与物体的反射特性（光谱反射比）以及光源的辐射光谱有关。

现代照明的人工光源种类很多，它们的光谱特性各不相同，所以同一颜色的样品在不同光源照射下会显现不同的颜色，即产生颜色变化。为了对各种光源进行比较和评价，通常用色表和显色性来说明光源的光谱特性。

光源的色表是指光源的表观颜色，用CIE 1931标准色度图表示光源的颜色性质。CIE 1931色度图基本上是一个三角形，周边线表示光谱色，中间黑线是完全辐射体的轨迹，即表示黑体的色度与温度的关系，如图1-4-1所示。在照明技术中一般用色温或相关色温来表示光源的色表。当某一光源的色度与某温度下的完全辐射体（黑体）的色度相同时，完全辐射体（黑体）的温度（绝对温度，单位为开尔文，符号为K）即为该光源的色温。低色温光源发红色、黄色光，高色温光源发白色、蓝色光，见表1-4-1、表1-4-2。

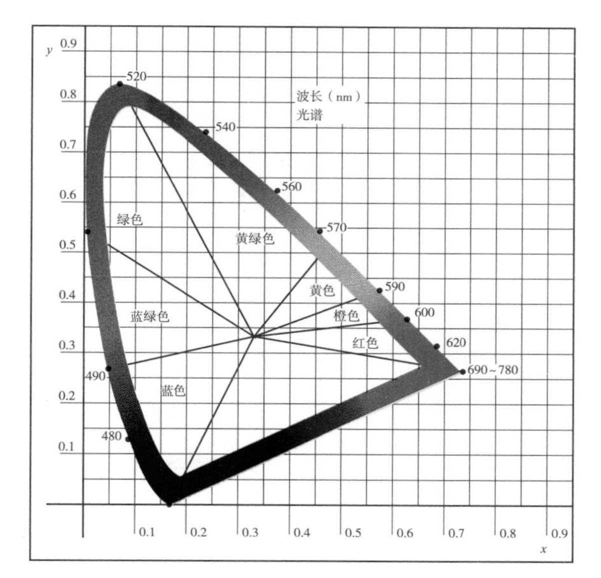

图1-4-1　国际照明委员会（CIE）色度图[1]

[1] 图片来源：《城市照明设计》，郝洛西著，辽宁科学出版社。

表1-4-1　色温与光的颜色的关系

黑体辐射温度（K）	光谱功率辐射颜色	备　注
800～900	红色	无实用价值
3000	黄白色	比白炽灯色温高，比卤钨灯色温低
5000	白色	气体放电灯
8000～10000	淡蓝色	无实用价值

表1-4-2　各种光源的色温　　单位：K

光　源	色　温	光　源	色　温
蜡烛	1900～1950	月光	4100
高压钠灯	2000	日光	5300～5800
白炽灯	2700～2900	昼光（日光+晴天天空）	5800～6500
弧光灯	3780	全阴天空	6400～6900
钨丝白炽灯	2740	晴天蓝色天空	10000～26000
镝灯	5000～7000	荧光灯（白色）	4500
钠铊铟灯	4200～5500	荧光灯（暖白色）	3500

光源色表的选择取决于光环境所要形成的气氛。光源色温不同，给人的感觉也不同。低色温有暖的感觉，高色温有冷的感觉。红色光和橙色光使人联想到火，白光和蓝光使人联想到水。CIE把灯的色表分成三类，见表1-4-3，其中第一类暖色调适用于居住类场所（如住宅、旅馆、饭店）以及特殊作业或寒冷气候条件；第二类在工作场所应用最为广泛；第三类冷色调适用于高照度场所、特殊作业或温暖气候条件下。

表 1-4-3　光 源 色 表 分 组

色表分组	色表特征	相关色温（K）	适用场所距离
Ⅰ	暖	< 3300	客房、卧室、病房、酒吧、餐厅
Ⅱ	中间	3300 ~ 5300	办公室、教室、阅览室、诊室、检查室、机加工车间、仪表车间
Ⅲ	冷	> 5300	热加工车间、高照度场所

人对光色的爱好与照度水平有关。1941 年德国克吕道夫根据实验，首先定量地提出光色舒适区的范围，后人的研究进一步证实了他的结论。

克吕道夫提出的第一个准则是：为了显示所视对象的正常颜色，应当根据不同照度选用不同颜色的光源。低照度时采用暖色；高照度时采用冷色。例如：低照度下用粉红、浅橙或淡黄色等暖色调的光，人的肤色显得“温和”自然，而用冷色调会使人的肤色苍白可怕；高照度下用近似日光的冷色，会使人的皮肤颜色显得自然、真实。

克吕道夫的第二个准则是：只有在适当的高照度下，颜色才能真实反映出来，低照度不可能显出颜色的本性。低照度时低色温的光使人感到愉快、舒适，高照度则有刺激感；高色温的光在低照度时使人感觉阴沉、昏暗、寒冷，在高照度时感觉舒适、愉快。因此，在低照度时宜用暖色光，接近黄昏情调，在室内创造亲切轻松的气氛；在高照度时宜用冷色光，给人以紧张、活泼的气氛。照度、色温与感觉的适应关系如图 1-4-2 所示。

显色性是指在某种光源的照明下，与作为标准光源的照明相比较，各种颜色在视觉上的变化（失真）程度。CIE 是用显色指数来评价光源的显色性的。CIE 使用 14 种色样用于计算显色指数，如图 1-4-3 所示，测试方法是考察色样在参考条件下与测试条件下的色彩偏差，色差越大，光源的显色性越差。特殊显色指数是对每个色样的色差进行计算。一般显色指数用 R_a 表示，是 CIE 所推荐的前 8 个色样的特殊显色指数的平均值。如高压钠灯的显色指数 R_a=23，荧光灯管的显色指数 R_a=60 ~ 90。通常大部分照明环境多要求光源的显色指数在 70 以上。

照度（lx）
10000
5000
2000
1000
500
200
100
50
20
10
颜色有不自然的感觉
自然的感觉
（舒服）
黑暗发冷的感觉
2000
2500
3000
3500
4000
4500
5000
5500
6000
6500
7000
色温（K）

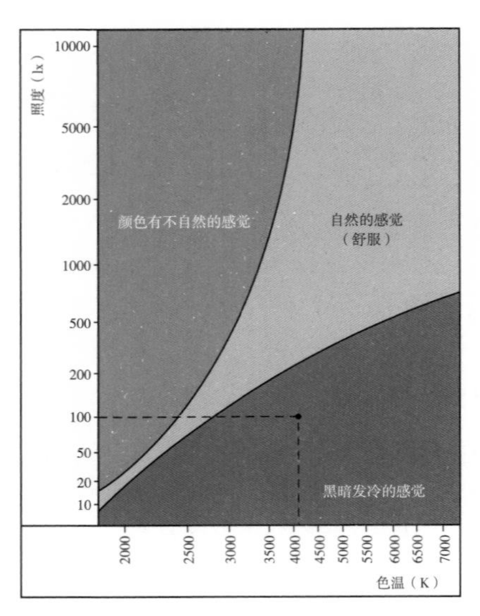

图 1-4-2　照度、色温与感觉的关系

测试色样
R1
浅灰红色
R2
芥末色
R3
黄绿色
R4
淡绿色
R5
青绿色
R6
天蓝色
R7
紫色
R8
淡紫色
补充色样
R9
红色
R10
黄色
R11
绿色
R12
蓝色
R13
肤色
R14
叶绿色

图 1-4-3　用于定义光源显色性的标准色样[1]

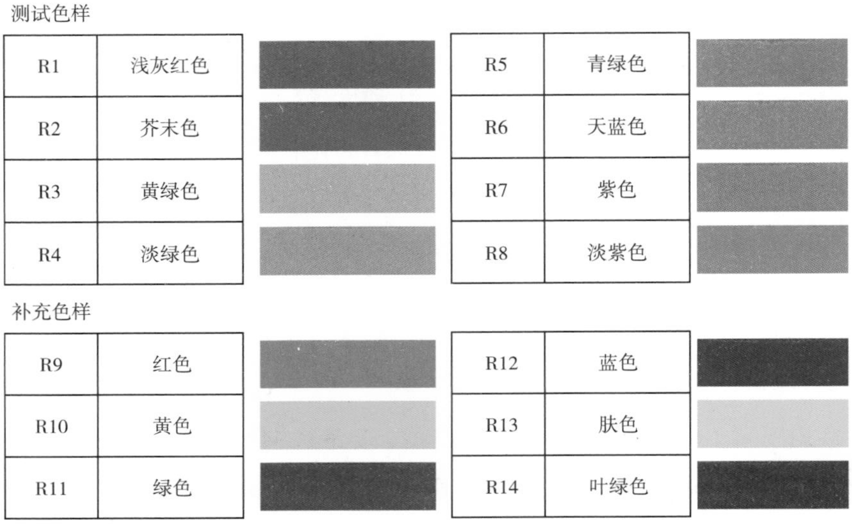

根据 GB 50034—2013《建筑照明设计标准》规定，长期工作或停留的房间或场所，照明光源的显色指数（R_a）不宜小于 80。在灯具安装高度大于 6m 的工业建筑场所，R_a 可以低于 80，但必须能够辨别安全色。

光源的色温与显色性之间没有必然的联系，因为具有不同的光谱分布的光源可能有相同的色温，但显色性可能差别很大。同样，色温有明显区别的光源，在某种情况下，还可能具有大体相等的显色性。自然光与人工光的色温如图 1-4-4 所示。电光源的显色指数及色温见表 1-4-4。

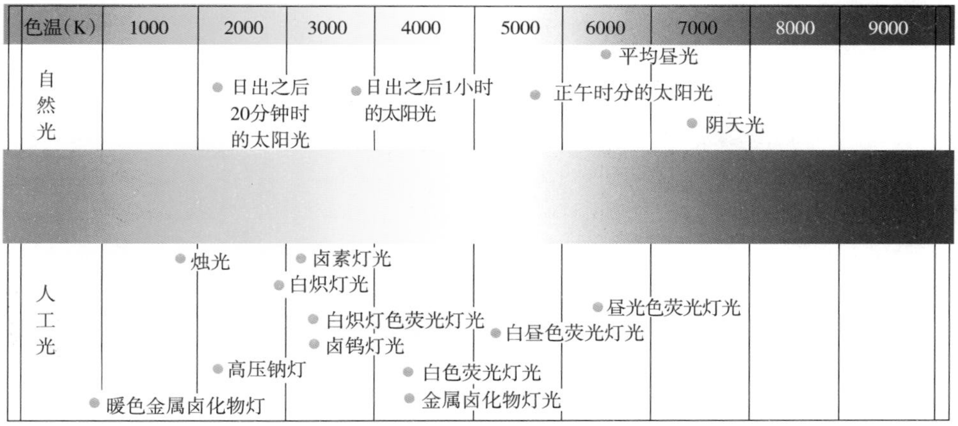

图 1-4-4　自然光与人工光的色温

❶ 图片来源：《城市照明设计》，郝洛西著，辽宁科学出版社。

表 1-4-4　电光源的显色指数及色温

光源名称	CIE 色坐标	色温（K）	R_a
白炽灯（500W）	x=0.447，y=0.408	2900	95 ~ 100
荧光灯（日光色 40 W）	x=0.310，y=0.339	6600	70 ~ 80
荧光高压汞灯（400 W）	x=0.334，y=0.412	5500	30 ~ 40
镝灯（1000 W）	x=0.369，y=0.367	4300	85 ~ 95
高压钠灯（400 W）	x=0.516，y=0.386	2000	20 ~ 25

四、颜色定量

从视觉的观点来描述自然界的颜色时，可用白、灰、黑、红、黄、橙、绿、蓝、紫等颜色来表示。但是，即使颜色辨别能力正常的人对于颜色的判断也不完全相同。有人认为完全相同的两种颜色，如换一个人判断，就可能会认为有些不同。

随着科学技术的进步，颜色在工程技术方面得到广泛应用，为了精确地规定颜色，就必须建立定量的表色系统。所谓表色系统，就是使用规定的符号，按一系列规定和定义表示颜色的系统，亦称为色度系统。表色系统有两大类：一是用以光的等色实验结果为依据的，由进入人眼能引起有彩色和无彩色感觉的光辐射表示的体系，即以色刺激表示的体系，国际照明委员会（CIE）1931 标准色度系统就是这种体系的代表，如图 1-4-5 所示；

二是建立在对表面颜色直接评价基础上，用构成等感觉指标的颜色图册表示的体系，如孟塞尔表色系统等，如图 1-4-6 所示。

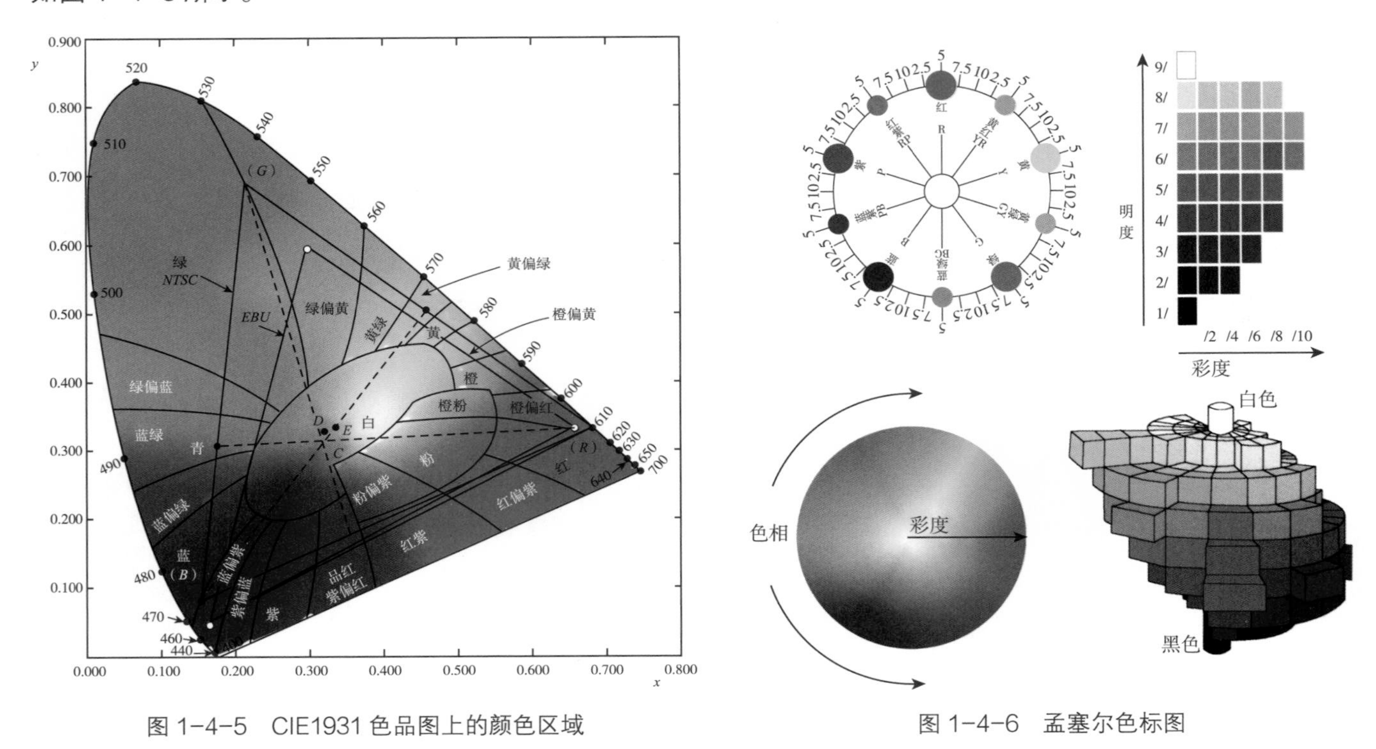

图 1-4-5　CIE1931 色品图上的颜色区域

图 1-4-6　孟塞尔色标图

五、颜色效应

色彩通过视觉器官为人们感知后，可以产生多种作用和效果。它可以直接影响到人的情绪、心理状态，甚至工作效率，色彩还可以改变空间体量，调节空间情调。正确运用色彩对于提高室内的视觉感受，创造一个良好的视觉环境具有重要的作用。

（一）色彩的物理效应

1. 温度感

色彩的温度感是人们长期生活习惯的反应。例如：人们看到红色、橙色、黄色产生温暖感；看到青色、蓝色、绿色产生凉爽感。通常将红、橙、黄之类的颜色称为暖色，把青、蓝、绿之类的颜色称为冷色，黑、白、灰称为中性色。

色彩的温度感是相对而言的。无彩色与有彩色比较，后者较前者暖；由无彩色本身来看，黑色比白色暖；从有彩色来看，同一色彩含红、橙、黄等成分偏多时偏暖，含青的成分偏多时偏冷。

色彩的冷暖与明度有关。含白的明色具有凉爽感，含黑的暗色具有温暖感。色彩的冷暖还和彩度有关。在暖色中，彩度越高越具有温暖感；在冷色中，彩度越高越具凉爽感。色彩的冷暖还与物体表面的光滑程度有一定的联系。一般说来，表面光滑时色彩显得冷，表面粗糙时，色彩就显得暖。

2. 重量感

重量感即通常所说的色彩的轻重。色彩的重量感主要取决于明度。明度高的色轻，低的色重。明度相同，彩度高的显重，低的显轻。

3. 体量感

体量感是指由于颜色作用使物体看上去比实际的大或者小。从体量感的角度看，可将色彩划分为膨胀色和收缩色。物体具有某种颜色，使人看上去增加了体量，该颜色即属膨胀色；反之，缩小了物体的体量，该颜色则属收缩色。色彩的体量感取决于明度，明度越高，膨胀感越强；明度越低，收缩感越强。面积大小相同的色块，黄色看起来最大，其他依次为橙、绿、红、蓝、紫。

4. 距离感

明度高的颜色给人以前进的感觉，称作前进色，暖色属前进色；明度低的颜色给人以后退的感觉，称作后退色，冷色属后退色。就彩度而言，彩度高者为前进色，彩度低者为后退色；在色相方面，主要色彩由前进色到后退色的排列次序是：红 > 黄 > 橙 > 紫 > 绿 > 蓝。

（二）色彩的心理和生理效果

色彩的心理效果主要表现为两个方面：一是悦目性；二是情感性。所谓悦目性，就是它可以给人以美感；所谓情感性说明它能影响人的情绪，引起联想，乃至具有象征的作用。

不同年龄、性别、民族、职业的人，对于色彩的爱好是不同的；在不同时期内，人们喜欢的色彩也不相同。所谓流行色，就是表明当时色彩流行的总趋势。

色彩的情感性主要表现在它能给人以联想。色彩给人的联想可以是具体的，有时也可以是抽象的。所谓抽象，指的是联想起某些事物的品格和属性。例如，红色最富有刺激性，很容易使人联想到热情、热烈、美丽、吉祥，也可以联想到危险、卑俗和浮躁。蓝色是一种极其冷静的颜色，最容易使人联想到碧蓝的海洋。抽象之后，会使人从积极的方面联想到深沉、远大、悠久、纯洁、理智；但从消极的方面联想，容易激起阴郁、贫寒、冷淡等情感。绿色是森林的主调，富有生机。它可以使人联想到新生、青春、健康和永恒，通常是公平、安详、宁静、智慧、谦逊的象征。白色能使人联想到清洁、纯真、神圣、光明、平和等，也可使人联想到哀怜和冷酷。色彩的联想作用还受历史、地理、民族、宗教、风俗习惯的影响。

除此之外，色彩还会引起人的生理变化，也就是由于颜色的刺激而引起视觉变化的适应性问题。色适应的原理经常运用到室内色彩设计中，一般的做法是把器物色彩的补色作为背景色，以消除视觉干扰，减少视觉疲劳，使视觉感官从背景色中得到平衡和休息。正确地运用色彩将有益于身心的健康。例如，红色能刺激和兴奋神经系统，加速血液循环，但长时间接触红色却会使人感到疲劳，甚至出现筋疲力尽的感觉，所以起居室、卧室、会议室等不宜过多地运用红色。橙色能产生活力，诱人食欲。绿色有助于消化和镇静，能促进身心平衡。蓝色能帮助消除紧张情绪，调整体内平衡，形成使人感到幽雅、宁静的气氛，所以在办公室、教室、治疗室等处经常用到。

（三）色彩的标志作用

色彩的标志作用主要体现在安全标志、管道识别、空间导向和空间识别等方面。

（1）色彩用于安全标志。用红色表示防火、停工、禁止和高度危险，用绿色表示安全、进行、通过和卫生等。用不同的色彩来表示安全标志，对建立正常的工作秩序、生产秩序，保证生命财产安全，提高劳动效率和产品质量等具有十分重要的意义。

（2）色彩可以导向。在大厅、走廊及楼梯间等场所沿人流活动的方向铺设色彩鲜艳的地毯、设计方向性强的彩色地面，可以提高交通线路的明晰性，更加明确地反映各空间之间的关系。

（3）色彩可用于空间识别。高层建筑中，可用不同色彩装饰楼梯间及过厅、走廊的地面，使人们容易识别楼层；商店的营业厅，可用不同色彩的地面显示各种营业区。

六、色彩在夜景照明中的应用

1. 表现建筑、景观的造型及结构特征

不同色彩的光照射在物体上，物体将呈现出相应不同的色彩。同样道理，在夜景照明中采用不同性质或同一性质不同色温的光源将得到不同的效果。

在美学中，色彩理论是一套创造色彩和谐的原则，它可以用规则来定义和衡量，色彩之间的关系可以显而易见地在色环上体现出来。如前文所述，在色环上，所有的颜色可以被分为两组——暖色极（从红色到橘黄色到黄色）和冷色极（从绿色到蓝色到紫色）。在色环上位于色环对立两极的两种颜色被称为补色，例如，黄色和紫色是一对补色，当它们同时使用时，会产生明显的对比。我们称补色之间的关系为补色原理。补色原理中的两种颜色是既互相对立又互相依赖的，我们常常在夜景照明中应用补色原理。首先，应该选择一种颜色作为主色，然后选择它的补色为背景色。

2. 展示建筑形象，表达特定内涵

色彩美丽且具有强烈的感情因素。不同的时代、不同的地域和不同的文化背景，人们对同一色彩的理解有所不同。建筑物的夜景照明要符合建筑的风格和建筑的使用功能，还须与建筑所处的环境和文化背景相和谐。对于照明设计师而言，建筑及景观仅仅是素材，如何刻画这些素材有赖于照明设计师自身的功力和素养。

在夜景照明中，特殊的色彩能够表达特定的内涵。举世闻名的埃菲尔铁塔为纪念法国大革命建于 1889 年，塔身共有 3 层平台，高 300 余米。通常，铁塔采用钠灯作为夜景照明的光源，在夜色中塔身呈现金黄色，显得富丽堂皇，与周围的环境相得益彰。但是在 2004 年 1 月 24 日，中国传统农历新年——春节期间，埃菲尔铁塔在其历史上第一次被红色聚光灯照亮用以庆祝中国人民的节日。红色象征着幸福、快乐、喜庆，所以，红色具有很强的感情色彩。它渲染了节日气氛，表达了法国人民对中国人民的友谊，但是它与周围的环境难以和谐，不适合长期作为埃菲尔铁塔的夜景照明色彩。用红色作为埃菲尔铁塔的夜景照明色彩只能是暂时的，最终，埃菲尔铁塔的夜景照明色彩又恢复到原来的金黄色。

3. 夜景照明光色效果和谐有序

和谐的色彩搭配是将色环两端的两种补色作为组合，意味着在光环境中建立一种平衡感，使人在生理上和心理上感到平和、舒适。在夜景照明中，色彩搭配会影响人们的情绪。总体来说，钠灯发出温暖的金黄色光，金卤灯发出优雅的白光。温暖的金黄色光象征着热烈、阳光、干燥和富丽堂皇，而阴冷的白光象征着平和、暗淡、冷漠和优雅。在进行夜景照明设计时，经常利用美学中的色彩对比和亮度对比作为表现手法。亮度对比是指光线从物体表面上反射后对比于其背景表面或其他物体表面的光线。色彩对比是指位于色环两端的两种颜色之间的对比。色环中包括暖色极和冷色极，暖色极一端的颜色产生温暖、兴奋和快乐感，冷色极一端的颜色产生阴冷、郁闷和消极的情绪。在夜景照明设计中，如果选一种暖色作为主色调，常常用它在色环上相应的补色来衬托它，反之亦然。所以在夜景照明中，可以通调节色彩之间的关系来获得和谐的色彩分布，达到在某个地区创造一个色彩和谐、亮度舒适的光环境的目的。

4. 合理运用光色，按需营造夜景氛围

当在夜景照明中应用彩色光时，应注意其色彩和亮度因建筑形式、建筑的使用功能、建筑的文化背景、建筑的环境特点而异。不同的建筑应有其独特的视觉氛围，以使人对其特点和功能一目了然。例如，对政府办公楼和一些纪念性建筑的色彩应处理得庄重、雅致，使其显得庄严、肃穆；对于一些商业建筑，应处理得鲜艳、明亮，使其能够激发顾客的消费和娱乐欲望。同时，应注意在夜景照明中不要乱用彩光，不要在城市住宅区内使用高亮度的大功率投光灯，以免干扰居民的正常生活。不要在道路旁安装闪烁的灯光装置，避免分散驾驶员的注意力。

第五节　建筑与景观设计常用材料的光学特性

“体块和表面是建筑借以表现自己的要素……建筑是一些搭配起来的体块在光线下辉煌、正确和聪明地表演，光和影显示为形式。”

——勒·柯布西耶

人们看到的光，绝大多数是经各种物件及壁面反射或透射的光。所以，如果选用不同的材料，就会形成不同的光效果。比如透光，如果窗户装的是透明玻璃，那么从室内就可以清晰地看到室外的景观，但如果用的是磨砂玻璃，效果就完全不同了，不仅看不清室外景物，而且室内的采光效果也相差很多：前者是阳光射入室内，光射到处很亮，但其余地方就较暗；后者使光线向各个方向扩散，整个房间都较明亮。由此可见，我们应该了解各种建筑装饰材料的光学性质，根据不同的要求，选取不同的材料，以获得理想的光环境。

光对被照物的外观及颜色表现有直接的影响，因为不同的光源其光谱组成不同。光与被照物的表观如图 1-5-1 所示。

通过肉眼人们可以观察到材料的表面材质状况，或粗糙或光滑等。通过光影，照明可以改变材料表面的外观，改变光源的位置或照射角度可以强化或者弱化材料表面的质感，如图 1-5-2 所示。

光源种类	钠灯	金卤灯	陶瓷金卤灯
色温·显色性 材料种类	色温：1950K 显色性：R_a>25	色温：3000K 显色性：R_a>80	色温：4200K 显色性：R_a>80
砖			
混凝土			
石材			
金属板	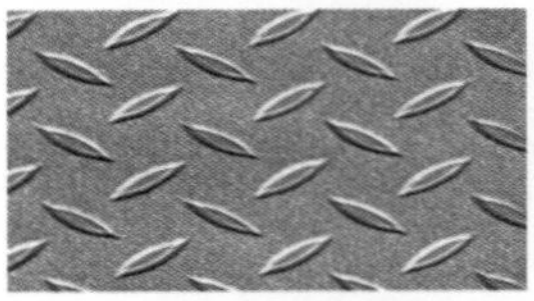	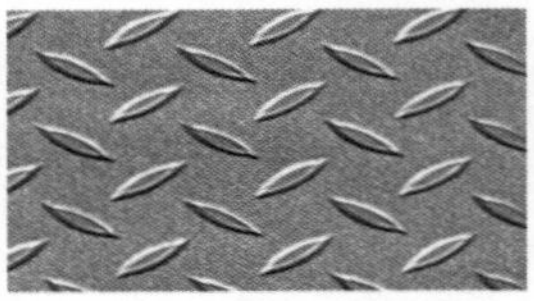	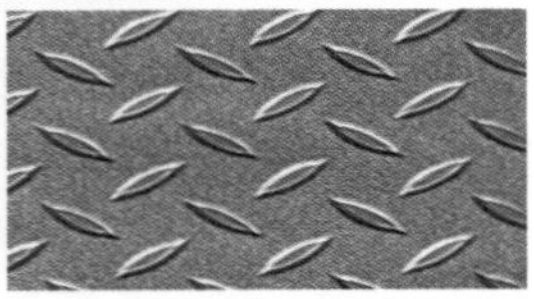
植物			

图 1-5-1　光与被照物的表观

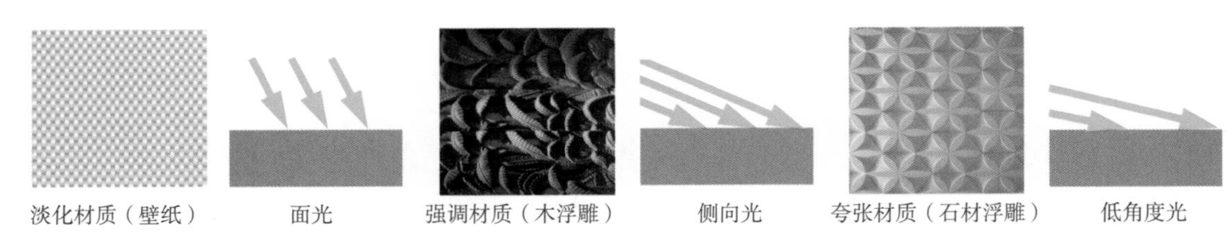

图 1-5-2　光与材质的关系

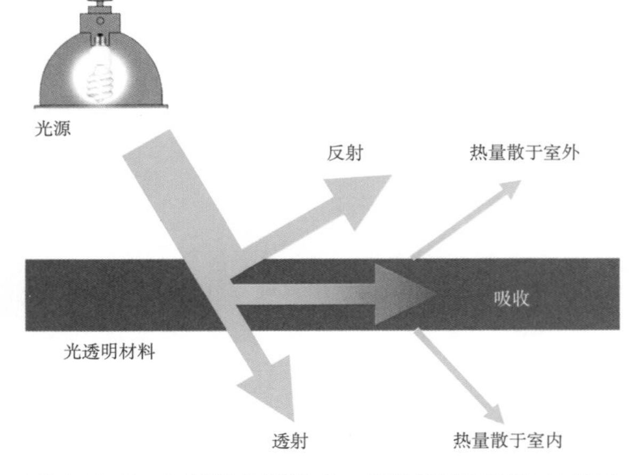

图 1-5-3　入射光与反射光、吸收光和投射光的关系

光在传播过程中遇到介质时，其入射的光通量一部分被介质吸收，一部分被反射，另一部分被透射。这三部分光通量占总的入射光通量的比例，分别称为反光系数 r、吸收系数 a 及透光系数 t。三者的关系如图 1-5-3 所示。要做好室内采光和照明设计，就需要了解各种材料对光的反射、透射及吸收的特性，同时还要了解光线经过这些材料的反射和透射后，在空间分布上有些什么规律。

一、反光材料与反光系数

（一）建筑、景观装饰材料的反光系数

表 1-5-1 中列出了常见的建筑、景观装饰材料的反光系数值，可供采光及照明设计时参考。但如果是特定材料，在使用前还要进行反光及透光系数的测定。

表 1-5-1　常用建筑、景观材料的反光系数

序号	材料	反光系数 r 值
1	石膏	0.91
2	大白粉刷	0.75
3	水泥砂浆抹面	0.32
4	白水泥	0.75
5	白色乳胶漆	0.84
6	调和漆 白色及米黄色 中黄色	 0.70 0.57
7	红砖	0.33
8	灰砖	0.23
9	瓷釉面砖 白色 黄绿色 粉色 天蓝色 黑色	 0.80 0.62 0.65 0.55 0.08
10	马赛克地砖 白色 浅蓝色 浅咖啡色 深咖啡色 绿色	 0.59 0.42 0.31 0.20 0.25
11	大理石 白色 乳色间绿色 红色 黑色	 0.60 0.39 0.32 0.0.08
12	塑料墙纸 黄白色 蓝白色 浅粉白色	 0.72 0.61 0.65
13	胶合板	0.58
14	广漆地板	0.10
15	菱苦土地面	0.15
16	混凝土地面	0.20
17	沥青地面	0.10
18	铸铁、钢板地面	0.15
19	浅色织品窗帷	0.30 ~ 0.50
20	粗白窗纸	0.30 ~ 0.50
21	一般白灰抹面	0.55 ~ 0.75
22	水磨石 白色 白色间黑灰色 白色间绿色 黑灰色	 0.70 0.52 0.66 0.10
23	塑料贴面板 浅黄色木纹 中黄色木纹 深棕色木纹	 0.36 0.30 0.12
24	无釉陶土地砖 土黄色 朱砂	 0.53 0.19

（二）反射

反射后光线的空间分布，取决于材料表面的光洁程度和材料内部的结构。一般有如下几种形式。

1. 定向反射

光线射到非常光滑的不透明材料表面时，就会发生定向反射，也称镜面反射。它遵循定向反射定律：入射光线、反射光线与反射面的法线在同一平面上，入射角等于反射角，如图 1-5-4 所示。但是反射光的亮度和发光强度都比入射光有所降低，因为有一部分被吸收或透射。

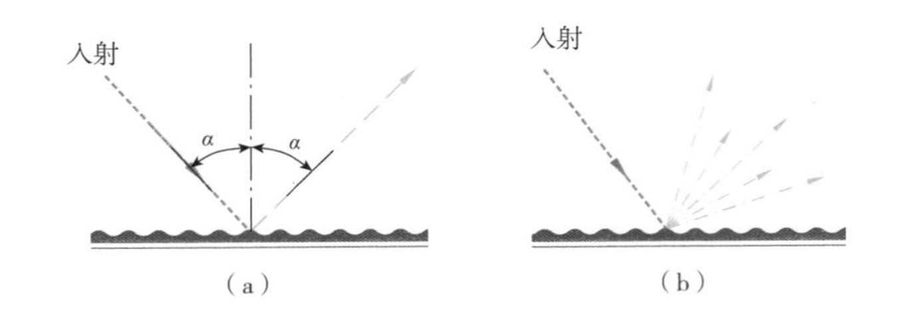

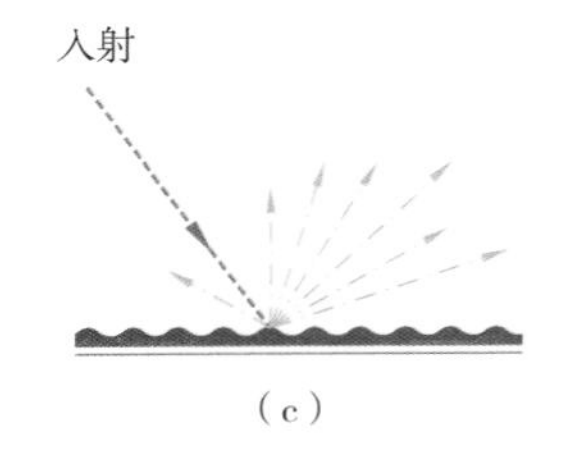

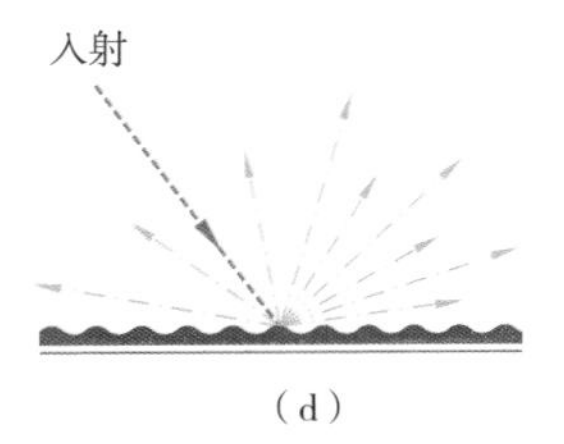

图 1-5-4　反射光的分布形式

(a) 定向反射;(b) 定向扩散反射;(c) 混合反射;(d) 均匀漫反射

光滑密实的表面，如玻璃镜面和磨光的金属表面能形成定向反射。这时，在反射光线的方向上，人们可以较清晰地看到光源的形象。但如果稍稍偏离这个方向，就看不见了。在照明工程中常利用定向反射进行精确的控光，如制造各种曲面的镜面反光罩获得需要的发光强度分布，提高灯具效率。几乎所有的节能灯具都使用这类材料做的反光罩，其中有阳极氧化或抛光的铝板、不锈钢板、镀铬铁板、镀银或镀铝的玻璃和塑料等。光与材料表现的关系如图 1-5-5 和表 1-5-2 所示。

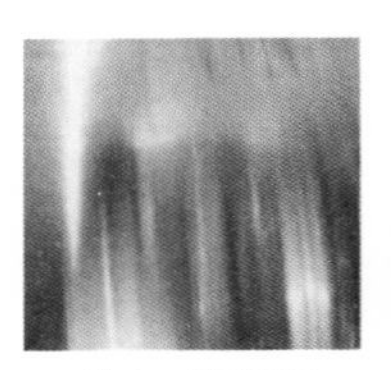

抛光不锈钢板

镜面反射

拉丝不锈钢板

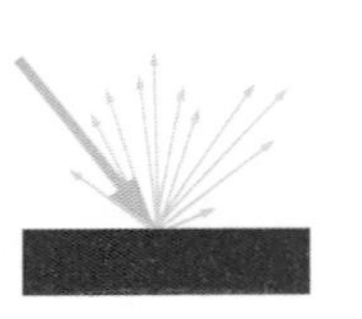

混合反射

哑光镀锌铁板

漫反射

图 1-5-5　光与材料表面

表 1-5-2　不同材料的光学性质

表面粗糙材料		表面光滑材料	
粗砖 混凝土 低光泽的平涂料 石灰石 白灰粉刷 低光泽的塑料制品 （丙烯腈丁、三聚氰胺甲醛塑料、聚氯乙烯） 砂石 粗木材	漫射光 粗糙面	抛光铝 亮（磁）漆 玻璃 磨光大理石 抛光塑料 不锈钢 水磨石 马口铁 油光木材	α　β 光滑面（$\alpha=\beta$）

2. 扩散反射

扩散反射材料可以使反射光线不同程度地分散在比入射光线更大的立体角范围内。根据材料扩散程度的不同，又可分为均匀扩散反射材料和定向扩散反射材料两种。经过冲砂、酸洗、锤点处理的毛糙金属表面、油漆等具有定向扩散反射的特性。

3. 漫反射

漫反射的特点是反射光的分布与入射光的方向无关，在宏观上没有规则反射，反射光不规则地分布在所有方向上，如图 1-5-4 所示。无光泽的毛面材料或由微细的晶粒、颜料颗粒构成的表面会产生漫反射。可以把这些微粒看作是单个的镜反射器，但是由于微粒的表面处在不同的方向，所以将光反射到许多角度上。

若反射光的发光强度分布与入射光的方向无关，而且正好是切于入射光线与反射表面交点的一个圆球，这种漫反射称为均匀漫反射。建筑与景观工程中常用的大部分无光泽饰面材料，如涂料、乳胶漆、亚光墙纸、陶板面砖等，都可以近似地看作是均匀漫反射材料。

4. 混合反射

多数材料的表面兼有定向反射和漫反射的特性，称为混合反射。建筑与景观工程中常选用的玻化砖、镜面大理石饰材等都呈现出这种综合特性。

二、透光材料与透光系数

光线通过介质时，组成光线的单色分量的频率不变，这种现象称为透射。玻璃、晶体、某些塑料、纺织品、水等都是透光材料，能透过大部分入射光。材料的透光性能不仅取决于它的分子结构，还与它的厚度有关。

表 1-5-3　常用透光材料的透射比 t

材料	厚度（mm）	透射比	材料	厚度（mm）	透射比
普通玻璃	3 ~ 6	0.78 ~ 0.82	聚苯乙烯板	3	0.78
钢化玻璃	5 ~ 6	0.78	聚氯乙烯板	2	0.60
磨砂玻璃	3 ~ 6	0.55 ~ 0.60	聚碳酸酯板	3	0.74
乳白玻璃	1	0.60	聚酯玻璃钢板	3 ~ 4 层布	0.73 ~ 0.77
压花玻璃、花纹深密	3	0.57	钢纱窗（绿色）	—	0.70
压花玻璃、花纹稀浅	3	0.71	白色半透明塑料	—	0.30 ~ 0.50
无色有机玻璃	2 ~ 6	0.85	深色半透明塑料	—	0.35 ~ 0.50
乳白有机玻璃	3	0.20	茶色玻璃	3 ~ 6	0.08 ~ 0.50
玻璃砖	—	0.40 ~ 0.50	安全玻璃	3+3	0.84
夹层安全玻璃	3+3	0.78	吸热玻璃	2 ~ 5	0.52 ~ 0.64

材料透射光的分布形式可分为定向透射、定向扩散透射、漫透射和混合透射 4 种，如图 1-5-6 所示。常用透光材料的透射比见表 1-5-3，透明材料的透射系数见表 1-5-4。

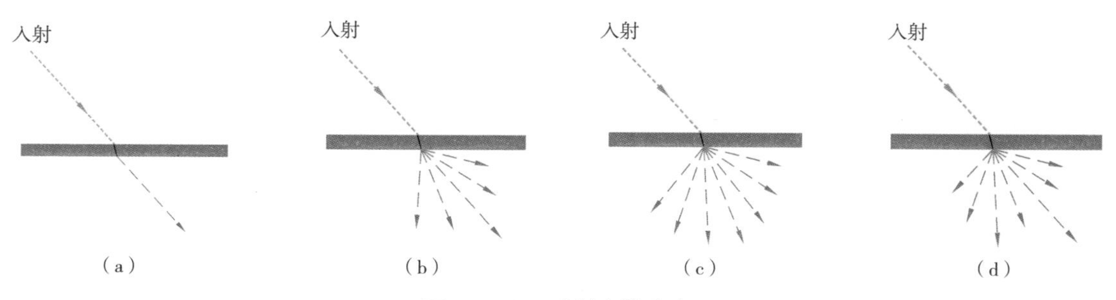

图 1-5-6　透射光的分布

（a）定向透射；（b）定向扩散透射；（c）漫透射；（d）均匀漫透射

1. 定向透射

光线射到很光滑的透明材料上，会发生定向透射。若材料的两个表面互相平行，则透过材料的光线与入射方向保持一致，但是透射后的亮度和发光强度都将减弱。

表 1-5-4　透明材料的透射系数

透明材料			透射系数（%）
定向透射	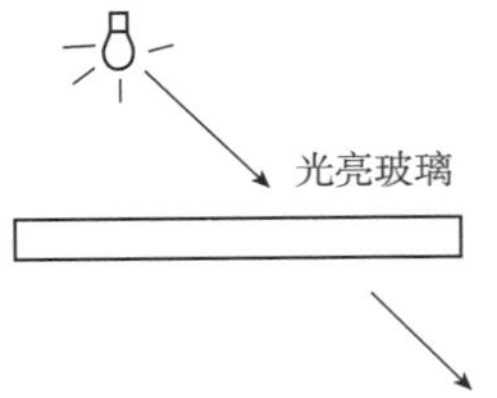 光亮玻璃	透明玻璃或塑料 透明的颜色玻璃或塑料 蓝色 红色 绿色 淡黄色	80 ~ 94 3 ~ 5 8 ~ 17 10 ~ 17 30 ~ 50
扩散透射	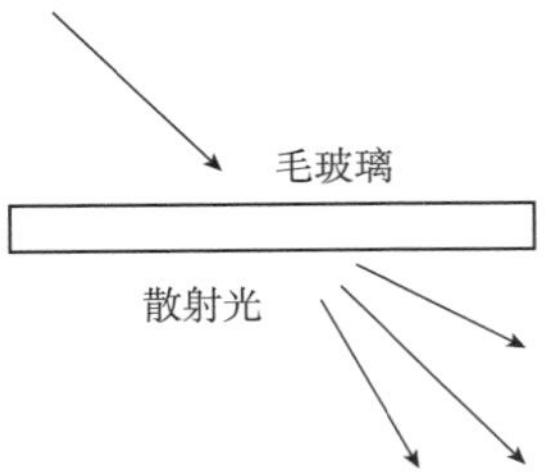 毛玻璃 散射光	毛玻璃，朝向光源 毛玻璃，远离光源	82 ~ 88 63 ~ 78
漫透射	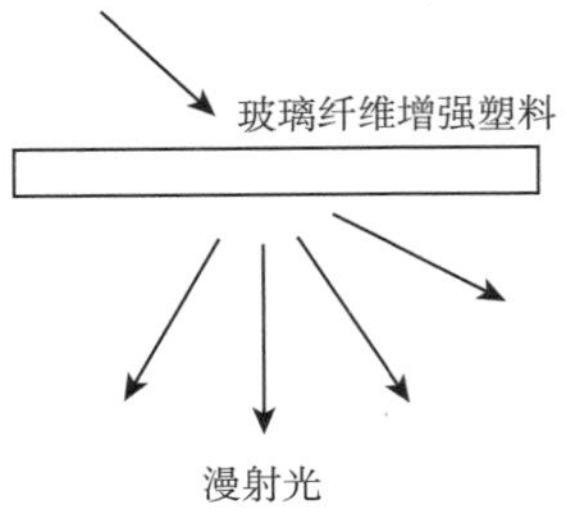 玻璃纤维增强塑料 漫射光	细白石膏 玻璃砖 大理石 塑料（丙烯酸、乙烯基、玻璃纤维增强塑料）	20 ~ 50 40 ~ 75 5 ~ 40 30 ~ 65

2. 定向扩散透射

定向扩散材料有方向性和扩散性两种特性。如磨砂玻璃，透过它可以看到光源的大致情况，但轮廓不清晰。

3. 漫透射

半透明材料可使入射光线发生扩散透射，即透射光线所形成的立体角比入射光线有所放大。可以将入射光线均匀地向四面八方透射，各个方向所看到的亮度相同，但看不到光源的形象的材料，具有均匀漫透射特性，乳白玻璃、半透明塑料等就属于这种材料。常用于灯罩及发光顶棚的透光，它们可以降低光源的亮度，减少对眼睛的强烈刺激，也可以使透过的光线均匀分布。

4. 混合透射

多数透光材料兼有定向透射和漫透射的特性，称为混合透射。

三、污染对材料光学特性的影响

由于受到环境污染，建筑与景观材料的光学性质会随着时间的推移而受到影响。例如：在天然采光中，随着使用时间的增加，窗玻璃会积累各种尘垢等污染物，使其透射比降低；建筑物的墙面如果受到污染会褪色，也会降低其反射比。

各种材料由于环境污染的影响而使其光学特性降低的程度，称之为污染减光系数 t_w（%）。

第二章 电 光 源

第一节 电光源的分类

一、电光源的分类

凡可以将其他形式的能量转换成光能，从而提供光通量的设备、器具统称为光源，而其中可以将电能转换成光能，从而提供光通量的设备、器具则称为照明电光源。

照明用灯种类繁多，外观各异。照明用灯由灯具和电光源两部分组成，根据其不同的特性及功能广泛应用于日常普通照明、城市夜景照明、国民经济生产、国防、科研等。电光源是照明灯的核心部分，由于电光源的发光条件不同，其光电特性也各异。对光源的了解将有助于根据环境的特性选择合适的光源，利用它们的特性和长处，充分发挥其优势。

根据光的产生原理，电光源的主要分类如图 2-1-1 所示。

其中，以热辐射作为光辐射原理的电光源，包括白炽灯和卤钨灯，它们都是以钨丝为辐射体，通电后使之达到白炽温度，产生热辐射。这种光源统称为热辐射光源，目前仍是重要的照明光源，生产数量极大。

各种气体放电光源，则主要以原子辐射形式产生光辐射。根据这些光源中气体的压力，又可分为低压气体放电光源和高压气体放电光源。这种光源具有发光效率高、使用寿命长等特点，应用极其广泛。

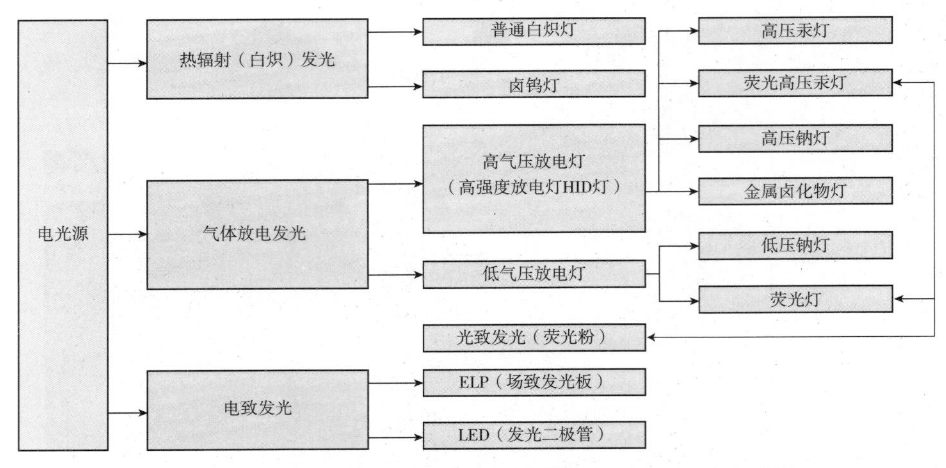

图 2-1-1　电光源分类示意图

低压气体放电光源包括荧光灯和低压钠灯。因为这类灯中气体压力低，组成气体（主要是汞蒸气和钠蒸气）的原子距离比较大，互相影响较小，因此它们的光辐射可以看作是孤立的原子产生的原子辐射，这种原子辐射产生的光辐射是以线光谱形式出现的。

高压气体放电光源的特点是灯中气压高，原子之间的距离近，相互影响大，电子在轰击原子时不能直接与一个原子作用，从而影响了原子的辐射。即使在轰击原子时产生了光辐射，又有可能被其他原子吸收，形成另外的光辐射。因此这类辐射与低压气体放电光源有较大的区别。但高压气体放电光源的辐射原理仍是气体（或汽体）中原子辐射产生光辐射，但产生的辐射将包括强的线光谱成分和弱的连续光谱成分。

高压气体放电光源管壁的负荷一般比较大，也就是灯的表面积不大，但灯的功率较大，往往超过 $3W/cm^2$，因此又称为高强度气体放电灯，简称 HID 灯。

二、电光源的性能指标

电光源根据其名称就可知它主要有电与光两方面的性能指标，这两方面的性能指标当然有着密切的联系。但作为光源，主要还是光的性能指标，而对电的指标也往往注重于它对光性能的影响，见表 2-1-1。

表 2-1-1　常用照明光源的主要光特性指标

<table>
<tr><th>照明光源种类</th><th>光视效能（lm/W）</th><th>显色指数 R_a</th><th>色温（K）</th><th>色表</th><th>频闪效应</th><th>寿命（h）</th><th>再点燃时间</th></tr>
<tr><td>白炽灯</td><td>6.5 ～ 20</td><td>95 ～ 99</td><td>2800</td><td rowspan="3">暖色</td><td rowspan="2">无</td><td>1000</td><td rowspan="2">瞬间</td></tr>
<tr><td>卤钨灯</td><td>20 ～ 40</td><td>95 ～ 99</td><td>2800 ～ 3300</td><td>1500</td></tr>
<tr><td>暖白色荧光灯</td><td>30 ～ 80</td><td>50 ～ 60</td><td>2900</td><td rowspan="8">有</td><td rowspan="6">0 ～ 5000</td><td rowspan="3">1 ～ 4s</td></tr>
<tr><td>冷白色荧光灯</td><td>20 ～ 50</td><td>0 ～ 58</td><td>4300</td><td>中间色</td></tr>
<tr><td>日光色荧光灯</td><td>25 ～ 72</td><td>70 ～ 80</td><td>6500</td><td rowspan="2">冷色</td></tr>
<tr><td>荧光高压汞灯</td><td>40 ～ 60</td><td>30 ～ 40</td><td>5500 ～ 6000</td><td rowspan="2">4 ～ 8min</td></tr>
<tr><td>高压钠灯</td><td>80 ～ 100</td><td>21 ～ 27</td><td>1900 ～ 2800</td><td rowspan="2">暖色</td></tr>
<tr><td>低压钠灯</td><td>90 ～ 160</td><td>0 ～ 48</td><td>0 ～ 1900</td><td>8 ～ 10min</td></tr>
<tr><td>金属卤化物等</td><td>64 ～ 80</td><td>85 ～ 95</td><td>4000 ～ 6500</td><td rowspan="2">冷色</td><td>0 ～ 1500</td><td>4 ～ 8min</td></tr>
<tr><td>氙灯</td><td>24 ～ 34</td><td>0 ～ 94</td><td>5000 ～ 6000</td><td>1000</td><td>1 ～ 2min</td></tr>
</table>

1. 光通量

光源的光通量表征着光源的发光能力，是光源的重要性能指标。光源的额定光通量是指光源在额定电压、额定功率的条件下工作，并能无约束地发出光的工作环境下的光通量输出。

2. 发光效率

光源的光通量输出与它取用的电功率之比称为光源的发光效率，简称光效，单位是lm/W。在照明设计中应优先选用光效高的光源。

3. 显色性

通常情况下光源用一般显色指数衡量其显色性，在对某些颜色有特殊要求时则应采用特殊显色指数，见表2-1-2。

表2-1-2　光源的显色指数应用示例

显色性组别	显色指数范围	色表	应用示例	
			优先的	允许的
1A	$R_a \geqslant 90$	暖 中间 冷	颜色匹配、医疗诊断、画廊	
1B	$80 \leqslant R_a < 90$	暖 中间	家庭、旅馆、餐馆、商店、办公室、学校、医院	
		中间 冷	印刷、油漆、纺织工业、视觉费力的工业生产	
2	$60 \leqslant R_a < 80$	暖 中间 冷	工业生产	办公室、学校
3	$40 \leqslant R_a < 60$		粗加工工业	工业生产
4	$20 \leqslant R_a < 40$			粗加工工业，显色性要求低的工业生产

4. 色表

光源的色表是指其表观颜色，它和光源的显色性是两个不同的概念。

5. 寿命

电光源的寿命是电光源的重要性能指标，用燃点小时数表示，可分为平均寿命和有效寿命两种。一般光通量较小的光源用平均寿命作为其指标，例如卤钨灯。荧光灯一般采用有效寿命作为其寿命指标。

6. 启燃与再启燃时间

电光源启燃时间是指光源接通电源到光源达到额定光通量输出所需的时间。热辐射光源的启燃时间一般不足1s，可认为是瞬时启燃的；气体放电光源的启燃时间从几秒钟到几分钟不等，取决于光源的种类。

电光源的再启燃时间是指正常工作着的光源熄灭后再将其点燃所需要的时间。大部分高压气体放电光源的再启燃时间比启燃时间更长，这是因为再启燃时要求这种光源冷却到一定的温度后才能正常启燃，即增加了冷却所需要的时间。

电光源的启燃和再启燃时间影响着光源的应用范围。例如频繁开关光源的场所一般不用启燃和再启燃时间长的光源，且启燃次数对光源寿命的影响很大。应急照明用的光源一般应选用瞬时启燃或启燃时间短的电光源。

7. 其他

电光源还有其他一些特性，比如电压特性、温度特性等，且光源性质不同，对其他性能的要求也不同。

第二节　常见的电光源

一、热辐射发光电光源

（一）白炽灯

普通的白炽灯是最早出现的电光源，属于第一代光源，已经有一百多年的历史，其结构和常见的外形如图 2-2-1、图 2-2-2 所示。白炽灯是由于电流通过钨丝时，灯丝热至白炽化而发光的。为了提高灯丝温度，防止钨丝氧化燃烧，以便发出更多的可见光，提高其发光效率，增加灯的使用寿命，一般将灯泡内抽成真空（40W 以下）或充以氩气等惰性气体（60W 以上）。白炽灯的寿命一般在 1000h 左右。由于白炽灯有高度的集光性，便于控光，适于频繁开关，点燃与熄灭对性能、寿命影响小，辐射光谱连续，显色性好（平均显色指数在 95 以上，可以认为是目前人造光源中最好的），价格低廉等特点，所以，它至今仍是应用范围最为广泛的一种光源。由于白炽灯是根据热辐射原理制成的，灯丝在将电能转变成可见光的同时，还产生大量的红外辐射，所以它的发光效率相对而言不高。白炽灯的光通分布如图 2-2-3 所示，白炽灯在建筑内、外空间的应用如图 2-2-4、图 2-2-5 所示。

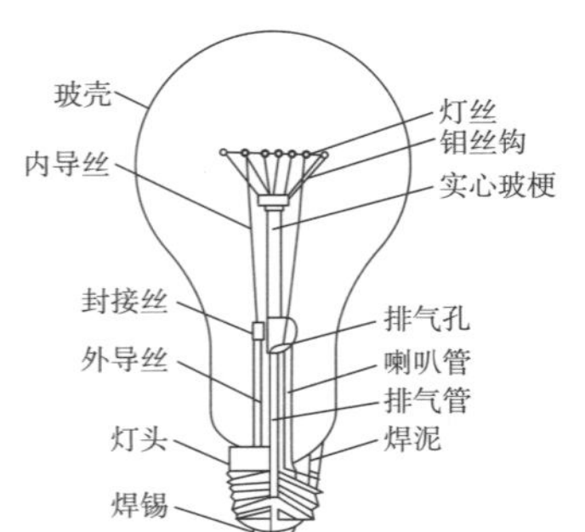

图 2-2-1　白炽灯及其构造

图 2-2-2　常见的白炽灯

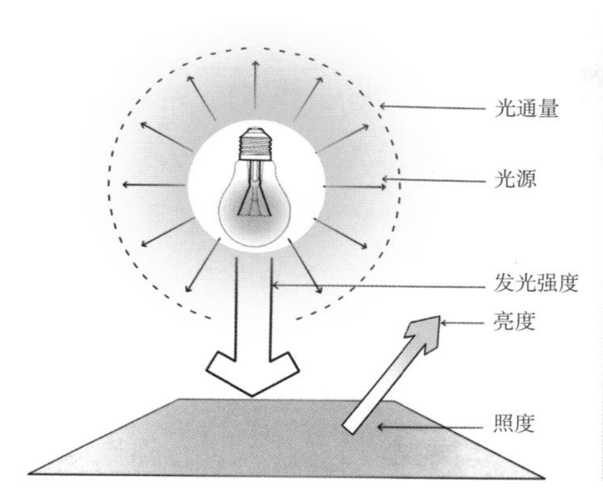

图 2-2-3　白炽灯的光通分布

图 2-2-4　白炽灯在建筑内空间的应用

图 2-2-5　装饰白炽灯用于传统建筑装饰照明（摄影：王棋）

白炽灯根据结构的不同，又可分为普通照明用白炽灯、装饰灯、反射型灯和局部照明灯 4 类。

1. 普通照明用白炽灯

普通照明用白炽灯是住宅、宾馆、商店等照明用主要光源，一般采用梨形、蘑菇形玻壳。玻壳主要是透明的，也有磨砂的及涂乳白色的。

常用普通照明用白炽灯的光、电参数如表 2-2-1 所示。

表 2-2-1　常用普通照明用白炽灯光、电参数

<table>
<tr><th>型号</th><th>电压（V）</th><th>功率（W）</th><th>光通量（lm）</th><th>寿命（h）</th><th>灯头型号</th><th>玻壳形状</th></tr>
<tr><td>PZ110-15</td><td rowspan="3">110</td><td>15</td><td>125</td><td rowspan="13">1000</td><td rowspan="9">E27/27</td><td rowspan="11">梨形</td></tr>
<tr><td>PZ110-40</td><td>40</td><td>445</td></tr>
<tr><td>PZ110-60</td><td>60</td><td>770</td></tr>
<tr><td>PZ220-15</td><td rowspan="10">220</td><td>15</td><td>110</td></tr>
<tr><td>PZ220-25</td><td>25</td><td>220</td></tr>
<tr><td>PZ220-40</td><td>40</td><td>350</td></tr>
<tr><td>PZ220-60</td><td>60</td><td>630</td></tr>
<tr><td>PZ220-100</td><td>100</td><td>1250</td></tr>
<tr><td>PZ220-500</td><td>500</td><td>8300</td></tr>
<tr><td>PZ220-1000</td><td>1000</td><td>18600</td><td rowspan="2">E40/45</td></tr>
<tr><td>PZM220-40</td><td>40</td><td>345</td></tr>
<tr><td>PZM220-60</td><td>60</td><td>600</td><td rowspan="2">E27/27</td><td rowspan="2">蘑菇形</td></tr>
<tr><td>PZM220-100</td><td>100</td><td>1200</td></tr>
</table>

2. 装饰灯

装饰灯的玻壳外形形式多样，具有小型、中型、微型等多种选择的可能，可以单独使用也可以串联使用。装饰灯色彩多变，广泛应用于建筑物装饰、烘托节庆氛围。

3. 反射型灯（PAR 灯）

反射型灯采用内壁镀有反射层真空蒸镀铝的玻壳制成，能使光束定向发射，适用于灯光广告、橱窗、体育场馆、展览馆及舞台回光灯等需要光线集中的场合。因为反射层位于玻壳内壁不会遭到腐蚀和污染，所以无须特别清洁维护。

反射型灯根据设计结构可以分为压制玻壳反射型和吹制玻壳反射型两大类。

压制玻壳反射型灯属于高光强型灯，采用先进的聚光技术，具有一个压制的硬质玻璃壳，玻壳内侧背部是一个接近抛物线截面的镜面，作为反射器，对光线进行有效的二次反射，可产生多种光束模式：聚光式、泛光式、散光型光束模式等。这种灯具有利用率高、集光性好、灯体结构紧凑、体量小巧、强度高等优点，被广泛应用于建筑物泛光照明、店面投光照明、景观雕塑照明、景观喷泉照明、展览展示照明等。

吹制玻壳反射型灯背部反面涂有反射层，也可制成多种不同光束模式或者按需添加色彩涂层，在照明领域应用广泛。

4. 局部照明灯

局部照明灯的结构外形与普通照明用白炽灯相似，所设计的额定电压较低，通常有 36V 和 12V 两种。这类灯主要用于必须采用安全电压（36V 或 12V）的场所的照明，如便携式手提灯、台灯等。

（二）卤钨灯

卤钨灯是在硬质玻璃或石英玻璃制成的白炽灯泡或灯管内充入少量卤化物，利用卤钨循环原理，以卤素

作媒介，将由灯丝蒸发的附着在玻壳内壁的钨迁回灯丝，从而提高卤钨灯的光效和使用寿命，而体积又比白炽灯大为缩小。卤钨灯按其外形可分为管形卤钨灯（图 2-2-6）、单端卤钨灯（图 2-2-7）、聚光卤钨灯和封闭形投影卤钨灯等多种。常用的卤钨灯如图 2-2-8 所示。

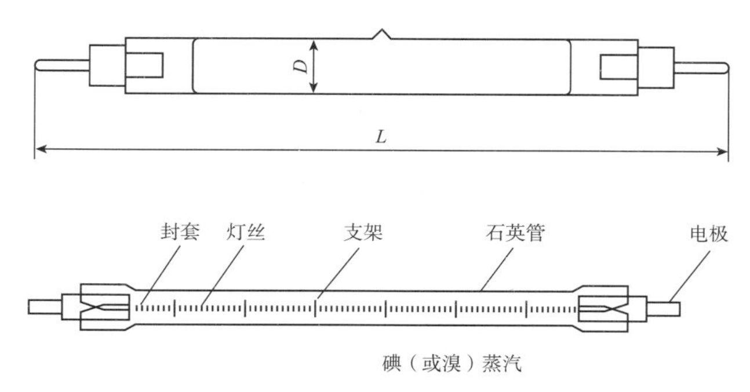

图 2-2-6　管形卤钨灯的结构与外形

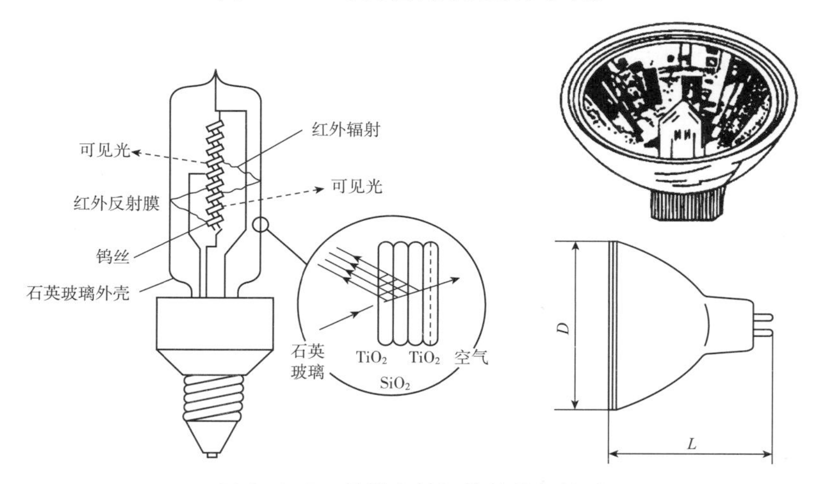

图 2-2-7　单端卤钨灯的结构与外形

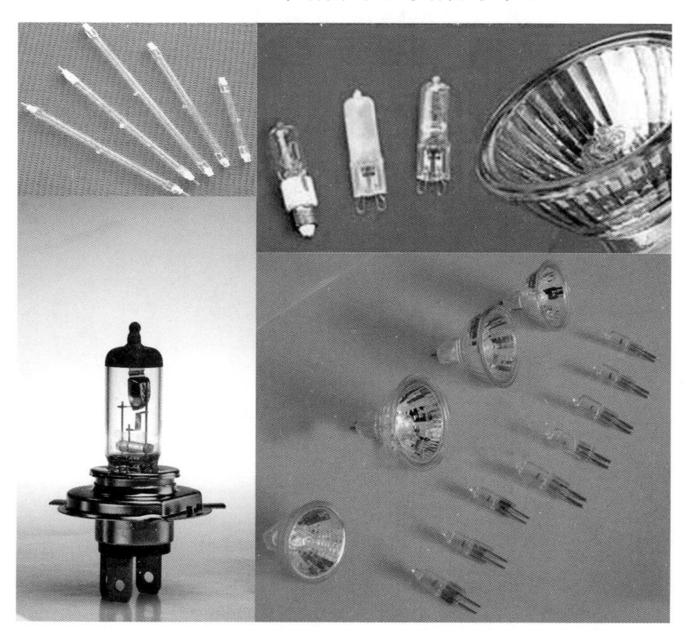

图 2-2-8　常用的卤钨灯

常见主要品种卤钨灯的光、电参数如表 2-2-2 所示。

表 2-2-2 常见主要品种卤钨灯的光、电参数

类型	型号	电压（V）	功率（W）	光通量（lm）	色温	寿命（h）
硬质玻璃卤钨灯	LJY220-500	220	500	9800	300K	100
	LJY220-1000		1000	22500		
	LJY220-3000		3000	70500		
	LJY220-5000		5000	122500		
	LJY110-1000	110	1000	23000		
	LJY110-5000		5000	125000		
石英玻璃卤钨灯	LPD6-50	6	50	1000		500
	LYQ12-50	12		1500		50
	LYQ12-100	12	100	3000		50
	LPD24-200	24	200	4800		500
	LSY15-350	15	350	9800		4
管型卤钨灯	LZC220-500		500	8500		1000
	LZC220-1000		1000	20000		1500
	LZC220-2000		2000	40000		1000

普通照明用白炽灯在使用过程中，由于从灯丝蒸发出来的钨沉积在灯壁上而使玻壳黑化，透光性降低，造成灯的光效低。卤钨灯则将卤族元素（氟、氯、溴、碘）充到石英灯管中去，有效地改善了普通照明用的白炽灯的黑化现象。目前技术比较成熟而广泛使用的是碘钨灯和溴钨灯两种。

卤钨灯保持了白炽灯的优点的同时，它的体积更小、功率集中，其寿命长达 1500 ~ 2000h，是白炽灯的 1.5 倍；卤钨灯的光效为 10 ~ 30lm/W，为普通白炽灯的 2 倍。卤钨灯的色温（2800 ~ 3000K）特别适合于舞台照明及剧场、画室、摄影棚等的照明。但是，相对白炽灯而言，卤钨灯的价格较高、耐震性较差，不适合用在振动的环境中、易燃易爆及灰尘较多的场合，在使用的过程中应注意保持灯管与水平面的倾角不大于 4°。

二、气体放电发光电光源

（一）荧光灯

荧光灯是在发光原理和外形上都有别于白炽灯的气体放电光源，与白炽灯相比较，具有发光效率高、发光表面亮度低、光色好且品种多、显色性好、寿命较长（国产普通荧光灯的寿命约为 3000 ~ 5000h）、灯管表面温度低等明显的优点。

常见的荧光灯由玻管、荧光粉层、电极、汞和惰性气体、灯头 5 种主要部件组成。

荧光灯的玻管内壁涂有荧光物质，管内充有稀薄的氩气和少量的汞蒸气。灯管两端各有两个电极，通电后加热灯丝，达到一定温度就发射电子，电子在电场作用下逐渐达到高速，轰击汞原子，使其电离而产生紫

外线。紫外线射到管壁上的荧光物质，激发出可见光。根据荧光物质的不同配合比，发出的光谱成分也不同。荧光灯的构造与电路图如图 2-2-9 所示，其工作原理如图 2-2-10 所示，其基本参数如表 2-2-3 所示。

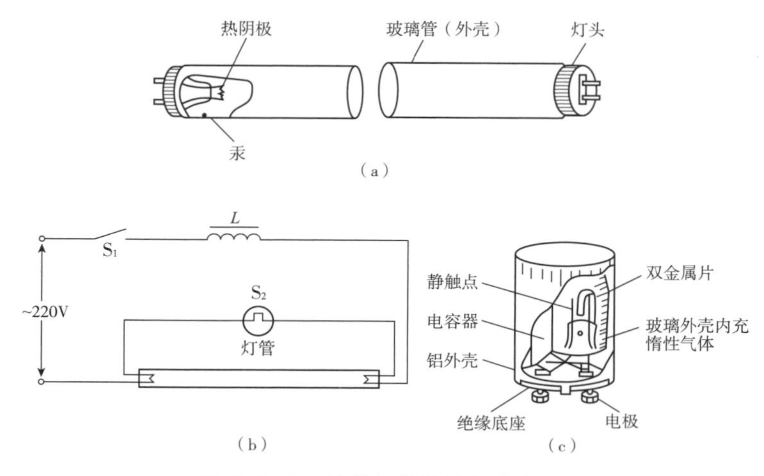

图 2-2-9　荧光灯的构造与电路图

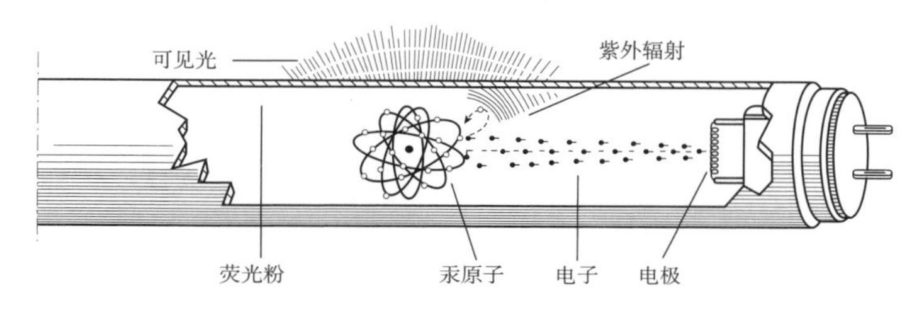

图 2-2-10　荧光灯的工作原理图

表 2-2-3　荧光灯基本参数

型号	功率（W）	标称管径（mm）	管长（mm）	光通量（lm）	寿命（h）
YZ6RR（日光色） YZ6RL（冷白色） YZ6RN（暖白色）	6	15	226.3	190 240 240	1500
YZ8RR YZ8RL YZ8RN	8	15	302.6	280 350 350	1500
YZ15RR YZ15RL YZ15RN	15	32	451.6	510 560 580	3000
YZ20RR YZ20RL YZ20RN	20	32	604.0	880 1020 1060	3000
YZ30RR YZ30RL YZ30RN	30	32	908.8	1580 1860 1930	5000
YZ40RR YZ40RL YZ40RN	40	32	1213.6	2300 2440 2540	5000

为了使光线更集中往下投射，可采用反射型荧光灯，即在玻璃管内壁上半部先涂上一层反光层，然后再涂荧光物质。它本身就是直射型灯具，光通利用率高，灯管上部积尘对光通的影响小。

荧光灯按照外形可以分为直管型荧光灯、异型荧光灯、紧凑型荧光灯 3 大类。直管型荧光灯、异型荧光灯按照启动方式又可以分为预热启动式、快速启动式、瞬时启动式。预热启动式荧光灯在 220V、240V 的地区或国家用量最大，通常需要配套使用启辉器或者电子镇流器。启辉器（或镇流器）起着启动放电、限制和控制灯管电流的作用，以避免灯管频闪。经过专门设计的电子镇流器还可以按需调节荧光灯的亮度。

近年来，紧凑型荧光灯发展迅速，大有逐渐取代白炽灯之势，环形、2D 形、H 形、U 形、螺旋形等形式多样，外形紧凑，小到和白炽灯大致相似，多将启辉器（镇流器）等附件组合在一起使用，可以直接连上电源。紧凑型荧光灯发光功率比白炽灯高约 6 倍之多，因此这种荧光灯也被称为“节能灯”。紧凑型荧光灯除在宾馆、住宅、商店等处大量使用外，在绿地照明、道路照明以及建筑物、桥梁轮廓等照明中也被大量采用。

荧光灯根据光色可以分为日光色、冷白色和暖白色 3 种。日光色的荧光灯（色温 6500K）多用于办公室、会议室、设计室、阅览室、展览展示空间等，给人明亮自然的感觉；冷白色的荧光灯（色温 4300K）多用于商店、医院、候车亭等室内空间，给人愉快、安详的感觉；暖白色的荧光灯（色温 2900K）多用于家居空间、医院、宿舍、餐厅等室内空间，给人以健康温暖的感觉。

一般显色指数 $R_a \geqslant 80$ 的荧光灯通称高显色荧光灯。这类灯大多涂覆稀土三基色荧光粉涂层，因而其发光效率较高，部分 T8 和全部 T5 荧光灯属于这类产品。

彩色荧光灯是采用能够发出红、绿、蓝等多种单色光的荧光粉制成的，主要用于店面装饰照明、建筑物及桥梁等彩色泛光照明。

荧光灯也有明显的不足，例如点燃迟、造价高、有霎光效应、功率因数低、受环境温度的影响大等。

荧光灯应用广、发展快，所以类型较多，常见的有直管型荧光灯、异型荧光灯和紧凑型荧光灯等，如图 2-2-11 所示。荧光灯的镇流器和启辉器如图 2-2-12 所示。彩色荧光灯用于勾勒建筑物外轮廓的效果如图 2-2-13、图 2-2-14 所示。

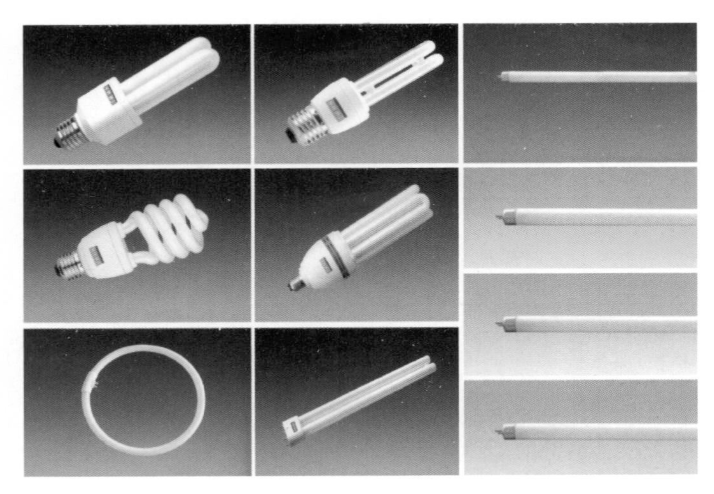

图 2-2-11　荧光灯的常见灯型

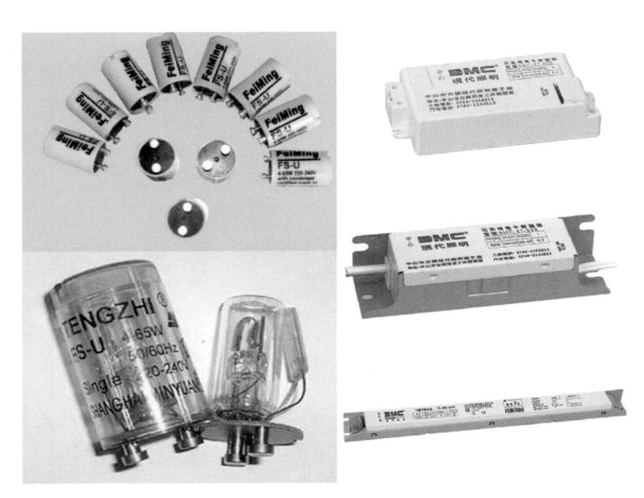

图 2-2-12　荧光灯的镇流器和启辉器

图 2-2-13 彩色荧光灯用于勾勒建筑物轮廓实景一（摄影：王棋）

图 2-2-14 彩色荧光灯用于勾勒建筑物轮廓实景二（摄影：王棋）

（二）金属卤化物灯

金属卤化物灯的灯泡构造，是由一个透明的玻璃外壳和一根耐高温的石英玻璃放电内管组成。壳管之间充氢气或惰性气体，内管充惰性气体。放电管内除汞外，还含有一种或多种金属卤化物（碘化钠、碘化铟、碘化铊等）。卤化物在灯泡的正常工作状态下，被电子激发，发出与天然光谱相近的可见光。国产金属卤化物灯的平均寿命约为 3000 ~ 10000h。典型金属卤化物灯的结构如图 2-2-15 所示，常见的金属卤化物灯如图 2-2-16 所示。

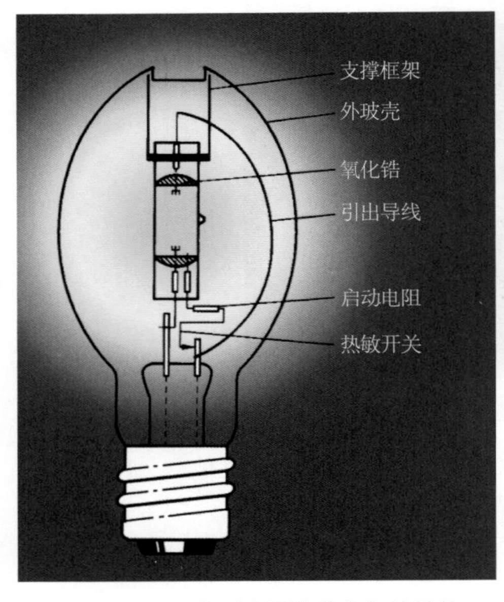

图 2-2-15　典型金属卤化物灯的结构

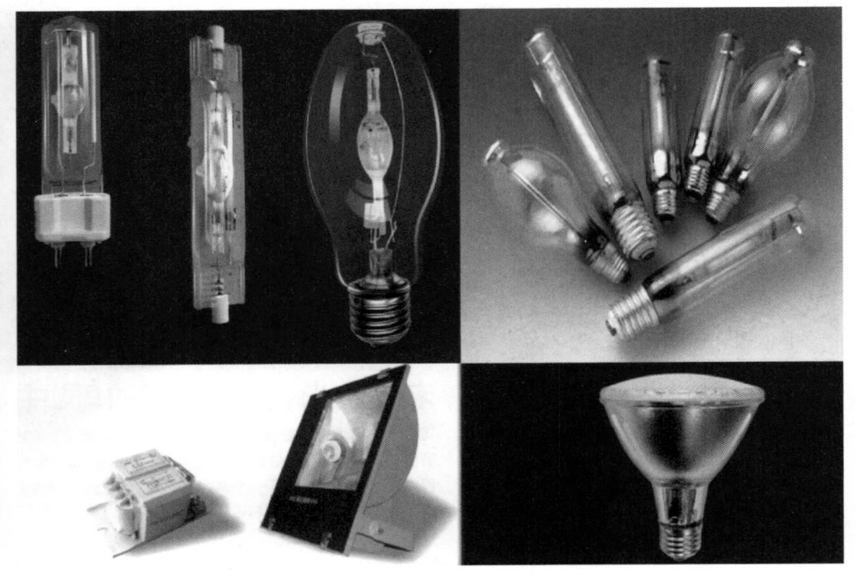
图 2-2-16　常见的金属卤化物灯

金属卤化物灯的特点：

（1）金属卤化物灯尺寸小、功率大（250 ~ 2000W），发光效率高，但寿命较低。

（2）有较长时间的启动过程，从启动到光电参数基本稳定一般需要 4 ~ 8min，而完全达到稳定需 15min。

（3）在关闭或熄灭后，须等待约 10min 左右才能再次启动，这是由于灯工作时温度很高，放电管压力很高，启动电压升高，只有待灯冷却到一定程度后才能再启动。采用特殊的高频引燃设备可以使灯能够迅速再启动，但灯的接入电路却因此而复杂。

（4）光色很好，接近天然光，常用于电视、摄影、绘画、体育场、体育馆、高大厂房、较繁华的街道、广场及要求高照度显色性好的场所。

彩色金属卤化物灯是在其电弧管内充入某种特定的金属卤化物，使辐射出该金属的特征光谱，该灯将产生明显的色彩。这类灯主要用于建筑外墙的泛光照明、景观特写照明等。

（三）钠灯

钠灯是利用钠蒸气放电的气体放电灯的总称。该光源不刺眼，光线柔和，发光效率高。主要有低压钠灯、高压钠灯两大类。

1. 低压钠灯

低压钠灯的光色呈现橙黄色。低压钠灯的光视效能极高，一般光视效能可达 75lm/W，先进水平可达 100 ~ 150lm/W。一个 90W 的钠灯光通量为 12500lm，相当于 4 个 40W 的日光灯，或一个 750W 的白炽灯，或一个 250W 高压汞灯的效果，是至今为止所有光电源中光效最高的一种光源。其结构和光谱能量分布如图 2-2-17、图 2-2-18 所示，其技术参数如表 2-2-4 所示。

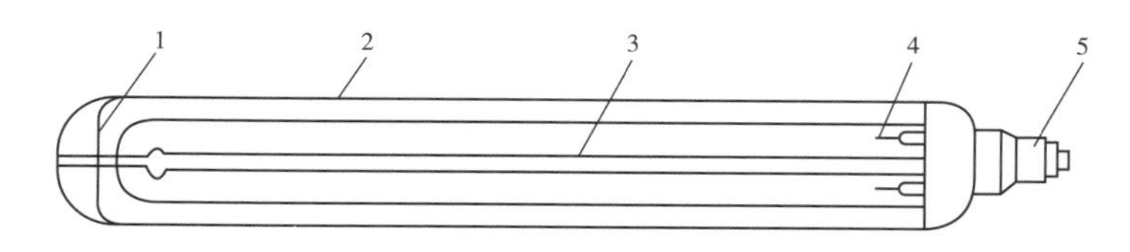

图 2-2-17　低压钠灯的结构

1—固定弹簧；2—外玻壳；3—放电内管；4—电极；5—灯头

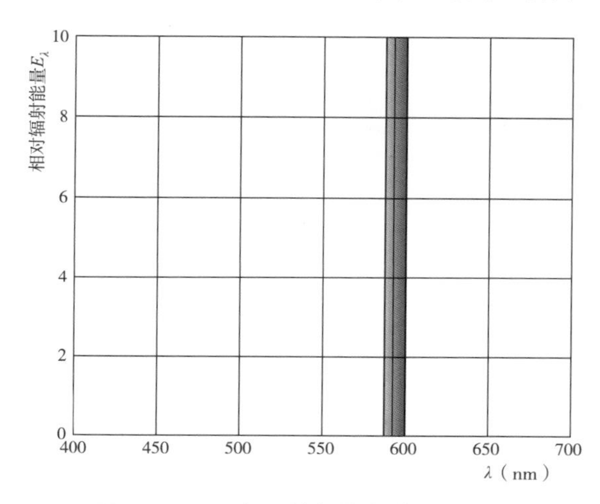

图 2-2-18　低压钠灯的光谱能量分布

表 2-2-4　常用低压钠灯技术参数

型号	电源电压（V）	功率（W）	启动电压（V）	光通量（lm）	寿命（h）	灯头型号
ND18	220	18		1800	3000	BY22d
ND35		35	390	4600		
ND55		55	410	8000		
ND90		90	420	12500		
ND135		135	540	21500		
ND180		180	575	31500		

低压钠灯的启动电压高，目前大多数灯利用开路电压较高的漏磁变压器直接启动。从启动到稳定需要 8 ~ 10min，即可达到光通量最大值。低压钠灯一般应水平安装，这样钠分布均匀，光视效能高。对有贮钠小窝的钠灯，可允许在偏离水平位置 ±20° 以内点燃。由于低压钠灯具有耗电少、光视效能高、穿透云雾能力强等优点，常用于铁路、公路、隧道、广场照明。

2. 高压钠灯

低压钠灯在低的蒸气压力之下，出现单一的黄光。为进一步增加灯的谱线宽度，改善灯的光色，必须提高钠的蒸气压力，这样就发展成为高压钠灯。目前实用的高压钠灯内充以少量的汞，主要为黄色、红色光谱。色温为2300K，显色指数为30，光视效能为110 ~ 120lm/W。高压钠灯的寿命很长，我国生产的在5000h左右，美国生产的可达20000h，是长寿命光源之一。高压钠灯及其结构、光谱能量分布如图2-2-19 ~ 图2-2-21所示，其主要技术参数如表2-2-5所示。

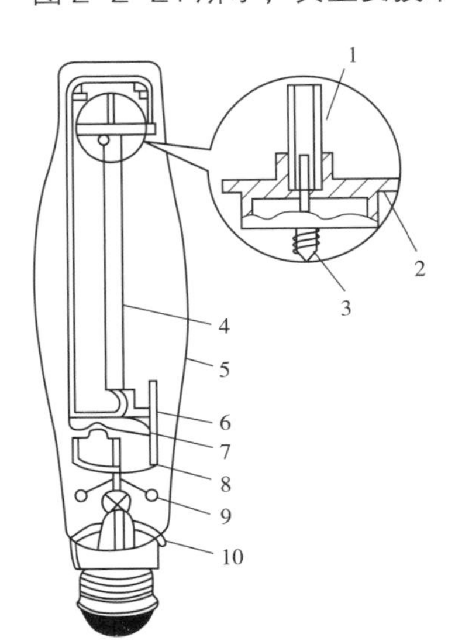

图2-2-19　高压钠灯的结构

1—金属排气管；2—铌帽；3—电极；4—陶瓷放电器；5—硬玻璃外壳；6—管脚；7—双金属片；8—金属支架；9—钡消气剂；10—焊锡

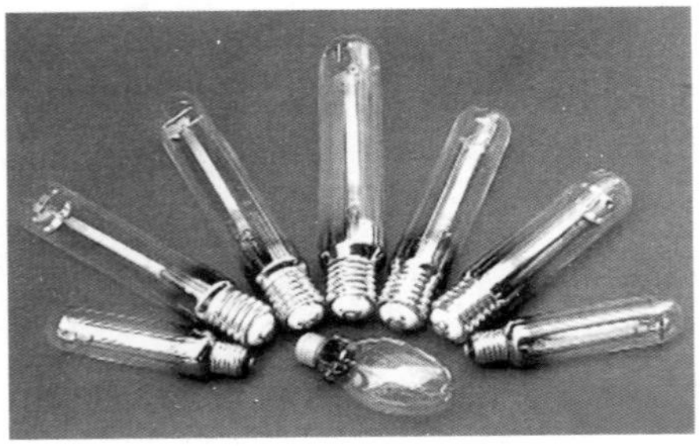

图2-2-20　高压钠灯

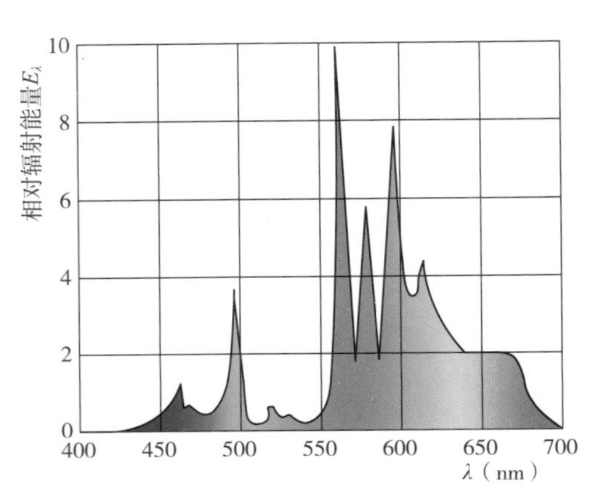

图2-2-21　高压钠灯的光谱能量分布

表2-2-5　常用高压钠灯主要技术参数

名称	型号	功率（W）	光通量（lm）	电压（V）	显色指数	寿命（h）
普通直管型	NG35	35	2250	220	23	5000
	NG50	50	4000			
	NG70	70	6000		25	
	NG100	100	9000			
	NG150	150	16000			
	NG250	250	28000			
	NG400	400	48000			
	NG1000	1000	130000			
显色指数改进型	NGX100	100	7200		60	
	NGX150	150	13000			
	NGX250	250	22500			
	NGX400	400	38000			

高压钠灯的启动要借助触发器。当灯接入电源后，电流经双金属片和加热线圈，使双金属片受热后由闭合转为断开，在镇流器两端产生脉冲高压，使灯点亮。灯点亮后，放电所产生的热量使双金属片保持在断开状态。高压钠灯由点亮到稳定工作约需 4 ~ 8min，它的镇流器也可用相同规格的荧光高压汞灯的镇流器来代替。当电源切断、灯熄灭后，无法立即点燃，需经过 10 ~ 20min，待双金属片冷却并回到闭和状态时，才能再启动。

在所有人造光源中，高压钠灯的光效仅次于低压钠灯，在城市道路照明、建筑泛光照明、庭院照明、广场照明和部分工业照明中被广泛应用。

（四）氙灯

氙灯是利用高压氙气产生放电现象制成的高效率电光源，如图 2-2-22 所示。

氙灯有以下几个特点：

（1）光色很好，接近日光，显色性好。

（2）启动时间短，氙灯点燃瞬间就有 80%的光输出。

（3）光效高，发光效率达 22 ~ 50lm/W，被称作“人造小太阳”。

（4）寿命可达 1000h 以上。

（5）氙灯的功率大、体积小，是目前世界上功率最大的光源，可以制成几千瓦、几万瓦甚至几十万瓦，一支 220V、20000W 的氙灯，体积相当于一支 40W 日光灯那么大，而它的总光通量是 40W 日光灯的 200 倍以上。

（6）不用镇流器，灯管可直接接在电网络上，其功率因数近似等于 1，使用方便，节省电工材料。

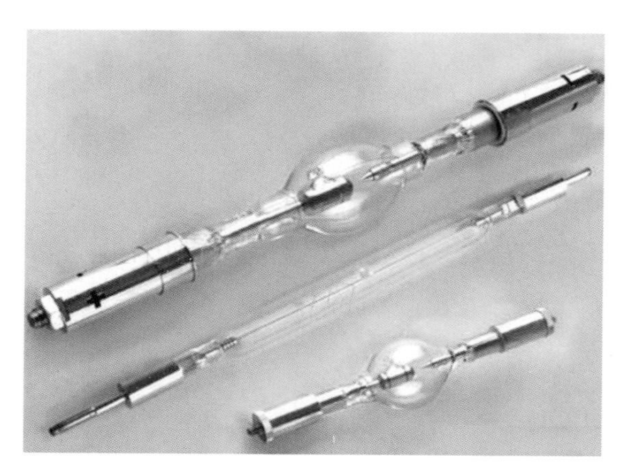

图 2-2-22　氙灯

（7）氙灯紫外线辐射比较大，在使用时不要用眼睛直接注视灯管，用作一般照明时，要装设滤光玻璃，以防止紫外线对人们视力的伤害。

（8）氙灯的悬挂高度视功率大小而定，一般为达到均匀和大面积照明的目的，选用 3000W 灯管时不低于 12m，选用 10000W 灯管时不低于 20m，选用 20000W 灯管时不低于 25m。

氙灯按性能可分为直管形氙灯、水冷式氙灯、管形汞氙灯、管形氙灯 4 种。

氙灯按工作气压可分为脉冲氙灯（工作气压低于 100kPa）、长弧氙灯（工作气压约为 100kPa）和短弧氙灯（工作气压为 500 ~ 3000kPa）3 类。

（五）荧光高压汞灯

荧光高压汞灯是利用汞放电时产生的高气压来获得高发光效率的一种光源，它的光谱能量分布和发光效率主要由汞蒸气来决定。汞蒸气压力低时，放射短波紫外线强，可见光较弱，当气压增高时，可见光变强，光效率也随之提高。其结构示意图如图 2-2-23 所示。

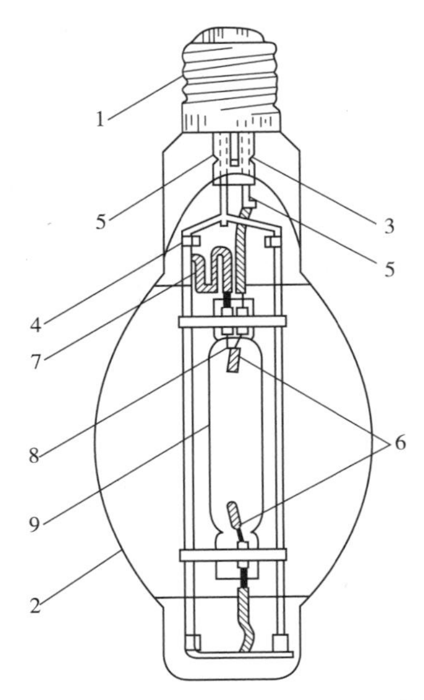

图 2-2-23　荧光高压汞灯结构示意图

1—灯头；2—玻壳；3—抽气管；4—支架；5—导线；6—主电极；7—启动电阻；8—辅助电极；9—石英玻璃管

按照汞蒸气压力的不同，汞灯可以分为 3 种类型：第一种是低压汞灯，汞蒸气压力不超过 0.0001MPa 大气压，发光效率很低；第二种是高压汞灯，汞蒸气压力为 0.1MPa，气压越高，发光效率也越高，发光效率可达到 50 ~ 60lm/W；第三种是超高压汞灯，汞蒸气压力达到 10 ~ 20MPa 或以上。按照结构的不同，高压汞灯可以分为外镇流和自镇流两种形式。

荧光高压汞灯有以下几个特点：

（1）必须串接镇流器。

（2）用于 220V 电流网时使用电感镇流即可，如用于低电压电网时（如 110V），则必须采用高漏磁电抗变压器式镇流器。

（3）整个启动过程从通电到放电管完全稳定工作，大约需 4 ~ 8min。

（4）高压汞灯熄灭后不能立即启动，需 5 ~ 10min 后才能再启动。

（5）荧光高压汞灯的闪烁指数约为 0.24，再加上启动时间过长，故不宜用在频繁开关或比较重要的场所，也不宜接在电压波动较大的供电线路上。

（6）光色为蓝绿色，与日光的差别较大，显色性差，需在内表壁上涂敷荧光粉，以改善它的显色性。

（7）有效寿命可达到 5000 ~ 24000h 左右。

（8）频繁开关对灯的寿命很不利，启动次数多，灯的寿命就减少，启动一次对寿命影响相当于燃点 5 ~ 10h。

（9）价格低，但在能源消耗上不如高压钠灯。

三、电致发光电光源

（一）发光二极管（LED）及 LED 模块

发光二极管（Light Emitting Diode，LED）是一种能够将电能转化为可见光的半导体，采用电场发光。LED 是当前发展最快，被认为拥有广阔前景的新型光源。其工作原理和结构如图 2-2-24 ~ 图 2-2-26 所示。商用 LED 的特性参数如表 2-2-6 所示。

LED 模块是一种组合式照明光源装置，除一个或多个发光二极管（LED）外，还包括其他元件，如光学、电气、机械和电子元件等，要求连接 GB 19510.14—2009《灯的控制装置》第 14 部分规定的控制装置工作。LED 模块又有自镇流 LED 模块（设计为直接连接到供电电源的 LED 模块，如果自镇流 LED 模块装有灯头，则认为其是自镇流灯）、整体式 LED 模块、整体自镇流 LED 模块、内装式 LED 模块、内装式自镇流 LED 模块、独立式 LED 模块、独立式自镇流 LED 模块等不同组合形式，如图 2-2-27 所示。

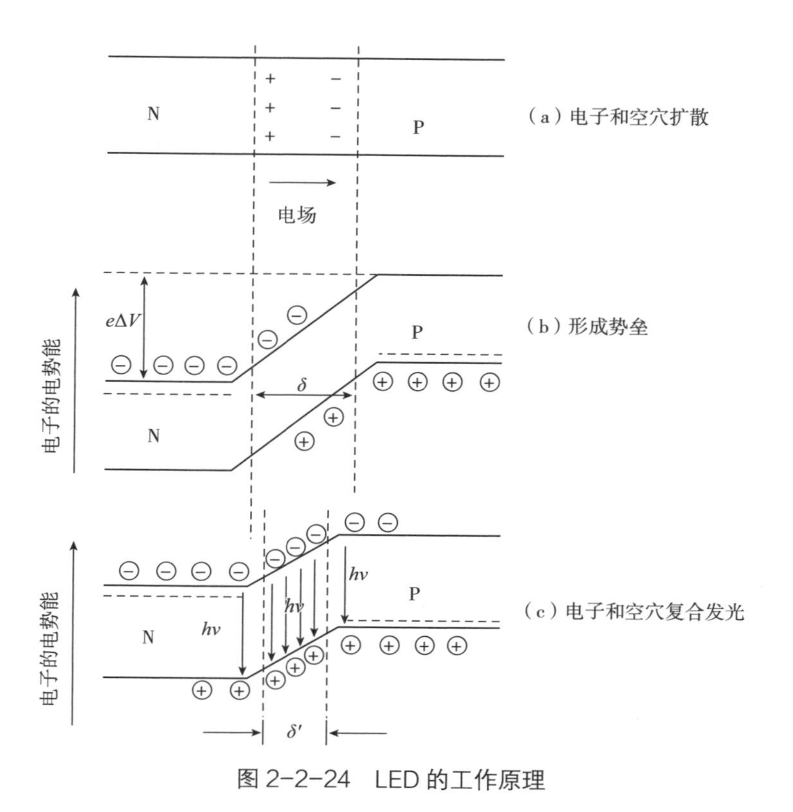

图 2-2-24　LED 的工作原理

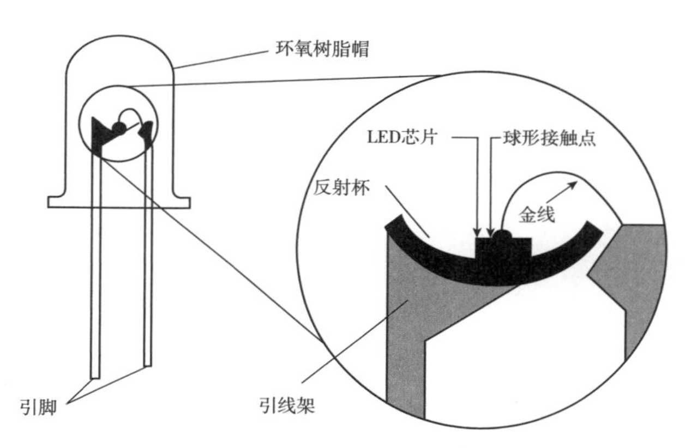

图 2-2-25　LED 的结构示意图

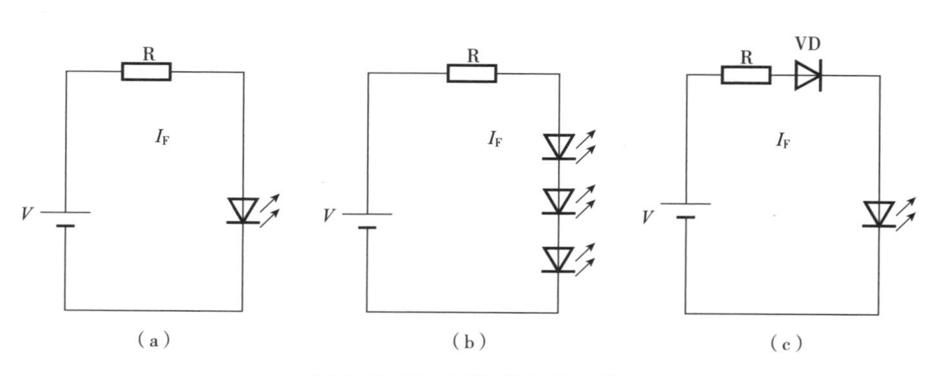

图 2-2-26　LED 的工作电路

(a) 直流供电；(b) LED 串联工作；(c) 交流供电

表 2-2-6　商用 LED 的特性参数

材料	颜色	色度坐标（x，y）	峰值波长（nm）	半宽度（nm）	光效（lm/W）
InGaN/YAG	白（6500K）	0.31，0.32	460/555		10
InGaN	蓝	0.13，0.08	465	30	5
InGaN	蓝绿	0.08，0.40	495	35	11
InGaN	绿	0.10，0.55	505	35	14
InGaN	绿	0.17，0.70	520	40	17
GaP-N	黄绿	0.45，0.55	565	30	2.4
AlInGaP	黄绿	0.46，0.54	570	12	6
AlInGaP	黄	0.57，0.43	590	15	20
AlInGaP	红	0.70，0.30	635	18	20
GaAlAs	红	0.72，0.28	655	25	6.6

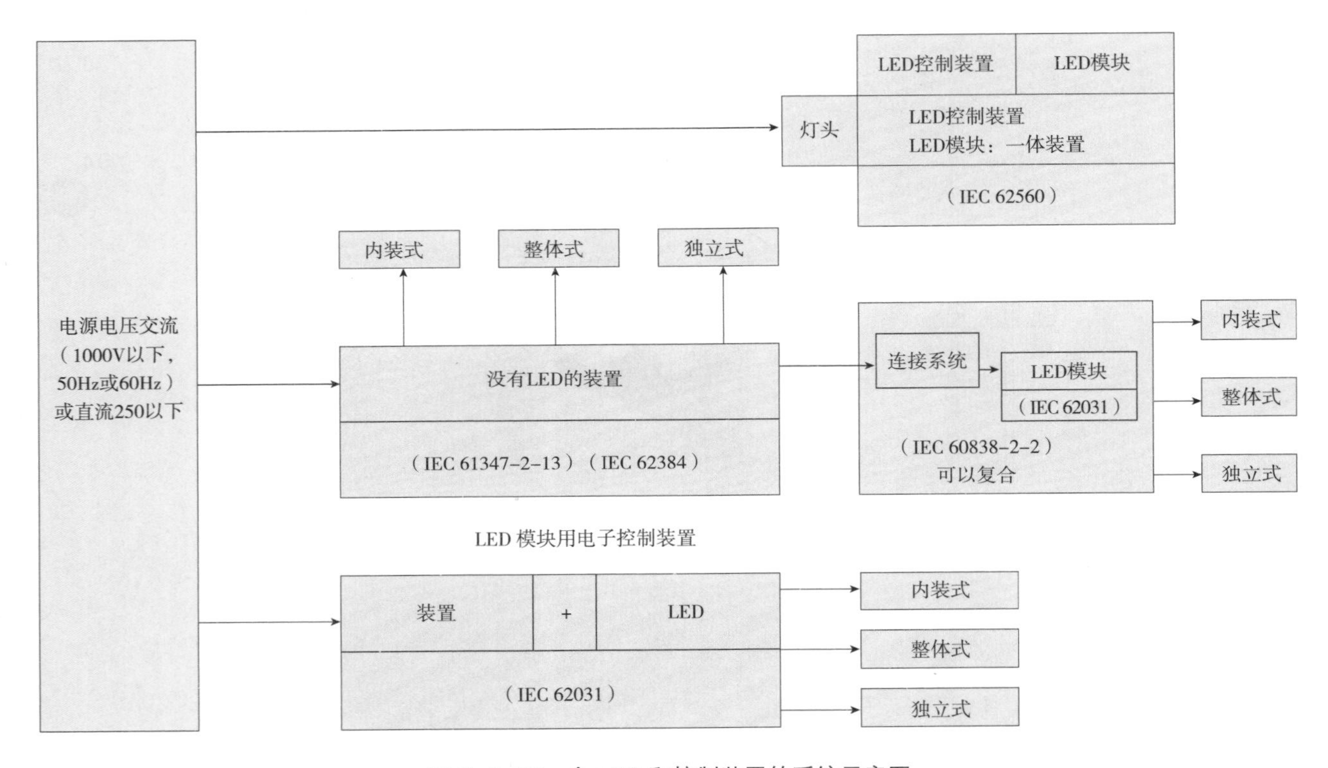

图 2-2-27　含 LED 和控制装置的系统示意图

1. 发光二极管（LED）的特点

（1）寿命长。LED 的使用寿命可以长达 10 万 h，光衰为初始的 50%，传统的光源在这方面无法与之相比。因此，在一些维护和换灯困难的场合，使用 LED 作为光源，可大大降低人工费用。

（2）响应时间短。LED 的响应时间为纳秒级，在一些需要快速响应或高速运动的场合，应用 LED 作为光源非常合适。

（3）结构牢固。LED 是用环氧树脂封装的采用半导体发光的固体光源，是一种实心的全固体结构，因此能经受震动、冲击而不致损坏，适用于使用条件较为苛刻和恶劣的场合。

（4）功耗低。目前，白光 LED 的光效已经达到 50lm/W，消耗能量比同光效的白炽灯减少 80%。

（5）适用性强。每个单元的 LED 小片是 3 ~ 5mm 的正方形，所以可以制备成各种形状的器件，并且适合于易变的环境。LED 的发光体芯片尺寸很小，在进行灯具设计时基本上可以把它看作“点”光源，这样能给灯具设计带来许多方便。

（6）可做成薄型灯具。LED 发光的方向性很强，很多情况下只需用透镜将其发出的光线进行准直、偏折，而不需要使用反射器，可以做成薄型、美观的灯具。

（7）使用低压电源。LED 的供电电压在 6 ~ 24V 之间，根据产品不同而异，是一种比使用高压电源更安全的光源。

（8）有助于减少环境污染。LED 无有害金属汞。

（9）颜色丰富。改变电流 LED 即可以变色，发光二极管方便地通过化学修饰方法，调整材料的能带结构和带隙，可实现红、黄、绿、蓝、橙多色发光。

（10）价格相对较贵。LED 的价格比较昂贵，相对于白炽灯，几只 LED 的价格就可以与一只白炽灯的价格相当，而通常每组信号灯需由 300 ~ 500 只二极管构成。

综上所述，由于 LED 具备多项优点，尤其是省电和长寿的特点，LED 被认为是继白炽灯、荧光灯和 HID（高压放电灯）光源之后的第四代光源，在未来的照明设备中将发挥重要作用。

2. 发光二极管（LED）在照明领域的应用

（1）信号指示应用。信号照明是 LED 单色光应用比较广泛也是比较早的一个领域，约占 LED 应用市场的 4% 左右。

（2）显示应用。指示牌、广告牌、大屏幕显示等，LED 用于显示屏幕的应用约占 LED 应用的 20%~25%，显示屏幕可分为单色和彩色。

（3）照明应用。LED 是传统光源的替代品，具有体积小、散热技术完善、光效高、能耗低、控制简单、色彩丰富等优点，较容易借之实现照明灯具与建筑构件的整合，减少暴露灯具对于城市日间视觉环境的干扰。国内照明设计师安小杰甚至提出“LED 引擎”的概念——与企业共同推进 LED 建材化，从照明的视角将建材分为发光建材与不发光建材，该概念与安藤忠雄、伊东丰雄、面出薰等推崇的“光是建筑的材料”之概念不谋而合，并更具现实性和可操作性。同时，LED 数字化显示、模块化控制、色彩的丰富性等特点使其具有技术与艺术完美结合的优势，它既可以完成常规照明任务，又是一种城市多媒体的载体，可以通过软件实现数字化编排、智能控制，为城市的夜景增添文字、图形、视频等更为丰富的视觉内容。以 LED 为光源的灯具如图 2-2-28、图 2-2-29 所示，其在建筑与景观照明中的应用如图 2-2-30 ~图 2-2-32 所示。

目前，LED 的照明应用有以下几种：

1）便携灯具。手电筒、头灯、矿工灯、潜水灯等。

2）汽车用灯。高位刹车灯、刹车灯、转向灯、倒车灯等，大功率的 LED 已被大量用于汽车照明中。

3）特殊照明。太阳能庭院灯、太阳能路灯、水底灯等；由于 LED 尺寸小，便于动态的亮度和颜色控制，因此比较适合用于建筑装饰照明。

4）背光照明。普通电子设备功能显示背光源、笔记本电脑背光源、大尺寸超大尺寸 LCD 显示器背光源等，LED 作为手机显示的背光源是 LED 应用最广泛的领域。

图 2-2-28　以 LED 为光源的灯具

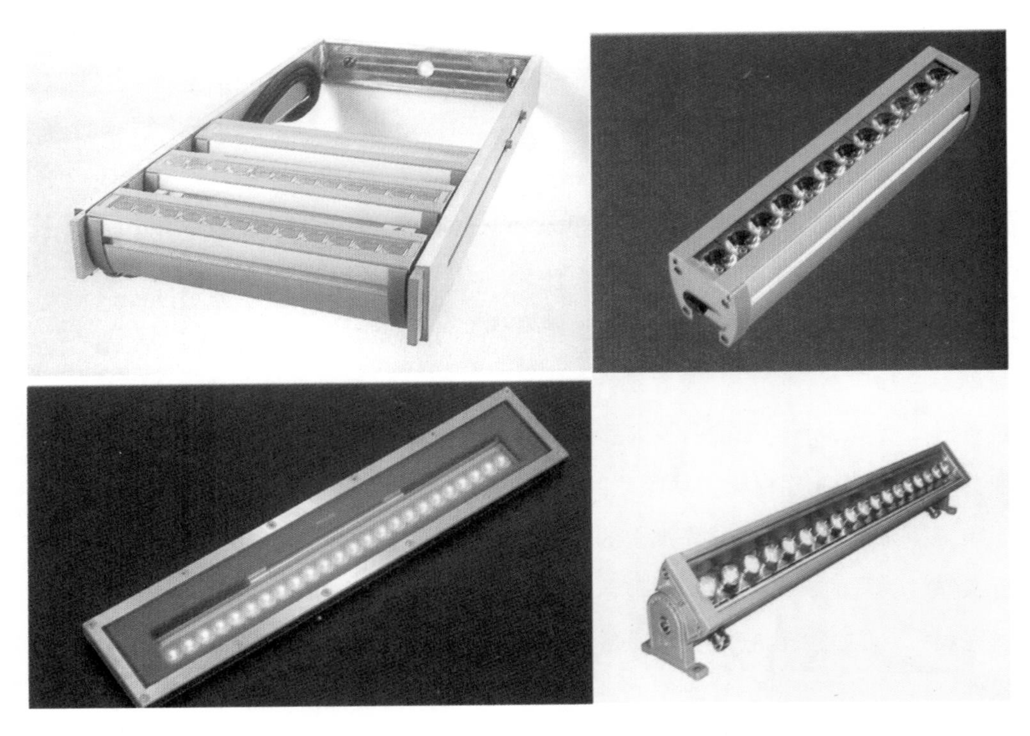

图 2-2-29　以 LED 为光源的飞利浦 LEDline 系列灯具

图 2-2-30　以 LED 为光源的飞利浦 LEDline 系列灯具在 Zonnebloem 公园中的应用效果[1]
（照明设计：Michel Pauweis）

[1] 资料来源：常志刚 . 发光的线［J］. 北京：照明设计，2005（10）：68-69.

图 2-2-31　LED 光源在建筑照明中的应用（摄影：王棋）

图 2-2-32 LED 光源在广州市地标建筑——广州电视塔照明中的应用

5）投影光源。投影仪用 RGB 光源。

6）普通照明。各类通用照明灯具、照明光源等。

3. 目前市场上常见的 LED 光源

目前市场上常见的 LED 光源有 LED 灯泡、LED 聚光灯、LED 射灯、LED 投光灯、LED 埋地灯、LED 舞台地板灯（发光地砖）、LED 吸顶灯、LED 彩虹管、LED 数字管形灯等。

（二）激光灯

激光是一种特种光源，具有单色性好、相干性好、方向性强和光强大等特点。能产生激光的器件称为激光器，又称为激光灯或镭射灯，它能产生细窄、艳丽及平行直进的光束。适当利用不同的反射镜，可使激光束在空中转折反射而汇合成一片交织的立体光网；或在空中扫成片状的光板、立体的光锥、隧道等，再加上计算机及其他光学系统，可以使激光点在银幕、烟幕、水幕或云层中显现文字、商标和彩色图案等。大型歌舞晚会、舞会、节日庆祝及商业宣传等都可应用激光，配合音乐节拍来制造特殊视觉效果，价格比较昂贵。

激光束由充入特殊气体的玻璃管中产生，通常低功率激光器充人氯气和氖气（发红光），高功率激光器充入氩气（发绿光）或氪气（发蓝绿光），新型的双气体激光器可以转换发出不同的光色。使用“绕射格栅”来分解光束可以进一步获得多种颜色。

我国文化部制定的 WH 0201—94《歌舞厅照明及光污染限定标准》规定：激光一般不应射向人体，尤其是眼部。激光波长限制在 380 ~ 780nm 之间，最大容许辐射照度为 1.4×10^{-6}W/cm^2。

四、艺术照明用电光源

（一）霓虹灯

霓虹灯又称氖灯，是一种冷阴极放电灯。它是把透明的或涂有各种颜色荧光粉的玻璃管（称为粉管）在高温下弯制成文字或图形，抽真空后充入氩、氮、氖等气体，并在两端封接一对铜或不锈钢电极而成，如图 2-2-33 所示。

霓虹灯工作时必须配以霓虹灯变压器，将 220V 交流市电升高至 15000V，使气体放电而发出艳丽的光辉，有红、黄、绿、橙、蓝、白、粉红等多达十几种颜色可供选择。霓虹灯由于亮度高、颜色鲜艳，且能组成千变万化的各种文字和图形，因而是户外招牌、广告使用最多的电光源，同时也大量用于酒店、餐厅、歌舞厅作为室内装饰灯具。图 2-2-34 ~图 2-2-37 中所示的是霓虹灯的实际应用案例。

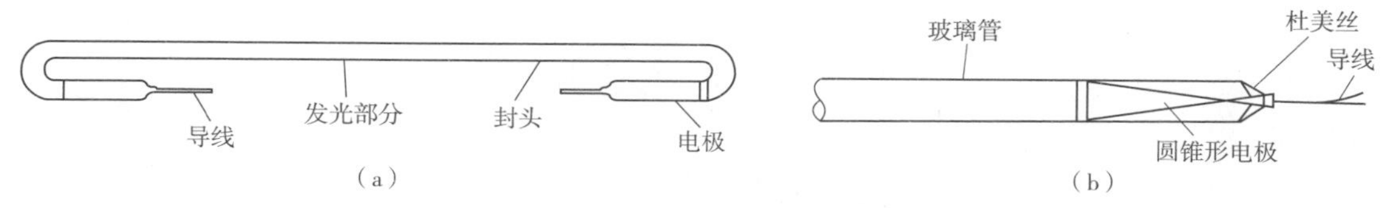

图 2-2-33　霓虹灯组成示意图

图 2-2-34　霓虹灯的应用效果
（摄影：李文华）

图 2-2-35　上海南京路霓虹灯的
应用效果（摄影：李文华）

图 2-2-36　香港街头霓虹灯的应用效果

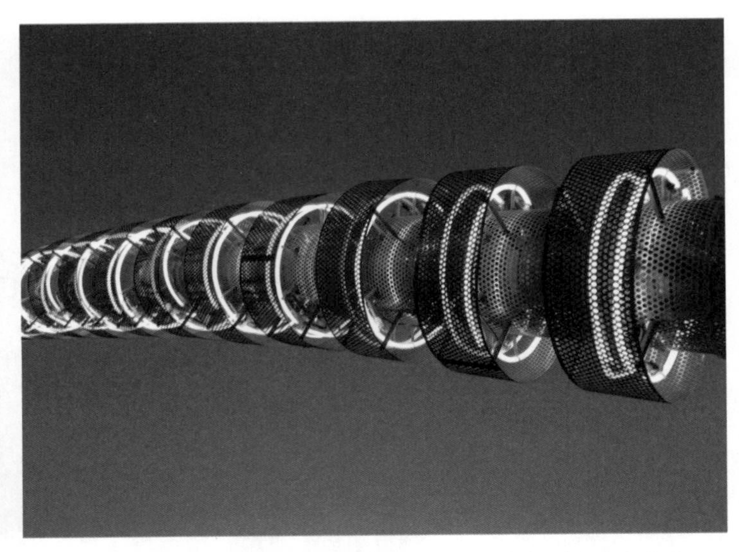
图 2-2-37　霓虹灯在景观照明中的应用（摄影：李文华）

霓虹灯广告牌经常配用各种鼓式闪光器或电子逻辑电路，使广告产生多种闪光、变光、变色和变化图案等特殊效果。电子式调光装置中的程序储存，可以使用集成电路存储和微型电子计算机等，按照各个程序进行选择应用即可。

（二）彩虹灯

彩虹灯全称为塑料彩虹灯或彩虹软管灯，是将数十个低压微型白炽灯泡串联起来，用高度透光而柔软的彩色塑料在高温下压塑包覆而成的一种装饰性灯具。使用电压依串联灯泡的数目不同而有 12V、24V、36V、110V、220V 等多种可供用户选择，目前用得最多的是 220V 的彩虹灯。它无需变压器，可以直接接入市电使用，十分方便，且耗电较省，每单元长度约 1m，耗电 15.4W；其另一突出优点是可以随意弯曲造型，具有高抗压及抗冲击性，适应在冰雪、大风、暴雨等恶劣环境下使用，平均寿命 1 万 h 以上。安装连接时，只需使用专用的连接器，即可将数十个单元的彩虹灯串联起来使用，特别适合建筑物的户外装饰、大型灯光“壁画”（造型）以及歌舞厅内部的造型装饰。颜色有红、黄、橙、绿、蓝、白等多种，造价比霓虹灯低廉，但在发光的亮度、色彩的艳丽和强烈的闪烁效果等方面比起霓虹灯仍有较大差距。近年随着 LED 的发展和价格下降，由低压微型白炽灯泡串联而成的彩虹灯已有逐步被 LED 组成的彩虹灯取代之势。

彩虹灯可通过走灯机或灯光控制台的控制，产生长光、闪光、追光等多种效果。

（三）满天星、蛇管灯、串灯

满天星、蛇管灯和串灯也是装饰照明常用的电光源，它们的结构及工作原理与彩虹灯相似，都是将多个小型低压灯泡串联后接于 220V 市电工作的。不同之处是彩虹灯的低压灯泡体积更小，而且整体压塑成形，更美观和牢固耐用，连接方便，但造价高几倍。而满天星和节日闪灯所用的串灯体积大一些，工艺简单，造价低廉，而且是单个装插头，外面不加套管。其中满天星是长明的，节日闪灯则串入一个跳泡，利用双金属片遇热弯曲断开而冷却后自动复原接通的原理，使整串灯不断闪烁。蛇管灯是把满天星或节日闪灯装入透明软塑料管中，起保护作用和便于造型。节日闪灯和蛇管灯可有多种不同接法，以便于连接走灯机控制其产生闪燃、走动、轮流亮等几种不同效果。满天星在景观照明中的应用如图 2-2-38 ~图 2-2-40 所示。

图 2-2-38　满天星在景观照明中营造出的节日气氛

图 2-2-39　满天星在景观照明中营造出的休闲氛围

图 2-2-40　满天星在景观照明中营造出的浪漫情调

（四）紫外线灯

紫外线灯又名紫外光灯、黑光灯或 UV 灯。

紫外线灯管内壁涂有特种荧光粉，能发出 370nm 波长的近紫外线和少量的可见光。灯管壳是用含镍和钴的氧化物玻璃制作的，呈深蓝色，几乎能全部吸收荧光粉所发出的可见光，又能透过紫外线。紫外线灯管与普通荧光灯管外形相似，为直管形。它能使被照的白色衣服发出白色荧光，使一般较苍白的皮肤变成褐色，同时使用荧光软管弯制造型的装饰图形或文字以及用荧光颜料在布面上画成的荧光画显出艳丽的颜色，营造出一种神秘朦胧甚至梦幻般的气氛。由于紫外线灯价格不贵，耗电又少（每只 40W），因而成了歌舞厅普遍使用的一种特殊光源。

文化部 WH 0201—94《歌舞厅照明及光污染限定标准》将紫外线灯的波长限制在 320 ~ 380nm，最大容许辐照度为 $8.7\times10^{-6}W/m^2$。

（五）荧光软管

荧光软管由渗有荧光物质的塑料制成。它本身不会发光，严格讲不属于电光源范畴。但在紫光管的照射下能按照其本身所渗入的荧光物质不同而发出红、黄、绿、蓝等多种艳丽色彩的荧光，所以也可以把它看作一种被动发光的电光源。

荧光软管往往制成空心管形，直径为 8 ~ 10mm，通常在其中心穿入铁丝，然后弯制成各种文字或图形，可吊挂于灯棚、天花或墙壁上，是一种价格低廉且节约能源（本身不耗电）而装饰效果相当不错的一种材料，广泛用于歌舞厅等娱乐场所。

（六）频闪灯和雷光管

频闪灯（strobe）又名闪光灯。频闪灯能发出极强烈的不断闪烁的白光，它利用人眼的“视觉暂留”效应来制造出特殊的幻影效果，是舞厅等娱乐场所常见的灯具之一。

文化部 WH 0201—94 标准规定：频闪灯的频闪频率不得高于 6Hz（即每秒闪 6 次）。频闪灯具不宜长时间连续使用。

如果把数盏（例如 4 盏）频闪灯分别装上不同颜色的滤光器，用一台控制器同时进行控制，能产生非常艳丽的效果，称为彩虹频闪灯。也有把 10 多只以上的频闪灯组成圆形或方形的造型，称为频闪屏或频闪墙。

将多个小型频闪灯泡装于玻璃管或软塑料管内，通过控制器使各灯泡轮流闪光，就组成频闪灯管，俗称雷光管。把多支雷光管串连成一体，通过控制器的作用，可产生快闪或慢闪等特殊效果。

（七）光纤

光纤照明是通过光纤把光源发生器的光线传播到指定区域的一种照明方式。

1. 光纤照明系统的组成

（1）光源。单根光纤的尺寸和需要的照度等一般取决于所采用光源的瓦数和形式。对于理想的光纤照明灯是那种具有非常小的发光面积而光通量输出很高的灯。光源后部的反射器和前部的透光镜有助于高效地把光传输入光纤。

通常使用的灯包括 20 ~ 75W 低压 MR16 灯和 70 ~ 250W 金属卤化物（M-H）灯。MR16 有钨丝的卤化物灯可通过细灯丝进行精确的光束控制，有些新型紧凑式 M-H 灯也能提供同样精密的光束控制。

（2）发光器。将光纤照明系统用的光源装入外罩内的装置称为发光器。外罩用薄金属板、耐冲击塑料制成。发光器可配装滤光镜头滤除灯所发射出来的大部分红外线（IR）和紫外线（UV）能量。因而，光纤照明系统用于照射纺织品、绘画和食品是很理想的。

由于光线是从灯传输至光纤的末端，发光器也可配装二色玻璃滤光盘以达到颜色的连续或固定变化。另外，色盘的运动可用计算机处理以提供特殊效果。例如光的定时变化或像频闪的瞬间光。最后，为了给复杂的照明装置提高功率，也可将几台发光器前后直排连接或串联连接。

（3）光导体。用于将光从光源传输到灯具的材料被称为光导体。典型的光导体有塑料纤维束或玻璃纤维束。塑料纤维分为粗纤芯塑料纤维和细纤芯塑料纤维。粗纤芯塑料纤维是指直径达 20mm 的实心聚合物纤维，涂有薄的涂层，涂层材料的折射率较纤芯为低。细纤芯塑料纤维是指直径达 2mm 的实心聚合物纤维，涂有薄的涂层，涂层材料的折射率较纤芯为低。它可制成任何长度且能在现场切割。本质上，以上两种形式的塑料纤维使用条件是相似的，且有相同的环境限制。玻璃纤维束（GFB）是指用玻璃制成的圆形光导体，玻璃直径在 0.002 ~ 0.006in 之间（约为头发的粗细）。玻璃纤维通常是末端发光型，它具有特殊的优点——玻璃材料在整个使用期限间不会丧失它的透明度（即不会变黄）。玻璃纤维束较塑料纤维束细得多。因此它与塑料纤维不同，不能在现场切割，玻璃纤维束一般由工厂切割并装配好。

光纤光导体的基本材料为纤芯和涂层。纤芯为传输光线的部件，涂层为薄薄的材料，具有低的折射率，牢固地涂在纤芯的外围。从浅角入射涂层的光束被反射回到纤芯。

大部分光纤有第三层保护套。保护套有黑色、透明的或半透明的白色。对于末端发光的光纤使用黑色不透明的保护套。对于看上去像霓虹灯的侧面发光的光纤，或者对于类似于荧光灯的条形发光光纤，使用透明或白色的保护套。

（4）光纤端口或总套圈。这是在一束光纤范围内，安装在光缆上的连接器，用它插到发光器上使光亮输出最大。制造商可在发货前将线束装配好（叫做装端口），或者为适应变化的情况，也可在现场装配。

（5）连接器、耦合器和套圈。使用这些器件将一个系统的各个部件作机械上或光学上的连接。用连接器将一条光纤固定到端口或灯具上，将一条光纤对准装配到发光器上或两条光纤相互之间的对接则用耦合器。套圈是一个终端器件，用于保护光纤的正确定位。套圈通常与特定的光纤一起由工厂设计加工，因此只要简便地将套圈插入灯具的连接套内即可。

2. 光纤的特点

（1）由于光纤的自身特性和光的直线传播原理，光纤在理论上可以把光线传播到任何地方，满足了实际应用的多元性。

（2）可以通过滤光装置获得所需要的各种颜色的光，以满足不同环境下对光色彩的需求。

（3）通过光纤尾件的设计和安装，照明从抽象化转变为形象化。光纤照明赋予了光线质感、空间感，甚至赋予了光线生命和性格。

（4）光纤照明实现了光电分离，这是一个质的飞跃，不仅安全性能提高，而且应用领域大大地拓宽了。

（5）塑料光纤照明系统光色柔和，没有光污染。塑料光纤装饰照明采用过滤光谱的方式改变光源发光颜色，通过光纤传导后，色彩更显柔和纯净，给人的视觉效果非常突出。

（6）一般的光源所发生的光谱不仅包括了可见光，还包括了红外线和紫外线。在一些特殊场合，红外线和紫外线都是需要避免的，比如文物照明。由于塑料光纤的低损耗窗口位于可见光谱的范围，红外线和紫外线的透过率很低，再加上对光源机的特殊处理，所以从光纤发出来的光都是无红外线和紫外线的冷光。

3. 光纤照明

光纤及其应用如图 2-2-41 ~ 图 2-2-43 所示。

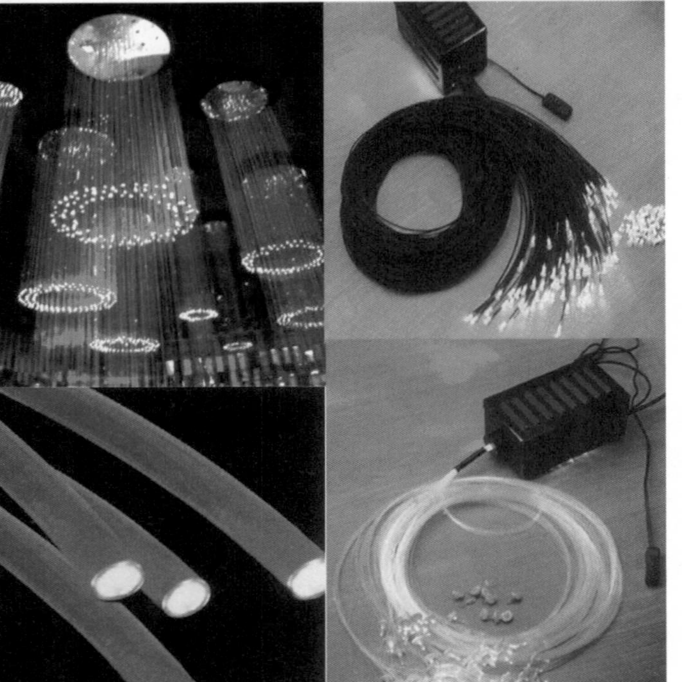

图 2-2-41　光纤及其应用

图 2-2-42　光纤在建筑内空间中的应用

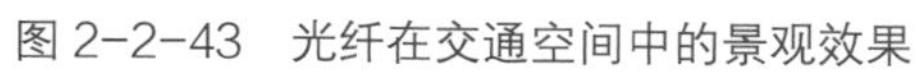

图 2-2-43　光纤在交通空间中的景观效果

（1）电视会议桌面照明。采用端发光系统，配置聚光透镜型发光终端附件由顶部垂直照射，在桌面形成点状光斑，适合与会人员读写而又不影响幻灯投影讲解的进行。

（2）置于顶部较高、难以维护、无法承重的场所或对 EMI（电磁干扰）有敏感的电子设备区域内的照明；在使用通常灯有不方便的场所，如很难接近或者需要光电分离的场所，使用光纤照明系统是最有利的；将端发光系统用于酒店大堂高大穹顶的满天星造型，配以发散光透镜型水晶尾件和旋转式玻璃色盘，可形成星星闪闪发光的动态效果，非一般照明系统可比拟。

（3）建筑物室外公共区域的引导性照明。采用落地管式（线发光）系统或地埋点阵指引式（端发光）系统用于标志照明，同一般照明方式相比减少了光源维护的工作量，且无漏电危险。

（4）室外喷泉水下照明。采用端发光系统，配置水下型终端，用于室外喷泉水下照明，且可由音响系统输出的音频信号同步控制光亮输出和光色变换。其照明效果及安全性好于普通的低压水下照明系统，并易于维护，无漏电危险。

（5）建筑物轮廓照明及立面照明。采用线发光系统与端发光系统相结合的方式，进行建筑物轮廓及立面照明。其施工方便，安装周期短，具有较强的时效性，且能够重复使用，节省投资。

（6）建筑物、文物局部照明。采用端发光系统，配置聚光透镜型或发散光透镜型发光终端附件用于室内局部照明。如博物馆内对温湿度及紫外线、红外线有特殊控制要求的丝织品文物、绘画文物或印刷品文物的局部照明，均采用光纤照明系统。

（7）灯箱、广告牌照明。线发光光纤柔软易折不易碎，易被加工成不同的图案，无电击危险，无需高压变压器，可自动变换光色，并且施工安装方便，能够重复使用。因此，常被用于设置在建筑物上的广告牌照明，同传统的霓虹灯相比，光纤照明具有明显的使用性能优势。

（8）根据光纤照明的多样性等特点，光纤照明的销售市场主要面对装饰照明、娱乐灯光、艺术照明以及特殊照明。

第三节　照明电光源的性能比较与选择

一、电光源性能比较

电光源最主要的性能指标是发光效率、寿命、光色（通常包括显色性）。通常，高压钠灯、金属卤化物灯和荧光灯的光效较高，白炽灯、卤钨灯、荧光灯、金属卤化物灯的显色性较好，高压钠灯和荧光高压汞灯的寿命较长。

电压变化对电光源光通量输出影响最大的是高压钠灯，其次是白炽灯和卤钨灯，影响最小的是荧光灯。维持气体放电灯正常工作不至于自熄的供电电压波动最低允许值，由实验得知荧光灯为 160V，其他高压气体放电光源为 190V。气体放电灯线路中接入电感型镇流器时功率因数普遍较低，且镇流器将消耗功率。常用照明电光源的性能比较如表 2-3-1 所示。

表 2-3-1　常用照明电光源的性能比较

性能项目	光源种类							
	白炽灯		荧光灯	荧光高压汞灯		高压钠灯		金属卤化物灯
	普通白炽灯	卤钨灯		普通型	自镇流型	普通型	高显色型	
额定功率范围（W）	15 ~ 1000	500 ~ 2000	6 ~ 125	50 ~ 1000	50 ~ 1000	35 ~ 1000	35 ~ 1000	125 ~ 3500
发光效率（lm/W）	7.4 ~ 19	18 ~ 21	27 ~ 82	25 ~ 53	16 ~ 29	70 ~ 130	50 ~ 100	60 ~ 90
寿命（h）	1000	1500	1500 ~ 5000	3500 ~ 6000	3000	6000 ~ 12000	3000 ~ 12000	500 ~ 2000
一般显色指数	99 ~ 100	99 ~ 100	60 ~ 80	30 ~ 40	30 ~ 40	20 ~ 35	> 70	65 ~ 80
色温（K）	2400 ~ 2900	2900 ~ 3200	3000 ~ 6500	5500	4400	2000 ~ 2400	2300 ~ 3300	4500 ~ 7500
启燃时间	瞬时	瞬时	1 ~ 3s	4 ~ 8min	4 ~ 8min	4 ~ 8min	4 ~ 8min	4 ~ 10min
再启燃时间	瞬时	瞬时	瞬时	5 ~ 10min	5 ~ 6min	10 ~ 20min③	10 ~ 20min③	10 ~ 15min
功率因数	1	1	0.33 ~ 0.53①	0.44 ~ 0.67①	0.9	0.44	0.44	0.44 ~ 0.61
频闪现象	不明显	不明显	明显	明显	明显	明显	明显	明显
表面亮度	大	大	小	较大	较大	较大	较大	大
电压变化对光通量的影响	大	大	较大	较大	较大	大	大	较大
环境温度对光通量的影响	小	小	大	较小	较小	较小	较小	较小
耐震性能	较差	差	较好	好	较好	较好	较好	好
所需附件	无	无	镇流器、启辉器②	镇流器	无	镇流器、启辉器④	镇流器、启辉器④	镇流器、启辉器④

① 采用电子镇流器是功率因数大于 0.9。
② 采用快速启燃与瞬时启燃线路时不用启辉器。
③ 用外触发器时为 1 ~ 2s。
④ 采用外触发器时才需要。

二、电光源的选用

选用照明光源及其电器附件，应该符合国家现行相关标准的有关规定。

1. 按场所功能、照明要求选择光源

（1）泛光照明宜采用金属卤化物灯或高压钠灯。

（2）内透光照明宜采用三基色直管荧光灯、发光二极管（LED）或紧凑型荧光灯。

（3）轮廓照明宜采用紧凑型荧光灯、冷阴极荧光灯或发光二极管（LED）。

（4）商业步行街、广告等对颜色识别要求较高的场所宜采用金属卤化物灯、三基色直管荧光灯或其他高显色性光源。

（5）园林、广场的草坪灯宜采用紧凑型荧光灯、发光二极管（LED）或小功率的金属卤化物灯。

（6）自发光的广告、标识宜采用发光二极管（LED）、场致发光膜（EL）等低耗能光源。

（7）通常不宜采用高压汞灯，不应采用自镇流荧光高压汞灯和普通照明白炽灯。

2. 按环境条件选择光源

环境条件常常限制一些光源的使用，必须考虑环境许可的条件选用光源。例如，荧光灯最适宜的环境温度为 20 ~ 25℃，在低温时会启燃困难，不能用在环境温度特别高或特别低的场所，否则光通量将大幅度下降。同时，荧光灯不适宜用于环境湿度高的环境，一般用在相对湿度 60%以下为宜，达到 75%~ 80%时则对其使用寿命很不利，必须在使用时加密封措施。荧光灯也不宜用在开关频繁的场所。白炽灯的光效低、电耗大、发热量大、寿命短、运行费用高，不适宜用在要求照度高、长时间照明或有高精度要求的恒温场所。

3. 按经济合理性选择光源

选用高光效的光源，在达到同样照度时可减少所需光源的个数，从而同时减少了电气设备费用、材料费、安装费，即减少了初投资。

选用高光效、寿命长的光源更可以节约运行费用。通常照明装置的运行费用超过初投资。运行费用包括电费、灯泡消耗费、照明装置维护费以及折旧费，其中电费和维护费占较大比重。

4. 以实施绿色照明工程为基点选择光源

绿色照明工程旨在节约能源、保护环境。有益于提高人们生产、工作、学习效率和生活质量，保护身心健康。其具体内容是：采用高光效、低污染的电光源，提高照明质量、保护视力、提高劳动生产率和能源有效利用率，达到节约能源、减少照明费用、减少火电工程建设、减少有害物质的排放，以达到保护人类生存环境的目的。

各种场所对照明电光源性能的要求如表 2-3-2 所示。

表 2-3-2　各种场所对照明电光源性能的要求及推荐的光源（CIE 1983）

使用场所		对光源性能的要求[①]			推荐光源（★：优先选用；●：可选用）											
		光通量[②]	显色性	色温	白炽灯		荧光灯				汞灯	金属卤化物灯		高压钠灯		
					普通	卤钨灯	标准型	高显型	三基色	紧凑型	荧光	标准型	高显型	普通型	改显型	高显型
工业建筑	高顶棚	高	3/4	暖／中		●	●				●	●		★	●	
	低顶棚	中	3/2	暖／中			★				●	●		★	★	
办公室学校		中	3/2/1B	暖／中			★		★	●		●	●	●	●	
商店	一般照明	高／中	2/1B	暖／中	●	●	●	★	★	●			★			★
	陈列照明	中／小	1B/1A	暖／中	★	★		★	★							★
饭店与旅馆		中／小	1B/1A	暖／中	★	★	●	●	★	★			●			★
博物馆		中／小	1A /1B	暖／中	●	★		★	●							
医院	诊断	中／小	1B/1A	暖／中	★	●		★								
	一般	中／小	2/1B	暖／中	●	●	●		★							
住宅		小	2/1B/1A	暖／中	★		●		★	★						
体育馆[③]		中	2/3	暖／中		●	●					★	★	●	★	

① 各种场合都需要光效高的光源，不但光源的光效要高，而且照明总效率也要高，还应满足显色性的要求，并适合特定应用场所的其他要求。

② 光通量值高低按下述分类：高—大于 10000lm，中—3000 ~ 10000lm，小—3000lm。

③ 需要电视转播的体育照明，应该满足电视演播的照明要求。

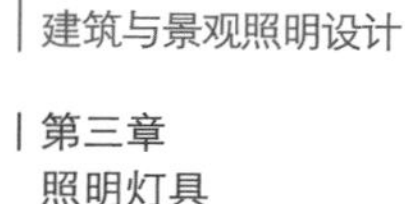

第三章 照 明 灯 具

灯具是一种产生、控制光源，并把光源发出的光进行再分配的器件。灯具通常由以下几个部件组合而成：一个或若干个灯泡，用于分配光的光学部件，用于固定灯泡并提供电气连接的电气部件（灯座、镇流器等），用于支撑和安装的机械部件等。通常把光源与灯具的组合称为照明器。

照明器的作用是发出光线，固定光源，向光源提供电力，合理利用光源发出的光线使其向需要的方向射出适量的光，防止眩光和保证光源免受外力、潮湿及有害气体的影响，以满足被照面上照明质量的要求。照明器还具有装饰的作用。

最初人类使用从火产生的热量而发光，大约在 15000 年前发明了用动物油脂制作的原始油灯，随后出现了灯芯草灯（将灯芯草插入溶化的油脂中点燃而发光），它是蜡烛的雏形。传统的街道照明可以追溯到古罗马，当时是使用火把照亮潜在的危险区域，加强城防和保障安全是照明的主要目的。欧洲城市的公共环境照明据说是 1667 年在路易十四的命令下，于街道上横挂线网悬吊蜡烛开始的。17 世纪末，人们开始在立于路侧的木杆上安装油灯进行街道照明。18 世纪早期，用作路灯支架的木杆被铸铁支架替代。1807 年，工程师 Albert Winsor 将其设计的著名的煤气灯放置在雅致的铁灯柱上，街道照明从此具有了景观价值。直到 19 世纪末期爱迪生发明了钨丝灯，煤气灯随后逐渐被电光源所替代，光能才被大量使用，它的发明及普及使得人类生活变得更加丰富多彩。由于不同的历史时期人们的审美观、科技发展水平、用于照明的燃料或能源不同，与之相结合的灯具的造型、材料、功能也不尽相同。

在中国，用于照明的“烛”在西周时期出现于人们的日常生活中。当时人们用于照明的器具主要有“烛”、“燎”等。“烛”是一种由易燃材料制成的火把；“燎”是放在地上用以点燃的细草和树枝；“燎”放置于门外称作“大烛”，放置于门内侧称作“庭燎”。到战国时期，出现了真正意义上的灯具——青铜灯具，做工精美、装饰性较强的青铜灯具主要用于室内照明，如图 3-0-1 ~ 图 3-0-3 所示。两汉时期，继青铜灯具之后出现了陶质灯具、铁质灯具、石质灯具等新型材质的灯具，从造型上看，除了人俑灯具和仿日用品器型灯具之外，还出现了动物造型的灯具款式。功能方面，除原有的座灯外，又出现了行灯和吊灯。行灯是一种手持灯，方便实用，已经与园林匹配使用。两汉时期以陶质灯具为主流。

图 3-0-1　战国人形青铜灯
（摄影：李文华）

魏晋南北朝至宋元时期，青铜灯具逐渐退出历史舞台，陶瓷灯具尤其是瓷灯已成为灯具中的主体，如图 3-0-4 所示。汉代始现的石灯随着石雕工艺的发展开始流行，铁质、玉质、木质烛台开始出现，并逐渐普及。由于材质的改变，这一时期灯具在造型上也发生了较大变化，盏座分类，盏中无烛扦已成为灯具最常见的形式，多枝灯已很难见到。

明清两代是中国古代灯具发展最辉煌的时期，最突出的表现是灯具和烛台的材质和种类更加丰富，除原有材质的灯具外，又出现了玻璃和珐琅等新材料灯具。宫灯的兴起，更开辟了我国灯具史的新天地。宫灯主要是指以细木为骨架镶以绢纱和玻璃，并在外绘各种图案的彩绘灯，可分为供桌上使用的桌灯、庭院使用的牛角明

图 3-0-2　西汉彩绘雁鱼青铜灯
（摄影：李文华）

图 3-0-3　东汉绿釉孔雀陶灯
（摄影：李文华）

图 3-0-4　唐代白瓷莲瓣座灯
（摄影：李文华）

灯、墙壁悬挂的壁灯、宫殿内悬挂的彩灯、供结婚用的喜字灯和供祝寿用的寿字灯。烛台是明清两代剧院、饭店等公开场所的常用之物。

除日常用照明设施外，我国特有的景观照明现象就是元宵观灯。元宵节张灯结彩的习俗始于东汉明帝时期，其后历朝历代都以正月十五张灯、观灯为一大盛事。魏晋南北朝时，已出现以纱葛或纸为笼，燃烛其上的灯笼。灯笼的出现，不仅保证了在有风情况下室外张灯正常进行，也为灯外装饰开辟了新的天地。唐宋时期，彩灯的制作进入盛世。明清时期，彩灯的品种和式样都有了新的发展。清兵入关后，除接受汉人元宵节张灯之俗外，又把满人的冰灯之俗引入元宵节中。

纵观几千年的中国灯具史，可以说中华民族在火光源时代，在灯具的实用性和装饰性方面进行了深入的探索和实践，取得了伟大的成就。

第一节 灯具的作用和特性

一、灯具的作用

灯具主要有以下作用：

（1）合理配光，即将光源发出的光通量重新分配到需要的方向，以达到合理利用的目的。

（2）防止光源引起的眩光。

（3）保护光源免受机械损伤，并为其供电。

（4）提高光源利用率。

（5）保护照明安全（如防爆灯具）。

（6）装饰美化环境。

（7）营造设计的艺术意境、氛围或特殊效果（如影视、舞台灯具），如图 3-1-1 ~图 3-1-4 所示。

图 3-1-1 太原市城市空间中传统与现代精神兼备的路灯（摄影：马庆）

图 3-1-2　灯具应用于景观设计的效果

图 3-1-3　灯具与大桥设计相得益彰的效果（图片来源:《国际照明设计年鉴》）

图 3-1-4　现代都市中的时尚灯具（图片来源:《世界建筑》）

二、灯具的主要特性

一般灯具的主要特性包括发光效率（简称光效）、保护角和配光曲线 3 项。

（一）发光效率

灯具所发出的总光通量与灯具内所有光源所发出的总光通量之比，称为灯具的发光效率。灯具在分配从光源发出的光通量时，由于材料的吸收与透射等原因，必然会引起一些损失，所以灯具的光效总是小于1的。这里需要注意不要与光源的光效相混淆，如前所述，光源的光效是指光源发出的光通量与该光源所消耗的电功率之比。

（二）保护角

灯具的保护角是用来遮蔽光源使观察者的视觉免受光源部分的直射光的照射。它表征了灯具的光线被灯罩遮蔽的程度，也表征了避免灯具直射产生眩光的范围。灯具的保护角如图 3-1-5 所示。保护角可以用以下公式表示：

$$\tan\gamma=2h$$

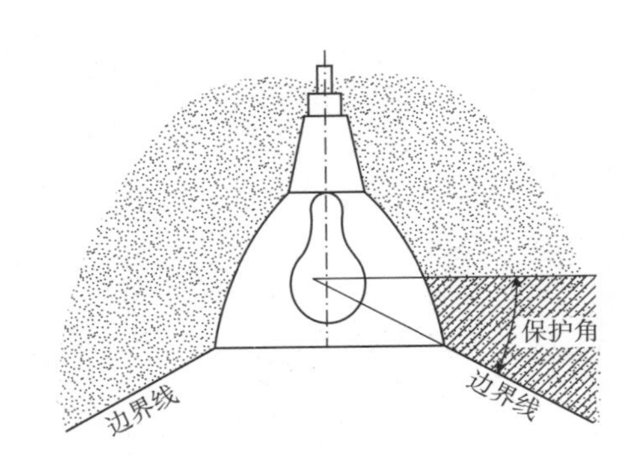

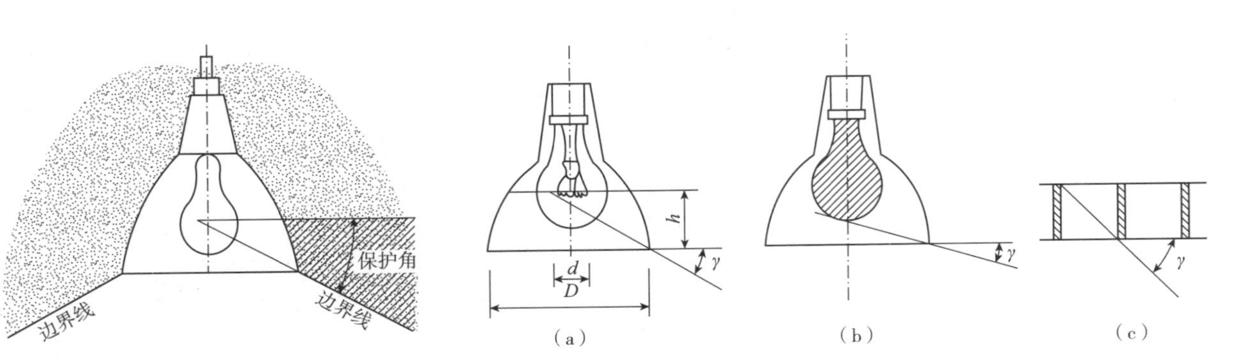

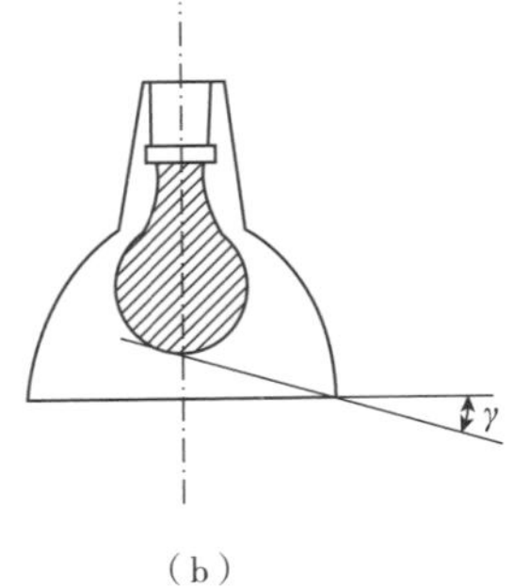

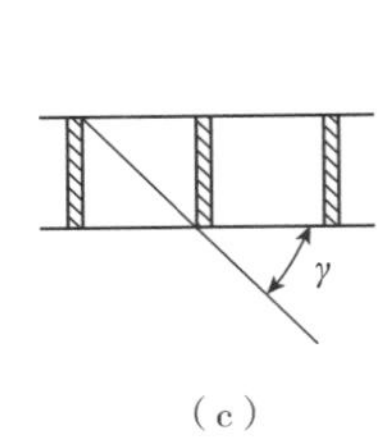

图 3-1-5　灯具的保护角

（a）普通灯泡;（b）乳白灯泡;（c）挡光格片

对于高亮度的光源不宜采用没有保护角的灯具，否则将产生严重的直接眩光。增大保护角是限制直接眩光的一种方法。保护角的大小不但与光源的亮度、方向有关，而且与使用场所的要求有关。

（三）配光曲线

光强空间分布是灯具的重要特性，通常用曲线来表示，称为配光曲线。配光曲线一般有 3 种表示方法：一是极坐标配光曲线；二是直角坐标配光曲线；三是等光强曲线。

1. 极坐标配光曲线

在极坐标上，将各个方向测得的光强大小用矢量法标出，然后将矢量端连接起来，就得到了灯具在被测平面内的配光曲线，如图 3-1-6 和图 3-1-7 所示。

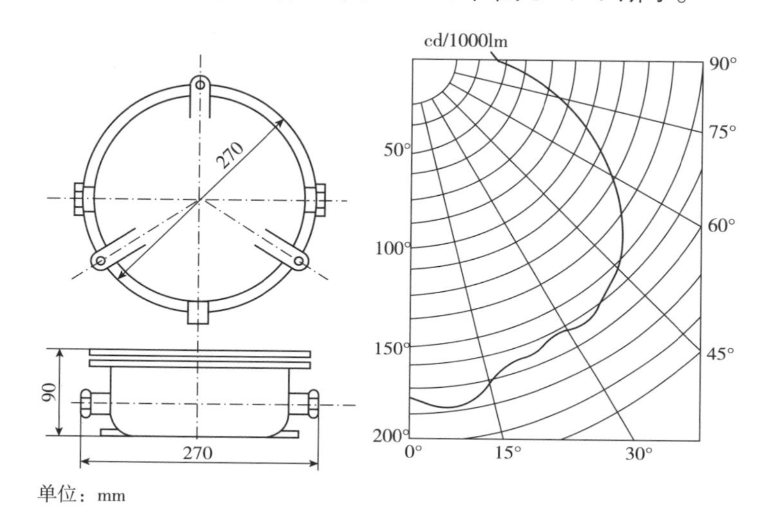

图 3-1-6　灯具的极坐标配光曲线

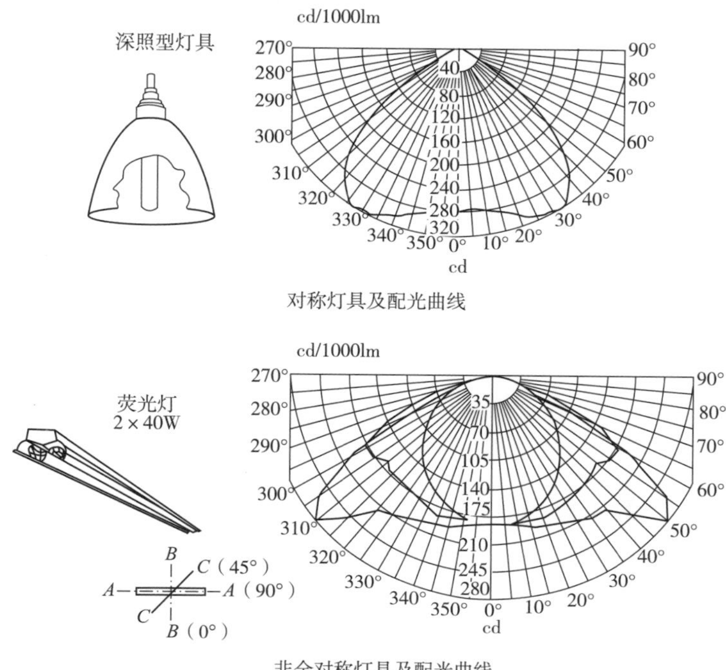

图 3-1-7　对称、非全对称灯具及其配光曲线

2. 直角坐标配光曲线

对于聚光型灯具，由于光束集中在十分狭小的空间立体角内，很难用极坐标来表达其光强的空间分布状况，就采用直角坐标配光曲线表示法，以纵轴表示光强，以横轴表示光束的投射角，如图 3-1-8 和图 3-1-9 所示。

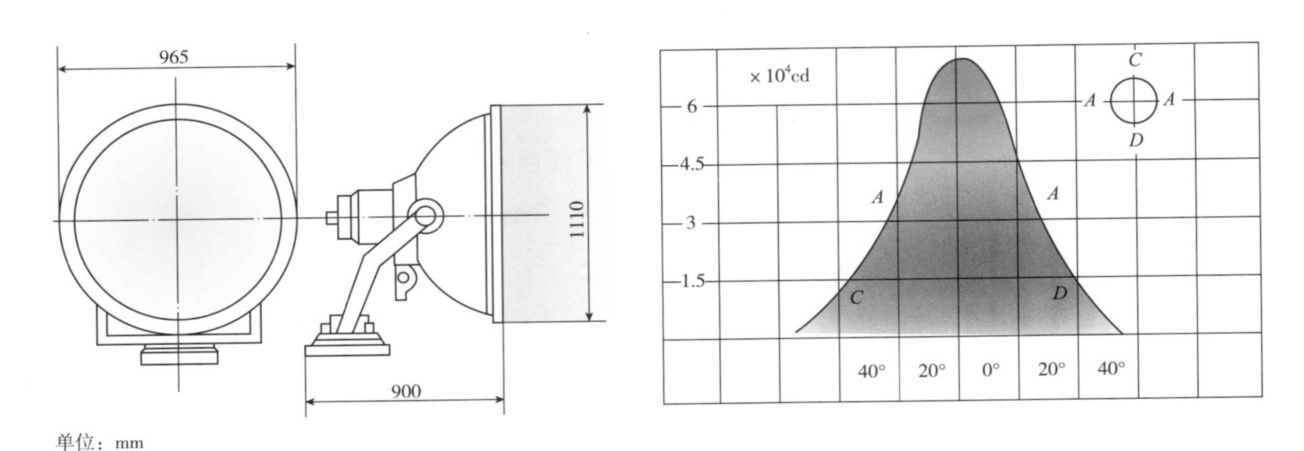

图 3-1-8　灯具的直角坐标配光曲线（旋转对称）

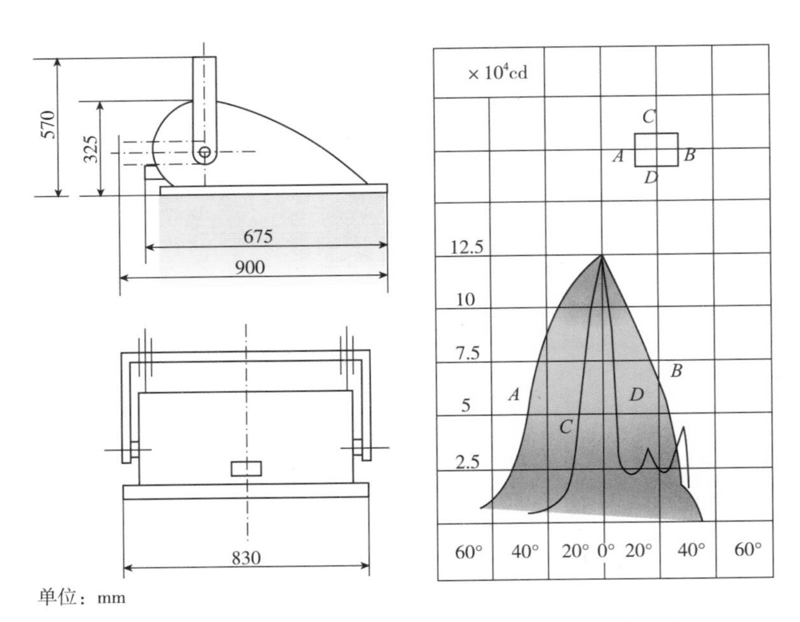

图 3-1-9　灯具的直角坐标配光曲线（非旋转对称）

3. 等光强曲线

将光强相等的点（矢量顶端）连接起来的曲线称为等光强曲线。将相邻等光强曲线的值按一定比例排列，画出一系列的等光强曲线所组成的图称为等光强图。通常将两者合称为等光强曲线图。常用等光强曲线图有圆形网图、矩形网图与正弦网图。由于矩形网图既能说明灯具的光强分布，又能说明光通量的区域分布，所以目前投光灯等灯具采用的等光强曲线图都是矩形网图。图 3-1-10 中所示的就是 TYFD 投光灯等光强矩形网图。

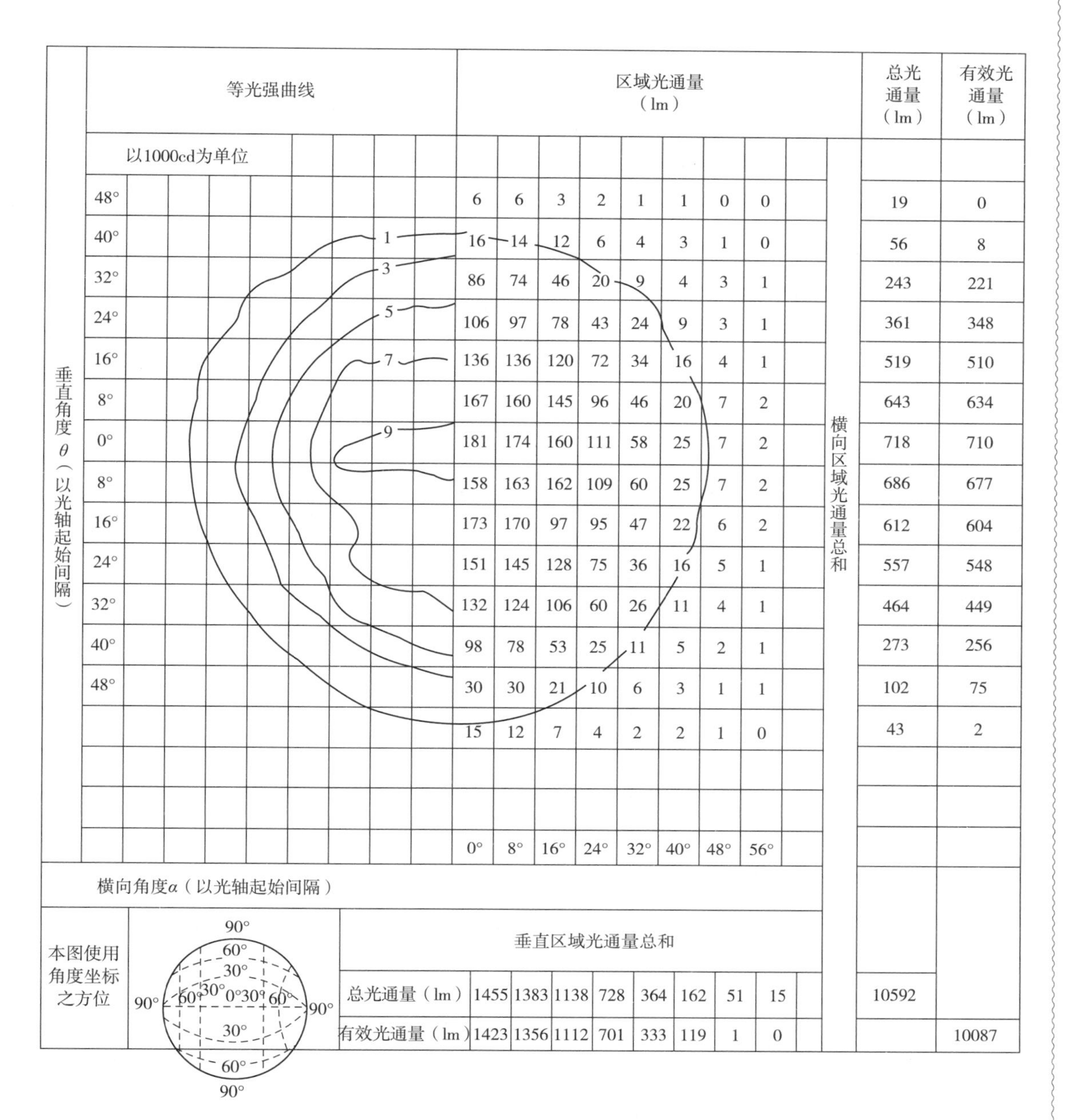

垂直角度θ	0°	8°	16°	24°	32°	40°	48°	56°	总光通量（lm）	有效光通量（lm）
48°	6	6	3	2	1	1	0	0	19	0
40°	16	14	12	6	4	3	1	0	56	8
32°	86	74	46	20	9	4	3	1	243	221
24°	106	97	78	43	24	9	3	1	361	348
16°	136	136	120	72	34	16	4	1	519	510
8°	167	160	145	96	46	20	7	2	643	634
0°	181	174	160	111	58	25	7	2	718	710
8°	158	163	162	109	60	25	7	2	686	677
16°	173	170	97	95	47	22	6	2	612	604
24°	151	145	128	75	36	16	5	1	557	548
32°	132	124	106	60	26	11	4	1	464	449
40°	98	78	53	25	11	5	2	1	273	256
48°	30	30	21	10	6	3	1	1	102	75
	15	12	7	4	2	2	1	0	43	2
垂直区域光通量总和 总光通量（lm）	1455	1383	1138	728	364	162	51	15	10592	
有效光通量（lm）	1423	1356	1112	701	333	119	1	0		10087

图 3-1-10　TYFD 投光灯等光强矩形网图

第二节　灯具的分类

灯具按照不同的特点或者标准有多种分类办法。

一、按光通量在空间上、下两半球的分配比例分类

国际照明委员会（CIE）推荐将灯具按光通量在空间上、下两半球的分配比例分类，国际照明界普遍接受这种分类方式，据此可将灯具分为直接型灯具、半直接型灯具、漫射型灯具、半间接型灯具、间接型灯具 5 类。这 5 种类型灯具的光通量分布特性、光照特点和配光曲线概况如表 3-2-1 所示。

表 3-2-1　灯具按照光通量在上、下半球空间分配比例的分类

类型		直接型	半直接型	漫射型	半间接型	间接型
光通量分布特性（%）	上半球	0 ~ 10	10 ~ 40	40 ~ 60	60 ~ 90	90 ~ 100
	下半球	100 ~ 90	90 ~ 60	60 ~ 40	60 ~ 10	10 ~ 0
特点		光线集中，工作面上可获得充分照度，容易形成对比眩光	光线能集中在工作面上，空间也能得到适当照度。比直接型眩光小	空间各个方向发光强度基本一致，无眩光	增加了反射光的作用，使光线比较均匀、柔和	扩散性好，光线柔和、均匀，避免了眩光，但光的利用率低
配光曲线示意图						

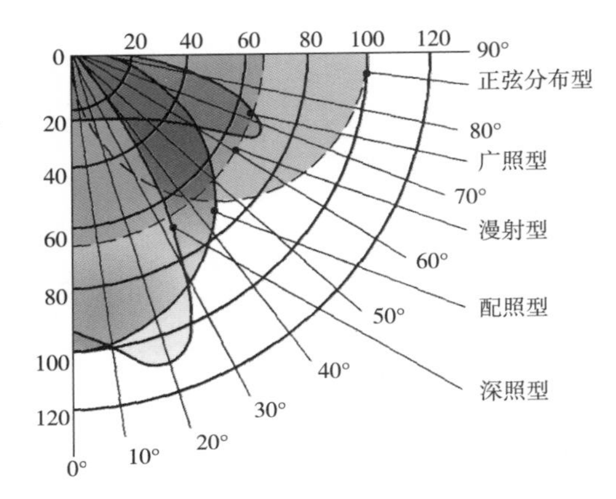

图 3-2-1　按光强分布特性将灯具分类

二、按光强分布分类

按光强分布特性，即按配光曲线的形状不同，灯具可以分为正弦分布型、广照型、漫射型、深照型等，如图 3-2-1 所示。

三、按灯具的结构分类

按灯具的结构可分为以下几类：

（1）开启型灯具。光源与外界环境直接相通。

（2）闭合型灯具。具有闭合的透光罩，但罩内外仍能自由通气，如半圆罩天棚灯和乳白玻璃球型灯等。

（3）密闭型灯具。透光罩接合处严密封闭，罩内外空气相互隔绝，如防水防尘灯具。

（4）防爆型灯具。符合《防爆电气设备制造检验规定》的要求，在任何条件下，能安全地在有爆炸危险性介质的场所中使用。

（5）安全型灯具。在正常工作时不产生火花电弧，或把正常工作时产生火花电弧的部件放在独立的隔爆室内。

（6）隔爆型灯具。在灯具内部产生爆炸时，火焰通过一定间隙的防爆面后，不会引起灯具外部的爆炸。

四、按采用电光源不同分类

（1）白炽灯具。

（2）荧光灯具。

（3）高压气体放电灯具。

（4）混光照明灯具等。

五、按安装方式的不同分类

（1）吸顶灯具。

（2）嵌入式灯具。

（3）半嵌入式灯具。

（4）吊灯。

（5）壁灯。

（6）台灯。

（7）落地灯。

（8）庭院灯。

（9）投光灯等。

具体如图 3-2-2 所示，建筑与景观照明灯具常见样式如图 3-2-3 ~ 图 3-2-5 所示，不同灯具的光源选择和使用空间见表 3-2-2。

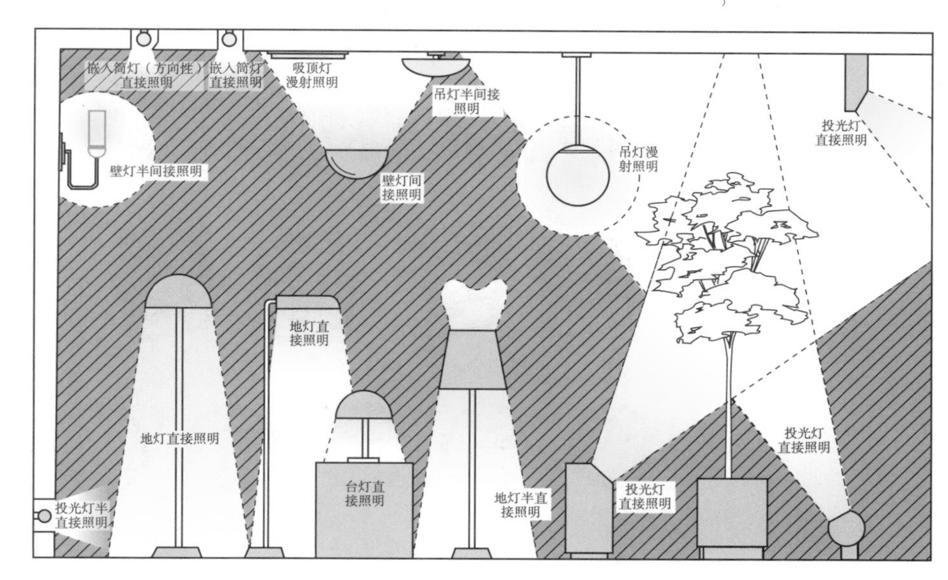

图 3-2-2　按安装方式的不同分类的灯具

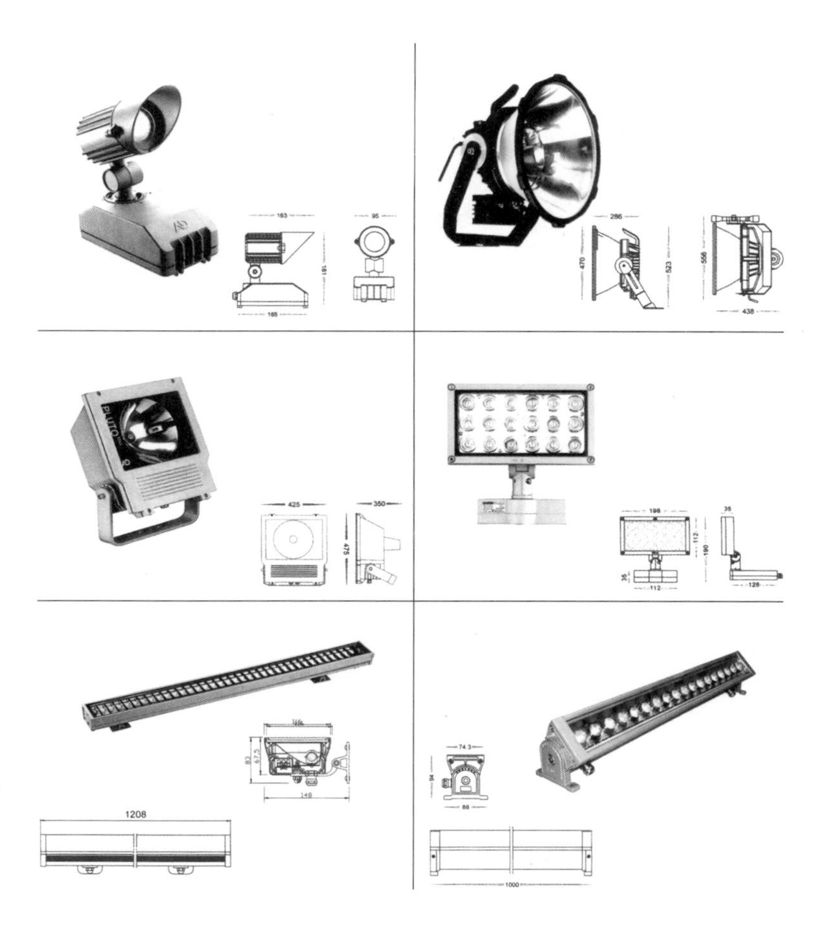

图 3-2-3　建筑与景观照明灯具的常见样式一

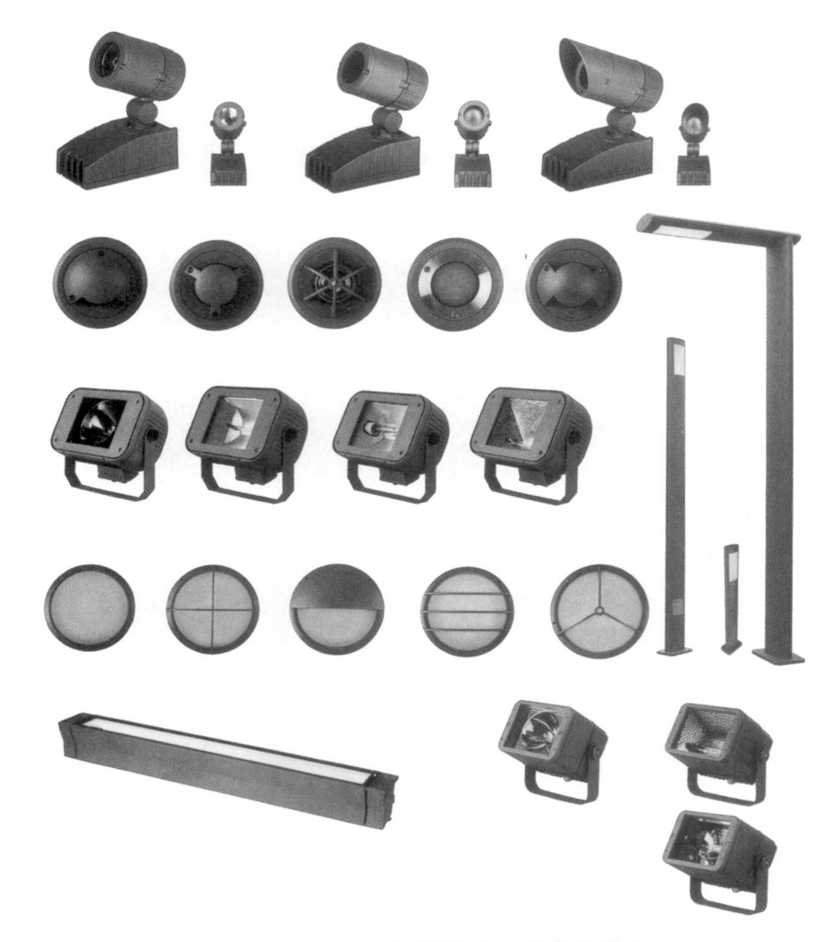

图 3-2-4　建筑与景观照明灯具的常见样式二

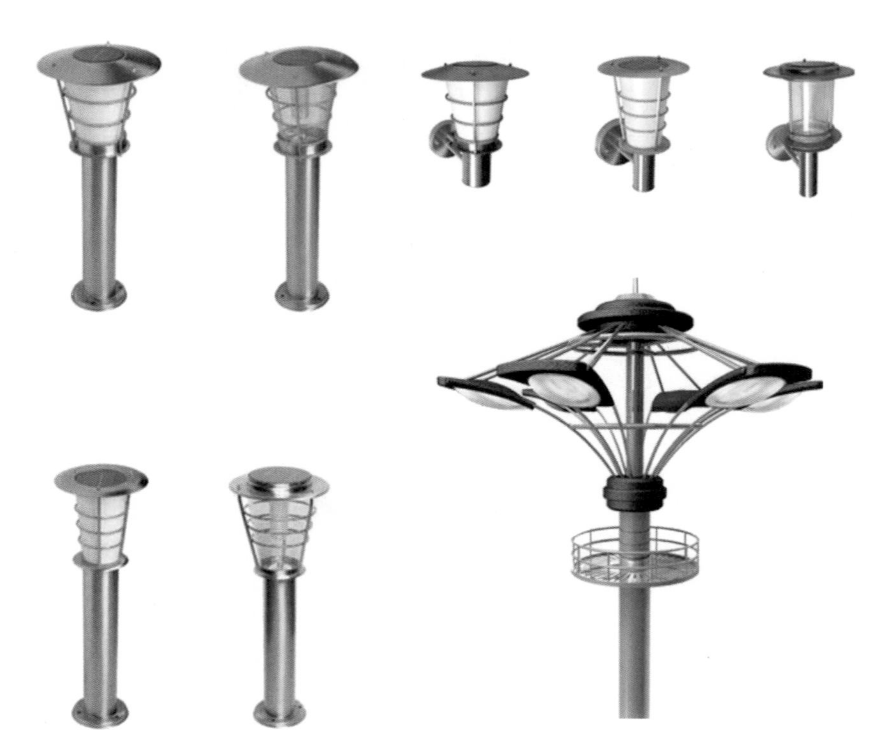

图 3-2-5　建筑与景观照明灯具的常见样式三

表 3-2-2　不同灯具的光源选择和使用空间

分类	名称	使用光源			使用空间			功能性质			照明方式	备注
		白炽灯	荧光灯	高压放电灯	住宅室内	商店室内	其他设施	结合防水	配光控制	安装程度	适用性	
一般灯具	枝形吊灯	很多	很多	少	很多	很多	多	少	少	少	难	式样变化多
	一般吊灯	很多	很多	少	很多	很多	多	少	多	很容易	很容易	灯具种类多
	吸顶灯	很多	很多	多	很多	很多	很多	多	多	容易	容易	能适应众多的空间
	嵌入灯	多	很多	多	多	很多	很多	不用	多	很难	难	注意顶棚连接
	嵌入筒灯	很多	少	多	很多	很多	很多	不用	很多	很难	容易	注意光学性能
	壁灯	很多	很多	很多	很多	很多	很多	多	多	难	容易	具有光影效果
	台灯	很多	很多	不用	很多	多	多	不用	多	很容易	很容易	可自由移动
	投光灯	很多	少	少	多	很多	多	多	很多	容易	容易	注意光学性能
	灯带及整片灯	多	很多	少	少	很多	多	不用	少	很难	难	与顶棚要呼应
特殊用灯	应急用灯	很多	很多	不用	少	很多	很多	不用	多	很难	难	要符合规范
	指示方向灯	多	很多	不用	不用	很多	很多	少	少	很难	难	要符合规范

六、按使用场所和范围的不同分类

国家标准局按使用场所和范围的不同把灯具分成 14 大类，即民用灯具、建筑灯具，工矿灯具，车用灯具，船用灯具，舞台灯具，农用灯具，军用灯具，航空灯具，防暴灯具，公共场所灯具，陆上交通灯具，摄影灯具，医疗灯具，水面水下灯具等。

就户外场所而言，常见的灯具类型有以下几种。

（1）路灯。

（2）步道与庭院灯。

（3）高杆灯。

（4）低位灯具。

（5）投射灯具。

（6）下照灯具。

（7）埋地灯具。

（8）壁灯。

（9）水下灯。

（10）嵌入式灯具。

（11）光纤照明系统。

（12）太阳能灯具等。

第三节　灯具的设计

灯具的主要作用是配光，让设在其中的人工光源产生的光依人们所需按一定的规律分配，如宽光束配光、中光束配光、窄光束配光、蝙蝠翼配光、余弦配光等。另外，灯具还具有防护作用、防眩光作用、装饰作用和一体化作用。所以，灯具的设计是一个系统工程，要求综合考虑，多方位兼顾，进行系统化设计。

一、灯具的反射器设计

不同场所各有不同的照明要求，必然需要使用不同照明作用的灯具，才能得到满意的照明效果。因此，要通过研究各种照明场所的照明方式和评判指标，来确定出灯具的配光曲线和光源，设计出灯具的反射器，最终获得符合要求的灯具。这方面有着丰富的内容，只有了解每一类照明的全部内涵并掌握灯具反射器的设计方法和材料的表面处理方法，才能创造出新颖灯具或提高原有产品的质量。

反射器是灯具中最主要的控光元件，它可以有各种各样的形状，加上多种表面处理方法和各种表面材料的不同，致使它的种类繁多，作用各异，但最终的目的，都是为了适应各种不同形状的光源和受照面的照明需要。

灯具反射器的形状多种多样，通常有以下几种。

1. 柱面反射器

凡用一根母线沿某一轴线平移一段距离后再加两个侧面做成的反射器，称为柱面反射器。柱面为主反射面，侧面为副反射面，这种反射器适用于发光体较长的光源，如直管荧光灯、管形卤钨灯等。柱面反射器具有加工简单和价格低的优点。该种反射器的使用效果可以通过反射器的母线形状来调节，可以是两个对称面的，也可以做成只有一个对称面的斜照形式。它有很大的适应性，是目前荧光灯具中使用较为广泛的一种反射器，常用的母线由高次抛物线组合而成。

2. 旋转对称反射器

凡用一根母线绕某一轴线旋转 360° 后得到的曲面做成的反射器，称为旋转对称反射器。因所用母线不同，所以旋转对称反射器的曲面形状也各异，最常见的为球冠曲面、圆台曲面、双叶曲面、椭圆抛物面等。旋转对称反射器可以用冲压、拉伸、压铸等机械加工，机械化程度较高，产品的一致性好，但对机械设备和材料性能有一定要求。

3. 不对称反射器

凡绕某一轴线，有许多根形状不同的母线做成的反射器，称为不对称反射器。这种反射器实际上是旋转对称反射器的一种变形，是为了满足照明场所特别要求而设计的一种反射器，其基本特性和加工方法与旋转对称反射器大致相同。

4. 组合式反射器

组合式反射器又可分为旋转对称反射器的组合和柱面反射器的组合两种。旋转对称反射器的组合，除具有旋转对称反射器的特点外，还能通过调节焦距和中心距来改变灯具的一系列光参数，以适应和满足照明场所的要求。柱面反射器的组合有两种形式：一种是如同上述的对称旋转反射器的组合形式；另一种是纵、横为同一母线形成的柱面反射器，通过正交而获得的反射器。这种组合而成的反射器，加工比较困难，但光学性能方面除具有柱面反射器的特点外，还具有纵横方向的反射面都是主反射面、两个方向的配光完全一致的特点，适用于视觉要求较高的场所。反射器的表面材料以镜面反射材料最为常用，大多数是用电解抛光（或化学抛光）铝，表面经氧化或涂覆二氧化硅薄膜处理。为了提高灯具的发光效率、使出射光更加柔和、提高光谱效能等，现代灯具的镜面反射器还做成各种凹凸不平的板块形状。

作为控光元件的反射器，就是要把光源光能量进行再分配。反射器的设计，首先考虑直接光通量的贡献；再研究光源上各点发出的光线经反射器反射后的走向，将这些经反射后的光线按极坐标叠加起来，加进直接光通量的贡献后，就可以确定出该发射器的配光分布。如果这种配光符合所需的配光要求，设计反射器的工作就告结束，若有差距，就需修改反射器曲面直到能够符合所需要的配光要求为止。

在设计反射器曲面形状，直到能够符合所需要求的配光时，反射器曲面并非是唯一的，可以有各种曲面都能获得相同的配光分布。这时，还要根据反射曲面所包围的体积大小、出射光效率高低、散热和保护等措施，以及与相关光源配合的难易等多种因素来加以选择。

二、灯具的安全设计

灯具的安全设计包括电气安全和其他安全两个方面，电气安全包括直接电器安全和间接电器安全两个方面。根据这些要求来进行灯具的结构和电气设计。

1. 直接电器安全设计

（1）灯具上所有的带电部件有规定的绝缘，达到指定的防触电防护等级。

（2）电部件间绝缘良好，符合规定的电器间隙和爬电距离。

（3）带电与不带电部分的泄漏电流小于额定值，确保人员不会因漏电引起触电。

（4）灯具内部带电部件上有合适的防触电措施，使手指不能触及。

（5）安装带电体的绝缘材料在异常情况下不起火不燃烧。

2. 间接电器安全设计

（1）灯具在雨水、灰尘和粉尘气氛等环境中，外壳要有相应的密闭措施，能保证灯具内带电部件间或带电部件与绝缘体间有良好的绝缘。

（2）灯具在受到各种人为因素如侵犯、跌落、碰撞等外力时，带电部件之间或带电部件与绝缘体之间不能受到损害，即使不能工作，也不危及人身安全。

（3）各种与带电部件接触或在其位的绝缘体，在灯具寿命期间内，不得因温度过高造成绝缘破坏，引起触电，也不能起火或燃烧。

（4）各种电气部件，如电容器，镇流器，触发器和接线柱等，应工作在规定的环境范围内，并按照规定的方法固定，确保它们的工作寿命。

3. 其他安全方面的设计

（1）在使用期间，灯具遇到意外情况，如台风、地震、不正规的维护或操作等，这时的灯具必须不危及人和周围环境，它的外壳、紧固件、调节锁紧、支架等必须有足够的距度和控制力，不能使它成为一个潜在的危险物。

（2）灯具在使用时，外壳面温度较高，在设计时，灯具的表面温度必须控制在规定的数值以下。若确有困难，也有用规定距离或限制接近的距离内加保护罩的方法来保护。

三、灯具的寿命设计

灯具的寿命是指灯具的重要部件，如外壳锁紧件和光学部件等不能正常工作，失去使用价值的全部工作时间。它是根据采用的材料，加工工艺和表面处理方法以及受各种环境和工作状况下使用寿命的综合反映。按目前的材料和工艺水平，灯具寿命可达到 20 年。

有时为了降低造价而采用其他材料和工艺使灯具适当缩短寿命在 5 ~ 10 年也是适宜的。

四、灯具设计要注意的其他问题

1. 灯具的光衰

灯具的光衰，是指光学系统和灯具结构对光源光通量的消极影响，外界环境中灰尘和微粒对光学系统的污染造成照度过早减弱的现象等。灯具的设计过程中，反射器选材、形状、体积及密封方式都要虑及光衰问题。

2. 保护光源

（1）在灯具设计中要确保光源有可靠的电连接，接触电阻小，受振后不会松脱。

（2）为保护光源，延长光源寿命，灯具的内部结构一定要科学合理。为了增强灯具的散热能力，应合理制造反射器的形状和大小，可适当扩大灯具体积，增加散热面积，使光源工作在适合的温度下，确保性能稳定、安全可靠。

3. 热辐射问题和热能利用

光源除反射可见光外，还有大量热辐射产生，热辐射能够使灯具体内温度过高，影响光源使用寿命，使灯具的材料过早老化，更危险的是可能引起漏电、火灾等，所以在灯具设计时，要尽量选用耐热的材料和低辐射的光源。条件不允许时，应该选用诸如石棉等导热性能较差的材料来隔绝光源与耐热性能差的照明器材料及部件，也可以借用散热的方法，例如散热片、反射板，将热辐射折射出去，还可以依靠风扇等强制空气流通，使热量尽快散掉。

4. 灯具设计应该功能和美观相结合

照明设计的一个重要环节就是根据功能要求和环境条件，选择合适的灯具，并将照明功能和装饰效果协调统一。

灯具是功能产品，同时也是丰富的信息载体和文化形态，是相应历史时期人们审美情趣、科技水平、功能需要的综合体现，灯具设计应该在功能、选材、造型、色彩、工艺等多方面同时兼顾，此外还应考虑到灯具与相关空间环境的整体关系。灯具的审美离不开所处的环境，能够与环境融为一体，甚至是锦上添花，灯具设计才是成功的。

5. 灯具的一体化设计

近几年，新的设计理念和设计方式不断涌现，家具、陈设品、灯具甚至空间环境的界面造型不再是各自独立的装饰元素，而是经常被以各种方式结合成一体，即体现了实用功能，又发挥了它们的装饰效果，如图 3-3-1 ～图 3-3-4 所示。

五、灯具设计中的选材

灯具的反射器是用来把光源发射出的光线按预定的要求分别分配到所需方向上去的控光器件，高质量的灯具其反射器必须采用优质的材料制成，并要求有精湛的加工工艺保证

图 3-3-1　设计师 Tom Dixn 的作品

设计师 Tom Dixn 称之为“一件能坐、能堆砌、还能发光的东西”的多功能产品。可以把它当作一把能发光的椅子，也可以把这许多灯堆砌起来形成一件装饰艺术品，按需放置在室内外环境中会给人以亲切活泼、新奇有趣的感觉

图 3-3-2　BoBo 设计公司的作品

BoBo 设计公司的作品也是集多功能于一体的典范，该作品以有机玻璃为主要材料，既可以用作室内、外照明，也可以充当坐椅，还可以用来储存小件物品

图 3-3-3　既是灯具也是家具的一体化设计（摄影：马庆）

太原市街头的一款集家具与灯具于一体的优秀作品，在选材、用色、构成语言、艺术风格、光照效果上均做到了实用与美观、个体与环境完美结合的一体化设计

图 3-3-4　灯具与空间造型的一体化设计效果（摄影：李文华）

灯具在选材、造型、照明方式等方面与所处空间环境进行一体化设计，灯具造型简洁洗练，灯具的排列则具有明确的指向性和序列感，犹如建筑物的一部分，使建筑的空间张力大增，魅力非同一般

其精度。目前灯具设计和制作中常用的材料如图 3-3-5 所示。

1. 钢材

钢材一般是作为照明灯具的主要构造材料来进行使用的，特别是冷轧钢，它的强度和拉伸性能都很好。

钢板材经过钣金加工，可以塑造各种造型；表面经过油漆、电镀或抛光，能够得到防腐蚀、反光性能好，并具有一定装饰效果。

当钢中含铬量大于12.5%以上，具有较高的抵抗外界介质（酸、碱盐）的腐蚀性能时，钢就成了不锈钢。不锈钢材是防水、防腐及反光性能极好的金属材料，并且有特殊的装饰效果，是现代造型灯具中经常选用的材料。钢材在灯具设计中的应用如图3-3-6～图3-3-9所示。

2. 铝及铝合金

铝材可以算是新型金属材料，它在作为灯具材料方面有很多优点，例如：材质轻，便于灯具搬运及安装，并对后期维护也有益处；耐腐蚀，与铜、铁相比，它的耐腐蚀、耐氧化、耐水等性能都较高；加工性能好，材质软并且自身的表面很光亮且呈银白色，外表美观，有一定的装饰性。铝板的反射率较高，反射热和光的反射率通常约为67%～82%。电解抛光的高纯铝的反射率可达94%，是电解和热的良导体，可用作高功率、高光输出灯的散热部件。

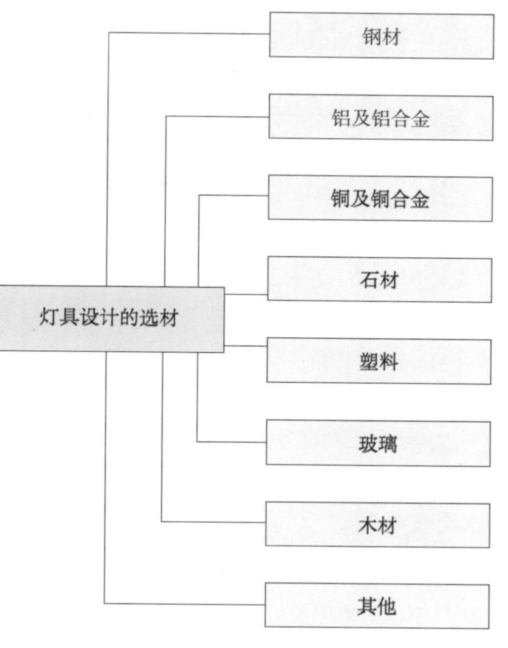

图3-3-5　灯具设计选材示意图

图3-3-6　钢材与卵石制作的庭院灯具

图3-3-7　不锈钢制作的灯具与建筑构件相结合

图 3-3-8　钢材制作的太阳能灯具
（摄影：李文华）

图 3-3-9　钢材制作的灯具在景观设计中的应用

为防止反射器的镜面反射造成不良后果，通常对用作反射面的抛光铝板进行喷砂氧化和涂膜保护处理，也可以将反射面设计成板型、鱼鳞型、龟面型等，形成漫反射，以限制眩光，使射出来的光线均匀柔和。

用铝材制作的灯具如图 3-3-10 ~ 图 3-3-13 所示。

图 3-3-10　铝材制作的灯具

采用碳酸树脂制作灯罩，灯罩可以有多种颜色供选择，灯具的其余部分则全部采用铝材制作

图 3-3-11　铝网灯具

Georgia Scott 用铝网手工打造出的落地灯具，外形酷似热带植物，透过铝网的光线缥缈虚幻，别具特色

图 3-3-12　北京奥运会体育场“鸟巢”外部空间中的铝制灯具（摄影：李文华）

图 3-3-13　铝制灯具在建筑空间中的应用

3. *铜及铜合金*

铜在照明及电气系统中多作为导电材料，因它的导电性能最好。作为装饰材料，它是最早用于灯具制作的，经过抛光处理的铜，光亮金黄具有华贵古雅感，如图 3-3-14、图 3-3-15 所示。

图 3-3-14　富丽堂皇的铜制灯具
（摄影：李文华）

图 3-3-15　采用铜材制作的景观灯具
（摄影：李文华）

4. *石材*

建筑与景观灯具制作中常用的石材有花岗石、大理石、砂岩等。

花岗岩属于火成岩，其主要成分为石英、长石及少量暗色矿物和云母。花岗岩是金晶质的，按结晶颗粒大小不同，可分为细粒、中粒、粗粒及斑状等多种。花岗岩的颜色由岩石矿物决定。花岗岩经加工后的成品叫花岗石。

花岗石表观密度大、抗压强度高、孔隙率小、吸水率低、材质坚硬、耐磨性好、不宜风化变质、耐久性高，是一种优良的建筑结构与装饰材料，为建筑与景观设计中常用。用花岗石制作的灯具如图 3-3-16 ~ 图 3-3-19 所示。

图 3-3-16　以花岗石为主料制作的灯具
（摄影：李文华）

图 3-3-17　花岗石灯具与环境相得益彰
（摄影：李文华）

图 3-3-18　花岗石结合透光云石制作的灯具
（摄影：李文华）

图 3-3-19　以花岗石为主材制作的灯具
（摄影：李文华）

大理石是由石灰岩或白云岩变质而成，其主要矿物成分是方解石或白云石。经变质后，大理石中结晶颗粒直接结合，呈整体构造，所以抗压强度高、质地致密而硬度不大，比花岗石易于雕琢抛光。纯大理石为白色，我国常称为汉白玉、雪花白等。大理石中如含有氧化铁、云母、石墨、蛇纹石等杂质，则会使板面呈现出红、黄绿、棕、黑等各种斑驳纹理，具有良好的装饰性。

图 3-3-20　以聚丙烯为主材的灯具（摄影：李文华）

采用 PVC、聚丙烯塑料为主要材料，灯具造型简洁时尚，轻盈，有一点神秘的气息

5. 塑料材料

塑料材料的种类很多，运用也非常广泛，包括各种类型的衍生物，如聚乙烯、聚丙烯、聚碳酸酯和 PVC 等材料，都是设计制作灯具的理想材料。塑料的延展性好，经久耐用，质地轻盈，具有一定的绝缘性能，并且大部分种类的强度较高，可用于电器、灯具的部分零配件制作。塑料的加工工艺简单，可塑性极强，并且具有良好的透光性能，所以在灯具中被广泛运用，从灯具的底座到表面灯罩，从电气零件到绝缘材料都被运用。但塑料耐热性能差，所以作为灯具材料要考虑与光源保持一定距离或选用低温光源，如荧光灯等。

用塑料制作的灯具如图 3-3-20 ~ 图 3-3-23 所示。

6. 玻璃

玻璃是无机非结晶体，主要以氧化物的形式构成。玻璃一直以来都在建筑设计、景观设计、室内装饰中扮演着重要角色。采用玻璃制作灯具由来已久，玻璃的透光性是人们喜爱它的原因之一。玻璃表面既

图 3-3-21　以聚乙烯为主材的灯具

灯具其实同时也是城市中的装置艺术品，虽然它具有一定的临时性，但它却同时具有两方面的作用：一方面它可以为社区道路照明；另一方面它能够为人们带来惊奇和愉悦

图 3-3-22　北京奥运会体育场“鸟巢”中的塑料灯具（摄影：李文华）

图 3-3-23　塑料灯具在景观设计中的效果

能透光，又能反光，无论应用在自然光线好的场所，还是人工光源多的场所都非常合适。玻璃多用在反射器的前面，作为光源保护或限制眩光用。设计师们致力于把灯光同艺术相结合，玻璃就是实现这一理想的首选材料。普通玻璃透亮、易碎，但经过强化处理的玻璃材料却很坚硬，而且破碎后没有尖角，更加安全可靠。

玻璃虽然外观特别清纯，但是表面也可以进行蚀刻加工，刻画出精美的纹饰或裂纹图案，视觉效果强烈，而且可以改变表面反射光线的特性。

现在，经过许多设计师的不懈努力，新型的、富有现代气息的灯具不断出现，通过改变玻璃本身的色彩，也可以改变玻璃的外观，还可以使用各种色彩的光源，例如 LED 光源等，来适应不同种类空间的各种功能要求。

玻璃主要有以下几种。

（1）钠钙玻璃。是最一般的玻璃，多以板材形式出现，或制成透明乳白玻璃球形罩使用，形式有平板、磨砂、压花、钢化等。

（2）铅玻璃。透明度好，折射率高，表面光泽，因放出光辉而很美观，因此可以作装饰材料。

（3）硼硅酸玻璃。一般称硬质玻璃，耐热性能好（热膨胀系数小），所以多用于室外。

（4）结晶玻璃。稍带黄色的玻璃，它的热膨胀系数几乎是零，所以用于热冲击度高的场所。

（5）石英玻璃。耐热性和化学耐久性好，可见光、紫外线、红外线的透过率高，多用于特殊照明投光器的前面，如卤化物灯等。

玻璃制作的灯具如图 3-3-24 ~ 图 3-3-27 所示。

图 3-3-24　玻璃制作的艺术灯具

图 3-3-25　采用玻璃材料制作的景观灯具

图 3-3-26　玻璃材料的碟状灯具
（摄影：李文华）

图 3-3-27　玻璃灯具与花坛合二为一
（摄影：李文华）

7. 木材及其他

除以上常用材料外，还有很多材料可以用来制作灯具，以创造不同的艺术效果和风格，如木、竹子、藤条、纸、布、丝绸、皮革、陶瓷、泡沫橡胶等，如图 3-3-28 ~ 图 3-3-31 所示。但在选用这些材料的时候，要注意以下问题。

图 3-3-28　上釉陶瓷灯具

Joanne Windaus 为 Mocha 公司设计的吊灯，名为“OZ”，高 23cm、直径 12cm，材料选用上釉陶瓷。灯光从灯罩的小孔透射出来，像烛光般柔和。每盏灯都是手工制作的，所以非常独特

图 3-3-29　传统建筑中采用竹、丝绸等制作的灯具（摄影：李文华）

图 3-3-30　用丝绸面料制作的中式传统节庆花灯（摄影：李文华）

（1）安全性。如木、竹、纸、布等材料都是易燃物，所以要与光源（特别是白炽灯这样热辐射强的光源）保持一定的距离或设有绝缘材料。

（2）固定及安装。用于室外环境的灯具其耐候性也同样是必须考虑的。

（3）透光性。如果透光性不好，那它只能算作一个造型而非灯具。

灯具造型轻盈优美，与主体建筑场馆从造型、用材上均做到密切呼应，整体性和灵活性兼具。

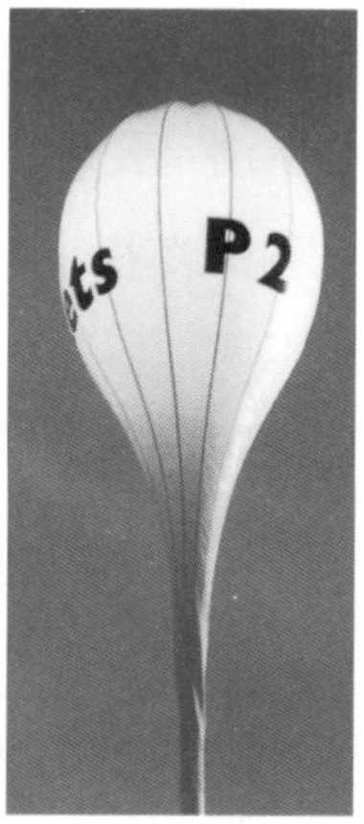

图 3-3-31　希腊雅典奥林匹克体育场采用防火纤维制作的灯具

六、灯具设计流程与案例

灯具设计包括两种类型：一种是针对特定空间所进行的专门定型设计；另一种是为大批量生产所进行的通用型设计。但是，不论哪一种设计，其程序都大体相同，即：计划与调查—草图—设计—试制。

1. 计划与调查

在开始设计工作之前，首先要对设置灯具的建筑与景观的情况进行详细的考察，认真研究建筑与景观设计的意图和业主的要求。建筑与景观空间的功能和特性、用途以及内部装饰的情况都是进行照明设计和选择灯具时所要考虑的因素。特别是建筑与景观中的材料和颜色，不仅关系到照度和光的效果，而且也会影响到灯具造型式样的选择。

然后，构思适合于空间功能的光分布以及光效果，确认亮度水平和选择合适的色温。

2. 草图设计

在灯具的草图设计中，首先要构思空间中所需要的光的分布状况，然后确定灯具造型形式，才能通过反射扩散等方式获得所需的照明效果、满足空间中的功能和氛围需要。

灯具造型形式应根据空间布局、建筑与景观特点及其灯具的设置位置来决定。在进行草图设计时，必须将光、灯具、空间结合在一起来考虑。

完成灯具草图设计时需要考虑以下问题：

（1）灯具造型设计和要求的广泛认同与接受。

（2）对建筑特点和空间功能及用途的考虑。

（3）对建筑与景观结构工程的了解。

（4）灯具的光分布以及灯具在空间如何布置。

（5）灯具的重量、电源位置、功率大小等内容的确认。

（6）有利于清扫和维护的灯具形式和造型。

空间和灯具的尺寸大小应该协调，相互关系应该明确，不应强调光效果而忽视灯具尺寸造型。

3. 设计

在将设计草图投入制作之前，还应对安装灯具的空间和位置的条件进行考察，确认建筑的构造和设备、电气容量和配电回路等都能满足要求，之后才可以进行具体的灯具设计。

设计时需要考虑灯具的配光和效率、确认光源和电气部件的安装位置、选择便于安装和维护的结构，而且还要注重灯具的外观和工艺，以体现出设计上的构想。

设计上必须重视安全问题。电气绝缘、耐高温、结构强度及耐久性等方面都应予以特别的注意。

4. 试制

根据灯具草图进行试制包括足尺制作和缩尺制作。当制作专用的大型灯具时，需要在缩尺的空间中进行同样缩尺比例的灯具试制，以确认它与空间是否协调及其配光是否满足需要。

虽然试制是依设计图进行，但因先要确定灯具造型，所以，应采用易于加工修改的材料。

需要注意的是，试制灯具的目的还包括检查灯具是否方便使用和其安全性如何（灯具温度、荷载强度、是否会脱落掉下等）。

一件灯具由设计到成品的设计制作过程如图 3-3-32 ~ 图 3-3-35 所示。

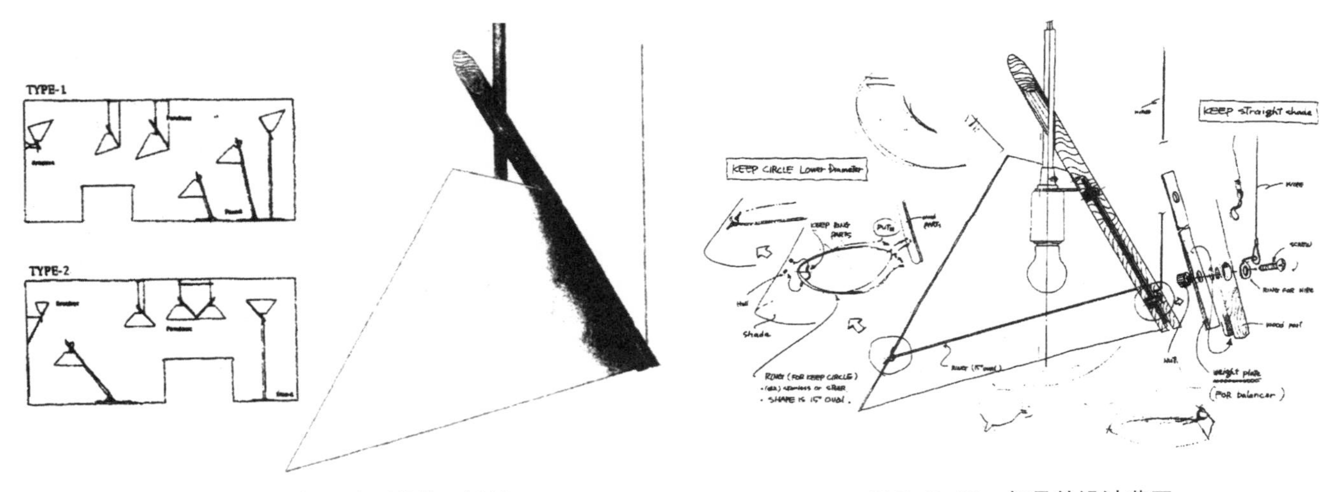

图 3-3-32　灯具造型的构思设计

图 3-3-33　灯具的设计草图

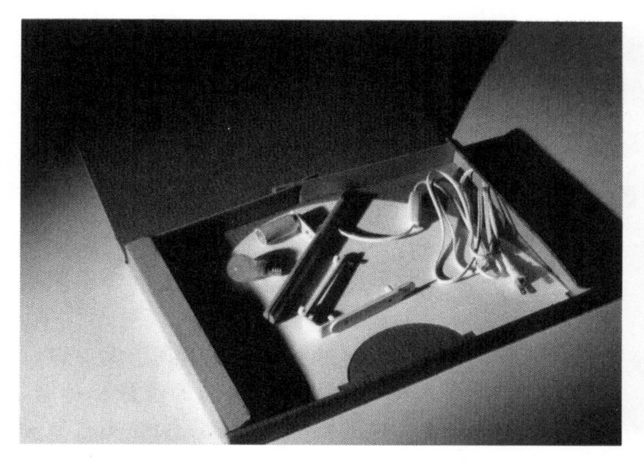

图 3-3-34　灯具的组成部件

图 3-3-35　灯具的最终作品

第四节　灯具的选择与布置

一、灯具的选择

通常是在选择了光源的基础上再选择灯具。在进行建筑与景观光环境设计时，应该全面考虑灯具的各种特性，并结合视觉工作特点、环境因素及经济因素来选择灯具。这对提高光环境质量有着非常重要的意义。

（1）灯具的选择应符合国家现行相关标准的有关规定，符合城市夜景照明规划的要求。

（2）灯具选择采用材料、制造工艺应满足对照明方式的要求。灯具及安装固定件应具有防止脱落或倾倒的安全防护措施；对人员可触及的照明设备，当表面温度高于 70℃时，应采取隔离保护措施。直接安装在可燃性材料表面上的灯具，应采用标有标志▽F的灯具。

（3）要考虑灯具的配光及保护角特性。光在空间的分布情况会直接影响到光环境的组成与质量。不同配光的灯具适用场所不同。

1）间接型。上射光通超过 90%，因顶棚明亮，反衬出了灯具的剪影。灯具出光口与顶棚距离不应小于 500mm，目的在于显示顶棚图案，多用于高度为 2.8 ~ 5m 非工作场所的照明，或者用于高度为 2.8 ~ 3.6m 视觉作业涉及反光纸张、反光墨水的精细作业场所的照明。顶棚无装修、管道外露的空间或视觉作业是以地面设施为观察目标的空间，以及一般工业生产厂房不适合选用间接型配光的灯具。

2）半间接型。上射光通超过 60%，但灯的底面也发光，所以灯具显得明亮，与顶棚融为一体，看起来既不刺眼，也无剪影，主要用于增强对手工作业的照明。在非作业区和走动区内，其安装高度不应低于人眼位置；在楼梯中间不应悬吊此种灯具，以免对下楼者产生眩光；不宜用于一般工业生产厂房。

3）直接间接型。上射光通与下射光通几乎相等，因灯具侧面的光输出较少，所以适当安装可保证直接眩光最小，用于要求高照度的工作场所，能使空间显得宽敞明亮，适用于餐厅与购物场所，不适用于需要显示空间处理有主有次的场所。

4）漫射型。出射光通量全方位分布，采用胶片等漫射外壳，以控制直接眩光。因漫射光降低了光的方向性，因而不适合作业照明，故常用于非工作场所非均匀环境照明。

5）半直接型。上射光通在40%以内，下射光供作业照明，上射光供环境照明，可缓解阴影，使室内有适合各种活动的亮度比。因大部分光供下面的作业照明，同时上射少量的光，从而减轻了眩光，是最实用的均匀作业照明灯具，广泛用于高级会议室、办公室空间的照明。

6）直接型（宽配光）。下射光通占90%以上，属于最节能的灯具之一。可嵌入式安装、网络布灯，提供均匀照明，用于只考虑水平照明的工作或非工作场所，如室形指数（RI）大的工业及民用场所。

7）直接型（中配光不对称）。把光投向一侧，不对称配光可使被照面获得比较均匀的照度。可广泛用于建筑物的泛光照明，通过只照亮一面墙的办法转移人们的注意力，可缓解走道的狭窄感；用于工业厂房，可节约能源、便于维护；用于体育馆照明可提高垂直照度。高度太低的室内场所不适用这类配光的灯具照亮墙面，因为投射角太大，不能显示墙面纹理而产生所需要的效果。

8）直接型（窄配光）。靠反射器、透镜、灯泡定位来实现窄配光，主要用于重点照明和远距离照明。细长光束只照亮指定的目标、节约能源。直接型（窄配光）灯具不适用低矮场所的均匀照明。

此外，灯具保护角可起到限制眩光的作用，这也是选择灯具时应加以考虑的因素之一。例如，一般用于工业厂房的灯具，其保护角不宜小于10°；用于体育馆的深照型灯具，其保护角不宜小于30°。

（4）应根据环境条件选择灯具。在选择灯具时，应注意温度、湿度、尘埃、腐蚀、爆炸危险等因素，例如，在高温场所，宜采用散热性能好、耐高温的灯具；在需防紫外线照射的场所，应采用隔紫灯具或无紫光源；在有爆炸或火灾危险的场所，应根据有爆炸或火灾危险的介质分类等级选择灯具，应符合GB 50058—1992《爆炸和火灾危险环境电力装置设计规范》的相关要求。安装在室外的灯具外壳防护等级不应低于IP54；埋地灯具外壳防护等级不应低于IP67；水下灯具外壳防护等级应符合国家相关规范的规定。

（5）按照防触电保护的原则来选用灯具。灯具的结构应该符合安全和防触电指标。

（6）应限制干扰光，控制溢散光，防止光污染。在满足眩光限制和配光要求条件下，应选择高效、节能、经济的灯具，其中泛光灯灯具效率不应低于65%。效率高低是选择灯具的一个重要因素，高效率的灯具在获得同一照度时，消耗的电功率最小，能够做到科学合理、节能降耗、减少投资。另外，还应考虑灯具本身的初始投资费用，以及安装和更换的经济性。灯具中电光源的寿命也会影响到灯具的经济性。

（7）选择灯具还应该考虑到易于安装、操作简单、便于维护。

（8）充分考虑灯具与环境的协调和配合，灯具还应兼具美化环境的作用。必须有效地保护历史文化遗产和古建园林。应该调整整体艺术效果符合照明对象的功能性质，体现其文化内涵和自身特点。

二、灯具的布置

灯具的布置应具有合理性，首先要确定采用哪一种照明方式，选用何种光源，查出该场所的照度标准，算出所需要的照明安装功率或灯具个数，再进行的灯具布置。通常，需考虑以下要素。

（1）满足工作面上的照度均匀度的要求。可通过均匀布灯，来服务要求在整个工作面有均匀照明要求的场所，一般照明大多采用这种方式。均匀布灯通常将同类型灯具按等分面积布置成单一的几何图形，如直线形、正方形、矩形、菱形、三角形等，排列形式以眼睛看到灯具时产生的刺激感最小为原则，同时，不同的布灯方式还会给人造成不同的心理影响。

（2）局部应有足够亮度的选择性布灯。通常，选择性布灯只用在局部照明或定向照明中。选择性布灯是为了突出某一部位（物体）或加强某个局部的照度，或为了创造某种装饰效果、环境气氛时采用的布灯方式。灯的具体布置位置要根据不同照明目的、主视线角度、需突出的部位等许多因素决定。局部照明、重点照明和辅助照明均由选择性布灯实现。

（3）光线射向要适当，眩光限制在允许范围内，无阴影。

（4）考虑节能，尽量提高利用系数。

（5）检修、维护方便、用电安全。

（6）布置美观，与建筑、室内空间的装饰气氛和装饰格调协调。

在具体布置灯具时，还需考虑照明场所的建筑结构形式、风格、审美要求、工艺设备、管道及安全维护等因素。

灯具布置的美观性同样非常重要。在近距离时，每一个灯具的具体细节都很引人注意，如造型、颜色、材料、表面质感等，而在远距离时，灯具的整体布置就显得突出了，并且其给人的印象与总的照明效果有关，这种整体是由一个个灯具组合起来的，而且比各个部分的单纯总和还要表现得更丰富一些，如图 3-4-1、图 3-4-2 所示。

图 3-4-1　灯具与建筑、景观环境相互呼应、相得益彰（摄影：李文华）

图 3-4-2 灯具为古雅的步行街道锦上添花（摄影：李文华）

三、灯具的布置与照明方式

灯具的布置应根据不同的照明方式，并综合考虑功能性及美观性等方面的要求来进行。

1. 一般照明

一般照明是指为照亮整个场所而设置的均匀照明。

一般照明是不考虑局部的特殊要求而使环境具有均匀照度的一种方式，灯具均匀地分布在被照场所的上空，在被照面上形成均匀的照度，同时这种平均照度要满足视觉工作的要求。这种方式适合于没有高视度方面特殊要求且对光的投射方向没有特殊要求的场合，如图 3-4-3 所示。下列情况宜选用一般照明：

（1）受生产技术条件限制，不适合装设局部照明或不必采用混合照明的场所。

（2）工作位置密度很大，而对光照方向无特殊要求的场所。

图 3-4-3 建筑与景观中一般照明的效果

2. 分区一般照明

分区一般照明是指对某一特定区域，如进行工作的地点，设计成不同的照度来照亮该一区域的一般照明。

环境中的某些区域要求高于一般照明照度时，可将灯具在这些区域相对集中布置。在不同的分区内仍有各自均匀的一般照明，故称分区一般照明。当某一区域需要高于一般照明的照度时，可采用分区一般照明。

3. 局部照明

局部照明是指特定视觉工作用的、为照亮某个局部而设置的照明。

局部照明是为某一局部进行照明的设置，它常常设置在要求高照度以满足非常精细的视觉处，或对光线的方向性有特殊要求的部位。一般不允许在整个工作场所或一个房间中单独使用局部照明，以免造成某一局部与周围环境之间过大的亮度对比，形成亮度分布严重不均匀，影响视觉功能，妨碍视觉工作。下列情况宜采用局部照明：

（1）局部地点需要高照度或照射方向有要求时。

（2）由于遮挡而使一般照明照射不到的范围。

（3）需要克服工作区及其附近的光幕反射时。

（4）需要削减气体放电光源所产生的频闪效应的影响时。

（5）视功能降低的人需要有较高的照度时。

（6）为加强某方向的光线以增强实体感时。

4. 混合照明

混合照明是指由一般照明与局部照明组成的照明。

在同一场所既有一般照明，以解决整个空间范围内的均匀照明，又有满足某一局部特殊要求的重点照明，这种将一般照明与局部照明相结合的方式是混合照明，如图 3-4-4 所示。在高照度要求时，这种照明方式比较经济。

图 3-4-4　哈尔滨中央大街混合照明的效果（摄影：李文华）

5. 定向照明

定向照明是指光从显然清楚的方向且显著入射到工作面或者目标上的照明。景观雕塑、指示路牌等的照明经常会使用到这种照明方式，如图 3-4-5、图 3-4-6 所示。

图 3-4-5　商业店标的定向照明效果（摄影：李文华）

图 3-4-6　景观雕塑的定向照明效果（摄影：李文华）

6. 重点照明

重点照明是指为提高限定区域或目标的照度，使其比周围区域亮，而设计成有最小光束角的照明。重点照明通常是为了强调特定的目标而采用的定向照明方式，如图 3-4-7、图 3-4-8 所示。

图 3-4-7　商店入口及装饰雕塑重点照明效果（摄影：李文华）

图 3-4-8　商店入口重点照明效果（摄影：李文华）

7. 安全照明

在正常和紧急情况下都能提供照明的照明设备和照明灯具，这种照明方式是安全照明。

8. 泛光照明

泛光照明是与重点照明相对的一种照明方式，其照明目的不是针对某目标，而是更广泛的环境和背景。被照物表面材料具有镜面反射或以镜面反射为主的混合反射特性，或反射比低于 20% 时（文物建筑和保护类建筑除外），不宜选用泛光照明。采用泛光照明方式，应通过明暗对比和光影变化，展现被照物的层次感和立体感，不宜采用大面积投光将被照物均匀照亮。泛光照明效果如图 3-4-9、图 3-4-10 所示。

图 3-4-9　泛光照明效果

图 3-4-10　泛光照明将背景和环境提亮

9. 过渡照明

两个空间的明暗对比较大，超过人们眼睛的明暗适应限度，会引起不适的感觉，为了缓解这种现象而增设的照明方式为过渡照明。

10. 动态照明

通过照明装置的光输出变化形成场景明、暗、色彩变化的照明方式即为动态照明。

11. 月光照明

月光照明是将灯具安装在高大的树木或建筑物、构筑物上，或将灯具悬吊在空中，营造朦胧的月光效果，并使树的枝叶或其他景物在地面形成光影的照明方法。月光照明宜用于环境亮度不高的园林与室外休闲场所。采用月光照明时，应合理选择与隐藏灯具，避免伤害植物。

12. 应急照明

应急照明是在正常照明因故熄灭的情况下，启用专供维持继续工作、保障安全和人员疏散使用的照明。应急灯具带有蓄电池，当接通外部电源时，电池就充电，如果干线断电，应急灯具就会进入工作状态，而当外部电源恢复供电时，电池就恢复充电状态。其电池的容量最低能够维持灯泡工作 1 ~ 2h。

13. 特殊照明

特殊照明是特殊场合需要装备的特殊照明器，比如防潮、防粉尘、防爆等。

14. 道路照明

将灯具安装在高度通常为 15m 以下的灯杆上，按一定间距有规律地连续设置在道路的一侧、两侧或中央分车带上的照明。

15. 高杆照明

一组灯具安装在高度为 20m 及其以上的灯杆上进行大面积照明的方式。

16. 半高杆照明

一组灯具安装在高度为小于 20m 但不小于 15m 的灯杆上进行大面积照明的方式。

17. 检修照明

为各种检修工作而设置的照明。

18. 警卫照明

在夜间为改善对人员、财产、建筑物、材料和设备的保卫，用于警戒而安装的照明。

19. 障碍照明

为保障航空飞行安全，在高大建筑物和构筑物上安装的障碍标志灯。

20. 其他照明

其他照明包括水下照明、立体照明等。

第四章　建筑与景观照明设计基础

第一节　建筑与景观照明设计的基本概念

通常所说的夜景又称夜间景观，是指在夜晚，通过黄道光[1]、月光、星光、灯光等重现白天的自然景观或者人文景观。

北京照明学会、北京市政管理委员会在《城市夜景照明技术指南》一书中对夜间景观进行了这样的定义："在夜晚，通过黄道光、月光、星光和灯光重现白天的自然或人文景观。"我国行业标准 JGJ/T 163—2008《城市夜景照明设计规范》将夜间景观定义为："在夜间，通过自然光和灯光塑造的景观，简称夜景。"

《城市夜景照明技术指南》一书中对城市夜景照明的定义为："泛指除体育场场地、工地和室外安全照明外的室外活动空间或景观的夜间景观照明。照明的对象有建筑或构筑物，广场、道路和桥梁，机场、车站和码头，名胜古迹，园林绿地，江河水面，商业街和广告标志以及城市市政设施等的景观照明，其目的就是利用灯光将上述照明对象的景观加以重塑，并有机地组合成一个和谐协调，优美壮观和富有特色的夜景图画，以此来表现一个城市或地区的夜间形象。"

《城市夜景照明设计规范》对夜景照明的定义为："泛指体育场场地、建筑工地和道路照明等功能性照明以外，所有室外公共活动空间或景物的夜间景观照明，亦称景观照明。"

[1] 位于地球上低纬度和中纬度地带的人于春季黄昏后在西方地平线上或于秋季黎明前在东方地平线上所见到的淡弱的三角形光锥。黄道光沿着黄道向上伸展，可达地平线以上30° 左右。它的可见时间不长。春季黄昏后见到的黄道光，随着夜幕完全降临就逐渐消逝；秋季黎明前见到的黄道光，随着东方逐渐吐白就隐没于晨曦之中。

同时该规范在总则中将其适用范围规定为："本规范适用于城市新建、改建和扩建的建筑物、构筑物、特殊景观元素、商业步行街、广场、公园、广告与标识等景物的夜景照明设计。"这可视作是对城市夜景照明设计的范围进行了界定。可以认为城市夜景照明是以针对建筑与景观为主体的夜间照明。

国际照明委员会（CIE）则将"夜景照明"称为"夜间室外城市景观装饰照明"（exterior lingting for the decoration of the night time urban landscape），该称谓特别强调了"室外"与"装饰"等词，一方面明确了"城市夜间景观照明"的专业范围是以室外为限的城市景观照明，另一方面强调了"城市夜间景观照明"以装饰照明为其功能属性。这与我国《城市夜景照明技术指南》、《城市夜景照明设计规范》的描述可谓异曲同工。

概括地说，城市夜景照明就是用灯光塑造城市景观的夜间形象，展现城市夜间光环境的独特魅力，美化城市，为人们夜间生活提供一个安全、舒适、美好的光环境。城市夜景照明（图 4-1-1、图 4-1-2）主要是指城市户外公共用地内（体育场、工地除外）的永久性固定照明设施与建筑红线内旨在形成夜景观的室外或室内照明系统所提供的照明的总称。

图 4-1-1　迷人的城市夜景照明

图 4-1-2　层次丰富的城市夜景照明

城市夜景照明包括城市功能照明和城市的建筑与景观照明。

城市功能照明是指为城市夜间活动安全与信息获取等功能所提供的照明，主要包括城市道路及附属交通设施的照明与指引标示照明。

城市的建筑与景观照明是指对城市中夜间可引起良好视觉感受的建筑与景观所施加的照明。

城市夜景照明是一个城市社会进步、经济发展和风貌特征的重要体现，它对于完善城市功能、强化城市特色有着重要的作用。城市夜景照明涵盖的景观区域范畴如图 4-1-3 所示。

城市夜景照明的实现要通过照明——使物体及其环境经光照射可以看得见的一种措施，广义地说也包括紫外辐射和红外辐射的应用。获得光、应用光、测光技术等相关照明工艺及其有关科学原理的综合称为照明技术。

照明设计包括建筑照明设计和特殊场所的照明设计。建筑照明设计既包括建筑物外观照明设计，就是利用灯光照明来塑造建筑物在环境中的夜间形象，也包括建筑内空间的照明设计即室内照明设计。室内照明设计的相关知识笔者在已经编著出版的《室内照明设计》一书中进行了详尽的论述，在这里不再赘述。照明设计的范围请参考图 4-1-4。

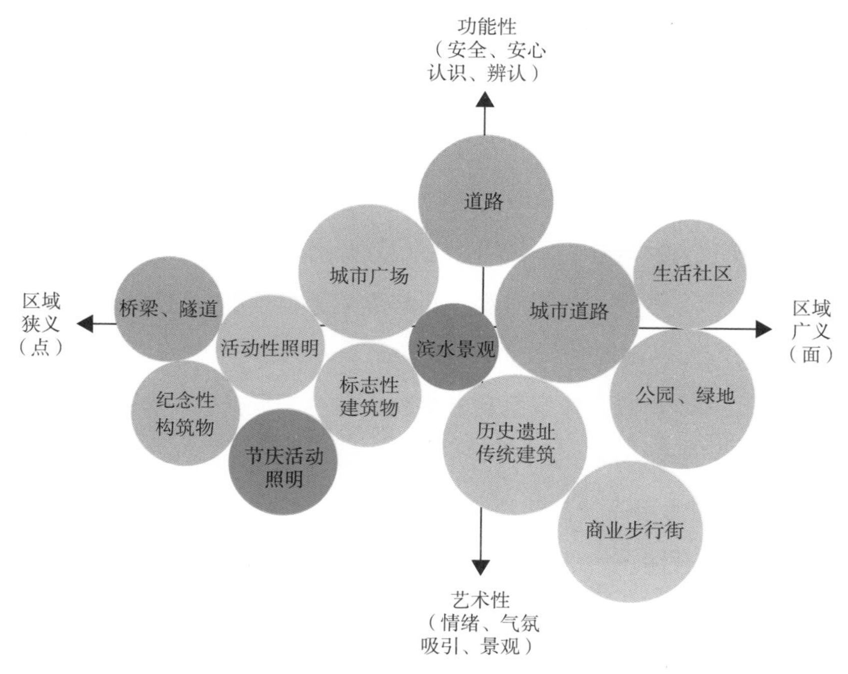

图 4-1-3　城市夜景照明涵盖的景观区域范畴

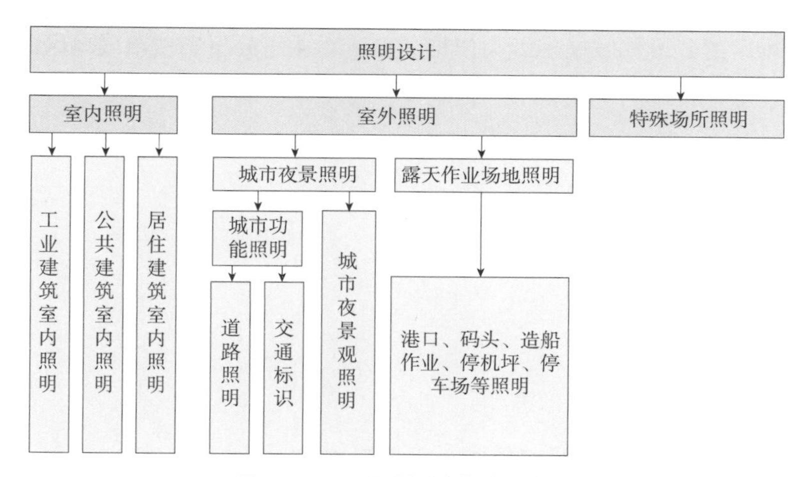

图 4-1-4　照明设计范畴示意图

近年来，中国城市照明发展迅猛、规模空前，举世瞩目。“城市亮化工程”、“光彩工程”、“夜景照明规划”、“光环境建设”等的兴起使中华大地上诸多城市的夜晚景色焕然一新，充满生机与魅力。夜景灯光的营造展现出城市文化的深厚内涵和城市夜景景观的华彩篇章，提升了城市形象，促进了旅游业的兴盛和商业的繁荣，市民和游客的夜生活更加丰富多彩，夜间出行更具吸引力和安全感。

发展的时代对照明设计从技术、质量、从业人员的专业素养等诸多方面均提出了更高的要求。在物质极大丰富、产品日新月异的今天，人们有条件追求更高质量的“光”，不仅要求照亮，更希望针对不同的场合对光线进行精确地控制，包括对它的数量和质量，这是功能上的要求，与此同时，人们对于光还有着越来越高的装饰和艺术感的需求。

“世界不是一成不变的事物的集合体，其中各个似乎稳定的事物以及他们在我们头脑中的思想影响即概念，都处在生成和变化中，……”[1] 从城市道路景观照明到城市建筑与景观照明直至城市照明，照明越来越系统化、综合化、科学化、专业化、规范化，照明规划设计师的专业知识被要求越来越广、越来越深，至少应该涵括城市规划、建筑学、光学、电工学、心理学、色彩学、美学等。

我们可以通过以下景观的基本概念了解城市夜景照明的复杂性、特殊性、系统性。

景观：泛指地域或城市的自然景观和人文景观。景观可以在相互隔离地段，按其外部特征的相似性进行类型划分，例如建筑景观、园林景观、草原景观、江河景观、森林景观等；景观也可以专指自然地理区划中的区域景观。

自然景观：指受人类间接、轻微或偶尔影响，原有的自然面貌未发生明显变化的天然景观，例如热带雨林、高山、极地以及某些自然保护区景观等。

人文景观：指受人类直接影响和长期作用而使自然面貌发生明显变化的自然景观，是自然风光、村落、城市、道路、人物等构成的人文现象的复合体。

城市景观则是由山水、江河、建筑、园林、道路、桥梁、广场、人物、交通工具、历史文化遗迹及遗址等许多具体的景观所组成的规模庞大、影响因素诸多、关系复杂的系统工程。

鉴于此，建设城市夜景照明时，必须首先编制夜景照明规划。

夜景照明规划是指以城市或地区的建设和发展规划为依据，在认真调研分析该城市或地区的自然景观和人文景观的构景元素的历史和文化状况及景观的艺术特征的基础上，按夜景照明的规律，对该城市或地区的夜景照明设施建设作出综合部署、具体安排和实施管理措施。夜景照明规划主要有总体规划和详细规划两个层次。

1. 夜景照明总体规划的内容

夜景照明规划总体规划的主要内容有 8 个方面。

（1）规划的依据。

（2）规划的指导思想和基本原则。

（3）规划的模式和定位。

（4）规划的构思和基本框架，确定城市夜景照明体系（含夜景观景点、轴线、分区、点、线、面的构成和光色及亮度的分布等）。

（5）确定近期、中期、远期夜景照明建设目标。

（6）提出中心景区和标志性工程的夜景规划的原则建议。

（7）规划的实施与管理。

（8）实施规划的政策与措施。

2. 夜景照明详细规划的内容

夜景照明规划详细规划的主要内容有：

（1）控制性详细规划。规划景区和景点夜景规划，包括主题分析、照度、亮度、色彩和防止光污染的规划；城市构景元素如建筑和构筑物、广场、道路、商业街、园林、绿地、广告标志、市政设施等的夜景照明导则。

（2）修建性详细规划。该规划以城市修建性详细规划为依据配套编制。

3. 城市夜景照明规划的作用

夜景照明规划有5个方面的重要作用：

（1）指导作用。城市夜景照明规划是建设和管理城市照明的依据和必须遵守的指导性文件。

（2）保证作用。按城市夜景照明规划进行建设有利于保证总体效果、分清主次、提高工程质量、节能高效、健康有序的发展。

（3）法制作用。城市夜景照明规划一经政府及主管部门批准便具有了法律效能，具有法规性、严肃性、强制性的特点，是政府及主管部门依法建设和管理的法律依据，任何人都必须遵守。

（4）监督作用。城市夜景照明规划的制定和实施牵扯到政府管理部门和社会的各个方面，也包括普通的市民和旅游者，而他们都将是城市夜景照明建设与管理使用过程中的重要保证和监督力量。

（5）调控作用。根据城市夜景照明规划有助于掌握宏观调控的主动权，克服盲目建设，避免管理失控等问题的出现。

“面向未来，面对现实，统筹兼顾，综合部署”是城市规划的16字方针，也是编制城市夜景照明规划的指导思想。

4. 城市夜景照明规划的基本原则

城市夜景照明规划的基本原则有以下5条：

（1）服从和服务于城市总体规划。

（2）确保总体效果。

（3）突出城市特色。

（4）远近结合，持续发展。

（5）节约能源，保护环境，防止光污染。

第二节　国内外建筑与景观照明的现状及发展动态

一、国外建筑与景观夜景照明现状及发展动态

（一）国外建筑与景观夜景照明相关研究组织概况

目前，国际照明领域已经具有健全的组织架构、成熟的专业运作、独立的专门学科、活跃的学术活动。诸多研究组织为地区及国际的城市夜景照明事业发展均作出了重要贡献。

❶《马克思恩格斯选集》第四卷，第240页。

1. 国际照明委员会（CIE）

国际照明委员会（CIE）是国际照明工程领域的学术组织，简称CIE。CIE于1900年成立，总部设在奥地利维也纳。CIE是国际间有关光和照明领域的科学、技术和艺术的论坛，致力于成员国之间在照明领域的合作与交流。CIE下设7个部，分别是视觉与色彩、光与辐射的测量、内部环境与照明设计、交通照明与标志、外部照明与其他设备、光生物学与光化学、图像技术。CIE大会每4年举行一次。至今，CIE已经发展了40个国家和地区会员以及5个独立会员团体。中国照明学会是其重要的成员之一。

CIE是一个非盈利性国际标准化组织。其宗旨是：

（1）制订照明领域的基础标准和度量程序等。

（2）提供制订照明领域国际标准与国家标准的原则与程序指南。

（3）制订并出版照明领域科技标准、技术报告以及其他相关出版物。

（4）提供国家间进行照明领域有关论题讨论的论坛。

（5）与其他国际标准化组织就照明领域有关问题保持联系与技术上的合作。

CIE网站提供的出版物包括3类：技术报告和指南、标准加草案、会议录等。这些出版物对国际照明界的技术发展及学术活动起到了指导性作用。

2. 国际照明设计师协会（IALO）

国际照明设计师协会（IALO），简称IALO，于1969年成立，总部设在美国旧金山。该协会由商业标准委员会、能源委员会、奖学金/助学金委员会、教育委员会、照明质量评价委员会、照明工业能源委员会等诸多分会组成。IALO会员遍及美洲、欧洲、亚洲等，均为擅长于将设计才能与技术知识相结合的优秀职业照明设计师。

IALO在世界各国还拥有联系密切的专业团体组织，其中包括国际颜色学会、国际照明节能协会、中国照明学会、澳大利亚颜色学会、日本照明设计师协会、中国香港照明学会等。

IALO通过每年举行“国际光博览”展示照明设计和技术信息及成果，并不定期举行专业论坛，以加强会员之间的交流。

3. 北美照明工程学会（IESNA）

北美照明工程学会（IESNA）于1906年成立，是北美照明界公认的最具权威的学术机构，以传递信息、更新知识、改善照明环境、造福社会为使命。学会有诸多有关技术、设计、研究、应用的委员会。学会成员背景多样化，涵盖工程师、建筑师、教育工作者、照明设计师、照明产品代理商与生产商等。

北美照明工程学会每年夏季举行年会进行专业交流，其出版物主要介绍最新的照明研究和应用信息。

此外，为广泛交流本地区各国照明领域的科研、开发、设计、教育等先进经验和优秀成果，中国、美国、澳大利亚、日本、泰国等国还发起组织了地区性国际照明学术交流会议——亚太地区照明会议，该会议每4年召开一次。

在欧洲，为促成照明领域和能源领域的交流和对话，已连续举行了多届欧洲高效照明会议，该会议每两年举行一次，越来越多关注高效节能、高质量照明的有识之士参与其中。

4. 日本照明学会

日本照明学会于1916年成立，至今已有近百年历史。日本照明学会主要承担以下职能并展开相应的公益活动：

（1）在日本照明科技产业界开展调查研究和支持研究。

（2）研讨、起草、修订学会标准和日本的工业标准（JIS）。

（3）出版专业期刊、发行专业图书。

（4）开展各种学术交流活动，包括举办竞赛会、展览会、演讲会、研讨会等。

（5）培训、教育和指导技术人员。

（6）奖励照明科技领域业绩优秀者。

（7）开展全面的照明科学普及工作等。

在有关照明科技奖励、照明科普方面，日本照明学会做了大量的工作，对于推动该国的城市夜景照明事业发展做出巨大的贡献，特别值得我国相关组织学习。在我国尚未开展有关照明科技奖励的工作，目前只能由国家有关部门评审、颁发科技成果奖和发明奖等。在照明科普工作方面，我国有关部门和照明学会共同缺席，甚至落后于一些照明产品的生产企业所做的专项科普工作。

（二）国外城市夜景照明现状及发展动态

国外城市夜景照明的发展是规模不断增加、外延不断扩展、内涵不断丰富的循序渐进的过程。20 世纪初，以功能性照明为主导，城市夜景照明的主要目的仅局限于满足机动车驾驶的视觉辨识需要。50 年代，人们开始关注功能照明中的视觉舒适性问题。80 年代始，城市夜景照明逐渐兼具社会治安和人身安全的保障作用，开始对居民、行人的需要进行系统研究。90 年代，以城市夜景照明为手段，提升城市形象，蔚然成风。进入 21 世纪，城市夜景照明关注情感、强调互动、注重品质、关心可持续发展等多元主题开始成为发展重点。

近年来，一些发达国家的部分城市的城市夜景照明建设成果显著，获得了国际社会的广泛赞誉，较好地表现出各城市的人文景观和自然景观的特色以及城市的历史文化内涵，并有效地拉动了本地区的经济发展，这些城市包括法国的里昂、巴黎，芬兰的赫尔辛基，意大利的罗马，英国的伦敦，美国的拉斯维加斯、盐湖城、丹佛，日本的东京、横滨、大阪，澳大利亚的悉尼、堪培拉，以及韩国的首尔等。纵观这些城市的夜景照明建设之所以较为成功，会发现它们有着共同的特点值得我们学习与借鉴：重视人的需求，关注城市特色的保持，注重照明设计与城市环境关系的整体性，尊重城市文脉的延续和保护，强调绿色照明，关心可持续发展。

在欧洲，法国的里昂具有相当的典型性，该市既是一座拥有悠久历史的古老城市，又是一座欣欣向荣的现代化大都市；既拥有得天独厚的自然景观，山清水秀，景色迷人，又拥有相当丰富的城市文化底蕴。

里昂真正的统一规划城市夜景照明与上海启动南京路和外滩的城市夜景照明项目是在同一年——1989 年。之前，里昂市的城市夜景照明没有统一规划，照明效果缺乏整体性，零零散散的照明项目均为自发行事，不能恰当地表现出该市历史悠久、文化气息浓厚的城市风貌，不能适应城市建设和旅游发展的需要。值得强调的是，城市夜景照明规划的出炉，是该市委托著名的照明设计师 Alain Gailnot 负责组成了一个由政府规划部门、城市建设管理人员、照明设计师等组成的多元化设计团队，经过长期大量的调研及反复论证而后提出的，堪称设计目标明确、求真务实，其基本要求是：突出城市特色，强化城市夜景照明规划的科学性、艺术性、文化性、历史性的协调统一，确保总体效果。

2005 年起，里昂升级了城市夜景照明规划，使规划体系得以持续性完善与提高，并明确提出了 3 个规划主题：城市形象、创新技术更新和生态照明。

里昂城市夜景照明规划建设的重点与具体措施包括：

（1）加强和完善城市道路及其周边环境的功能照明。

（2）更新道路景观的装饰照明及周边环境的建筑立面照明设施。

（3）重点突出并升华历史文化遗迹的夜景照明。

（4）深化里昂重要的构景元素——桥梁与河岸的夜景照明，提升夜游品质。

数年来，里昂的城市夜景照明建设卓有成效。仅从经济效益的角度来看，里昂进行城市夜景照明建设，不仅未造成能源的浪费，反而有效地拉动了当地的经济增长。里昂高度重视技术和设计的创新，设有专门部门研究生态型照明的可持续发展策略，包括照明设施的材料回收、节约能源、防止光污染等。所有的照明方案都经过成本和维护费用计算。政府鼓励更换低能耗光源，回收所有使用过的灯具，采用无汞无铅光源等。在经费负担及奖励措施方面，公共建筑由市政府承担照明设施及维护管理的经费，私有建筑物由市政府补助业主维护管理费用和电力费用，其他所需费用来自于旅游业税收。据介绍，尽管在过去的 10 年里，里昂的公共照明灯泡数量从原来的 5.8 万个增长到了 6.5 万个，但用于城市照明的能源消耗却减少了 10%。事实证明，科学规划与有效监控很好地避免了盲目亮化而可能造成的浪费。

里昂的城市夜景照明规划与建设的成功经验可以归纳为以下几点：

（1）管理者重视——市长亲自挂帅。

（2）规划与建设理念和方法先进。

（3）尊重自发性，规范引导性。

（4）高度重视设计和技术的创新。

（5）注意防止光污染，走可持续发展的生态照明道路。

（6）规划与设计公开透明，获得民众支持。

（7）多方合作，灵活筹资，保证经济效益，以获得长期稳定的资金支撑。

（8）政府与地方全方位密切配合，监控到位，确保预期效果。

欧洲的“千湖之国”——芬兰，人口少、国土面积小，却是众所周知的设计大国，其首都赫尔辛基的城市夜景照明项目曾荣获 2000 年度国际照明设计师协会优秀奖。由于该市是欧洲重要的九大文化都市之一，所以，城市夜景照明定位是本着科学与务实的精神——以保护性建设为主。该市城市夜景照明特别强调了消除视觉混乱，建筑立面照明的美化、整合等，照明灯具的材料和造型也在整体规划中有明确的要求：必须与城市格调、街区氛围、建筑风格和谐一致，并符合人体尺度的相关要求，且应该低耗电、高效能，顺应可持续发展的时代要求。最为令人叹服的是该市城市夜景照明的高水准不仅体现在整体的规划中，同样也落实在每一个细节里，例如，为保证街道具有清晰视觉，该市花大力气改造了灯杆及如织的电线，将道路照明和建筑照明设备巧妙合并，既保证道路的可见度要求，又减少了建筑物照明专用投光灯立杆等的设立。

美国的盐湖城在 2003 年完成了城市夜景照明规划，主要依据为北美照明工程学会颁布的标准和指南。该规划主要包括城市夜景照明发展的目标和未来展望、新型照明技术与设备的应用、不同街区照明风格的确定、城市夜景照明费用和基金的来源与运转、照明的实施和维护等内容，在该规划中，甚至灯具风格、灯杆样式等都作了详细的分析和规定。在城市夜景照明项目的具体操作过程中，盐湖城注重抓落实，讲求实效，在加强照明设施的维护、控制光污染、增强社区安全感、节能降耗等方面尤其严格。

日本是世界上较早建立照明学会的国家之一，照明学会积极推动专业科研与实践以及照明相关的科普，对于城市夜景照明事业从政府到民间均有较厚实、广泛的认识基础，同时日本拥有众多优秀的城市夜景照明设计师：面出薰、石井干子、内原智历等，诸多原因使日本的城市夜景照明处于世界较高水平。日本东京十分注重通过城市夜景照明展示自身国际大都市的形象与活力，带动旅游观光业发展，从而促进经济发展。例如，日本东京塔进行照明改造后的第一年，参观人数就比上年同期增长了 30%，为地方经济的提高作出了巨大贡献。

总体上，欧洲的城市夜景照明规划与建设重视提升城市视觉形象，以形式美学为理论基点，将形式美与秩序美列为追求的核心内容（图 4-2-1、图 4-2-2）。美洲的城市夜景照明规划与建设重视安全与能源，强调可实施性（图 4-2-3），有详尽的专项照明要求，有健全的审查制度支撑，侧重功能主义，较少涉及美学理论。亚洲的城市夜景照明规划与建设重视与人的互动关系、与城市建设及管理体制的关系、在结合城市特色分区逐步发展方面卓有成效（图 4-2-4）。

图 4-2-1　欧洲的城市夜景照明规划与建设重视提升城市视觉形象

图 4-2-2　以形式美学为理论基点，在城市夜景照明规划与建设中强调形式美与秩序美的效果

图 4-2-3 美洲的城市夜景照明规划与建设强调可实施性，侧重功能主义

图 4-2-4 亚洲的城市夜景照明规划与建设在结合城市特色分区逐步发展方面卓有成效

二、国内城市夜景照明现状及发展动态

中国的第一盏电灯是在 1882 年 7 月 26 日下午 7 时的上海点亮，这是中国照明史上的一个重要时刻，它标志着中国自此进入了现代电气照明的时代。

20 世纪 80 年代中期之前，中国经济基础薄弱、相关专业理论匮乏、项目实践经验欠缺，设备与技术落后等原因导致城市夜景照明得不到应有的重视，致使中国城市夜景照明事业的发展迟迟不见起色。

同样是在上海，1989 年该市启动了南京路和外滩夜景照明项目建设，就此拉开中国大规模建设城市夜景照明的序幕，中国城市夜景照明进入发展初期。中国城市夜景照明开始觉醒，部分大中城市积极展开城市夜景照明项目的探索和实践，出现了“灯光工程”、“亮化工程”、“光彩工程”等有关城市夜景照明项目的相关称谓，从这些五花八门的工程名称中可以看出，发展初期的城市夜景照明注重的是城市夜晚亮度的提高。

1999 年之后，中国城市夜景照明事业开始进入高速发展期。由于经济的快速发展、新技术的广泛应用、城市夜生活的迫切需求，遍及全国的各级城市规模更加宏大地展开了城市夜景照明的规划与建设，人们由注重“城市夜景的亮化”逐步发展为追求“城市夜景的美化”。北京的天安门广场、王府井大街，上海的外滩、陆家嘴金融中心，广州的珠江两岸、珠江大桥，重庆的人民大礼堂、解放碑商业街等城市夜景照明项目都是这一时期的代表作品。这一时期泛光灯、轮廓灯等技术和设备得以广泛应用，由注重单体建筑物、构筑物的照明效果发展为注重建筑群体、景观区域的整体照明效果。

2003 年开始，中国城市夜景照明进入多元发展期。这一时期的显著特点是：人们不仅追求城市夜景照明的良好效果，同时也关注节约能源、降低光污染等问题。在这一时期，信息技术的智能照明手段被大量采用，使城市夜景变得愈发丰富多彩。这一时期，城市夜景照明的规划理念深入人心。

2010 年，短短 184 天的上海世博会，为中国的照明技术与艺术的发展带来了一次集中展示的小高潮，让人们深刻认识到精彩纷呈的展示背后科技的力量，照明科技在这次世博会中发挥了举足轻重的作用，为未来城市夜景照明事业、中国的照明产业指明了发展方向。

短短20多年的时间，中国城市夜景照明便取得了堪称辉煌的成果。其间，中国城市夜景照明先后历经白炽灯、荧光灯、高强度气体放电灯、LED灯等不同设备与技术阶段，由初创、发展、普及一路走来，逐渐步入高效率低耗能的新时代。近几年，激光、光纤、全息、导光管等技术与设备的迅速发展及其广泛应用，使城市夜景照明事业更上一层楼，各个城市夜晚越加绚烂多姿，异彩纷呈。城市夜景照明由最初的由暗变亮到由亮变美直至由美变雅，逐步实现了由技术进步向品质提升的跨越。

随着“以人为本”理念向“可持续发展”理念的进步，城市管理者和设计者们已经逐步意识到可持续发展的重要性，城市夜景照明也越来越多地强调环保、绿色、可持续发展等照明设计理念，而这种理念也引起了越来越多多的社会民众的关注和支持，这对于城市夜景照明也起到了极大的推动作用。

在国家发改委、住房和城乡建设部及相关行业机构的推动下，国内多个城市已经相继编制了较为系统的城市夜景照明规划：北京、上海、重庆、杭州、深圳、天津等，这为所在地区的城市夜景照明事业逐步走上正轨提供了切实保障。规划的实施对各城市的夜景照明发展起到了重要的指导作用，北京、上海等大部分城市提出的分阶段规划目标均基本得以实现，取得了良好的经济效益与社会效益。

同时，我们也应该看到，国内大部分城市还没有完备的城市夜景照明规划，全国近700个城市在20世纪末就已经全部编制了城市建设总体规划，但大部分的规划中都没有考虑城市夜景照明规划，许多城市的夜景照明建设各自为政、主次失序，总体效果欠佳。

近几年，奥运会、全运会、世博会、亚运会等重大节事成为城市发展、城市夜景照明发展的重要契机。北京、上海、广州等城市的夜景照明成绩斐然，有目共睹。

以广州为例，从2007年起，该市结合“十一五”规划、城市建设管理“2010年一大变”和创建国家文明城市、花园城市等工作目标和要求，编制出炉了《广州2010亚运会城市行动计划》，该计划包括4部分共76个专项计划、739个具体项目。

然而，遗憾的是，该计划中却没有针对城市夜景照明发展的独立部分，城市基础设施与环境建设方面涉及城市夜景照明的内容少之又少，极少的涉及内容也是明显缺少长远发展的观念和全面看待该问题的视角。亚运会后，广州市城市夜景照明得以迅猛发展，但是能够为其他城市提供参考的较高层面的发展理念、发展对策却并不系统。

在大型城市夜景照明高速发展、光芒四射的同时，全国各地中小城市纷纷效仿，不幸的是，在这种一窝蜂式的效仿过程中出现了大量片面追求奢华，攀比亮度，大规模进行盲目、重复、低档次建设的倾向，导致了人力、物力、财力资源和能源的极大浪费，造成了眩光等光污染，城市夜景照明特色不足，“千城一面”情况严重，对人民的生活和健康以及当地生态环境造成了恶劣的影响。造成这种现象的原因多种多样：缺乏统一、规范、合理的城市夜景照明规划；没有建立科学的城市夜景照明评价体系；对于光污染重视不足，光环境保护意识不强，监管不到位；夜景照明与日间城市形象兼顾不够，夜景照明设计与城市文化结合不足等。

鉴于中国城市夜景照明事业起步晚，尚属发展过程中，肯定还存在这样或那样的问题，概括起来有以下几个方面，值得引起我国大部分城市夜景照明管理部门、设计机构、建设单位的重视：①法规不到位，监管不力；②城市夜景照明特色不足，导致“千城一面”；③地域性发展不均衡，城市夜景照明的经营观念尚未真正确立；④节能降耗缺乏强制性标准规范，部分城市高耗能照明设施仍然存在；⑤相关教育、宣传有待加强，专业设计机构及设计师数量较少，整体设计水平有待提高；⑥政府及管理部门公开观念淡薄，群众参与意识较弱；⑦“领导拍脑袋项目”、“一窝蜂项目”、“献礼项目”较多，受城市重大节事影响严重，规划意识不强，缺乏应有的成本意识。

第三节　建筑与景观照明设计的原则和影响因素

一、建筑与景观照明设计普遍遵循的原则

建筑与景观照明设计普遍遵循以下原则。

（1）按统一规划进行设计。

（2）按标准和法规进行设计。

（3）突出特色和少而精。

（4）慎用彩色光。

（5）节能环保，实施绿色照明。

（6）适用、安全、经济和美观。

（7）积极应用高新照明技术。

（8）锐意创新。

（9）防止光污染。

（10）管理科学化、法制化。

二、建筑与景观照明设计的影响因素

建筑与景观照明设计有以下影响因素。

（1）自然环境因素。这里所指的自然环境主要包括物理环境、化学环境、生物环境、社会环境等。

（2）人文环境因素。人文环境是指包括政治、文化、艺术、科学、宗教、美学等在内的人类社会所特有的一个综合的全面的生态环境。

（3）投资因素。

（4）技术因素。

（5）方案可行性因素。

第四节　建筑与景观照明设计的程序

由于建筑与景观照明在我国起步较晚，照明设计师、建筑师、景观设计师、业主以及与建筑、景观相关的其他专业人士对照明的了解难免有待提高，所以为建筑设计师、室内设计师、景观设计师、电气工程师、幕墙工程师、结构工程师等的高效合作，建筑与景观照明设计流程亟待规范。

一、建筑与景观照明设计的流程

与建筑及景观设计相同的是，完整的建筑与景观照明设计流程分为准备阶段、概念设计阶段、初步设计阶段、扩初阶段、施工图阶段、招标、提交、施工行政阶段、完工后调查协助等几个阶段。

1. 准备阶段

在准备阶段，建筑细节设计可能并未开展，但是要想获得最佳照明效果，照明设计师必须从建筑设计基本意向确定时就参与到项目中去，才能提出达到更好照明效果的建议，并了解使用者情况、建筑的性质以及建筑的预算。这个阶段业主可以选择合适的照明设计公司，针对已做好的项目进行考察。此阶段业主需要明确照明设计的服务范围及设计费用等。

2. 概念设计阶段及初步设计阶段

业主若采用招标的形式，可请各公司针对建筑做概念设计，若为委托形式，则由业主与照明设计师双方协商。

在此阶段，照明设计方依据业主提供的建筑及电气图，提出至少两个不同的概念设计草案，根据协议，至少有一个方案经建筑师认可，与甲方讨论后确定一个方案作为深化设计的基础。

在此阶段，照明设计师与业主及建筑师等的配合工作为如图 4-4-1 所示。

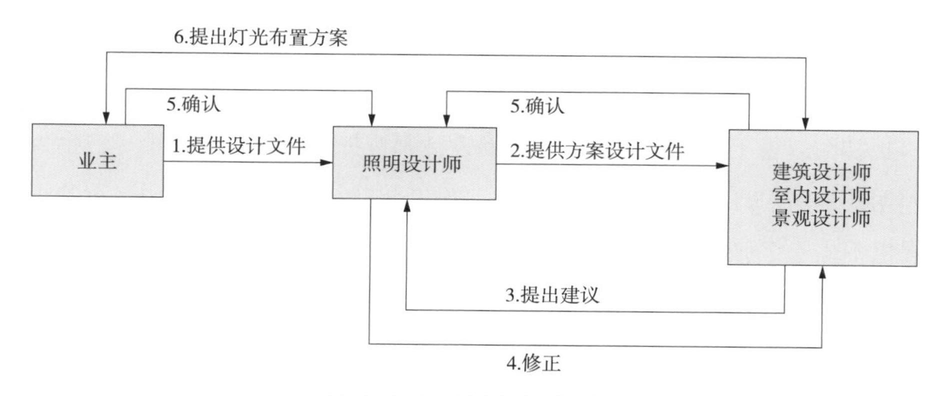

图 4-4-1　概念设计流程图

（1）由业主向照明设计师提供完整的相关设计文件、设计要求等作为照明设计师的设计依据，由业主协助与建筑师或其他设计方配合，保证资料的完整性。

（2）照明设计师在所界定范围内针对建筑、室内及景观照明进行方案设计，将概念设计草案向甲方作汇报，并根据业主和建筑师提出的意见或建议进行调整，再次汇报，直至完成方案设计。

通常，照明方案设计应考虑到在不同情况下如平时、一般节假日、特别隆重节日时的灯光效果，室内空间还应整合自然采光与人工照明在视觉环境中相互搭配的比例等。

（3）如业主在计划之外新增特殊要求，照明设计师应该做出灯具概估及电量概估，并由电气工程师配合，确认提供给照明使用的电量是否充足。

（4）照明设计师在此阶段初步提出灯光布置方案。深度达到光呈现的方式、采用的光源以及灯具的安装方式，提交的文本一般包括概念报告书、图像、照片、PDF 或 PPT 文档供汇报使用。

具体文件包括提供能解释其照明概念的草图，提供初步设计数据及文字说明，提供灯具及设备表，并于灯具表中罗列所有灯具的厂商型号及光源等，以满足业主进行照明工程投资估算工作，提供建筑师及业主相关灯具图片及文字叙述图，当业主要求时，应协助审核其他顾问所提供之灯具预算并提出意见。

3. *扩初阶段*

此阶段通过与业主或建筑师的协调与讨论来发展整个灯光解决的方案，并且针对建筑做出的修改进行照明设计图纸的修正与进一步深化。在扩初阶段，设计流程及多方配合如图 4-4-2 所示。

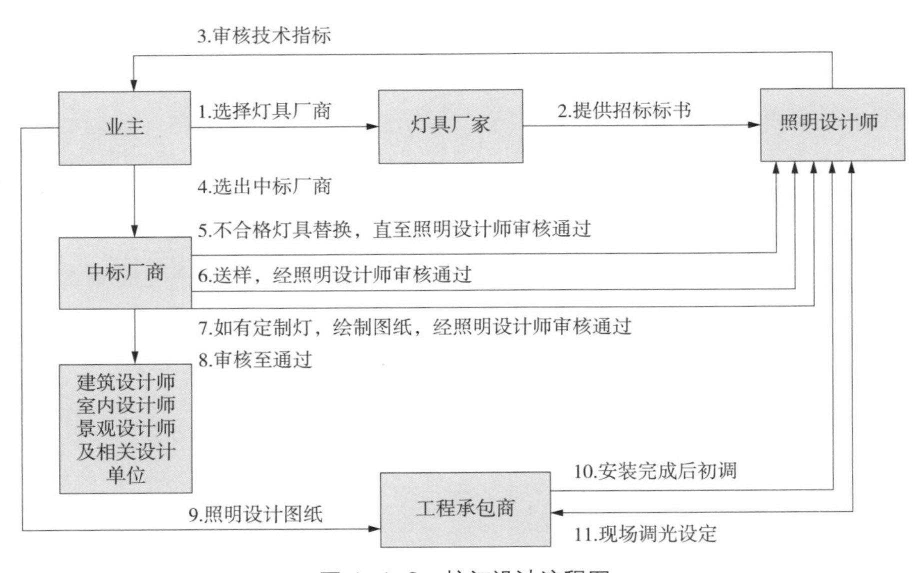

图 4-4-2　扩初设计流程图

（1）业主提供全套建筑扩初图或施工图，包括大样；幕墙设计师应提供全套幕墙图纸，包括大样；照明设计师提供灯具配置图、照明配置图、灯具固定方式大样图、灯具规范以及包含照明总用电量的灯具表。照明设计师根据现实状况可提供不少于 3 张能解释其照明概念的仿真效果图。设计院电气工程师根据灯光设计师提供的灯具总用电量，审核电力负载，同时根据灯光设计师提供的灯具配置图提出意见；结构工程师审核灯具位置及重量等，给出建议。若在项目进行中建筑或幕墙有所修改，应及时将图纸提供给照明设计师，由业主协助进行。

（2）若灯具重量或固定方式与建筑结构相关时，照明设计师提出相应的资料，由设计院结构工程师配合设计图。

（3）照明设计师进行扩初设计，选择照度时需兼顾功能性与非功能性的需求。在需要功能性照明的场合以规范为依据，进行严格的照度计算。同时需要与建筑师或设计院以及幕墙工程师进行沟通，并对业主进行简报，业主召集各专业会议进行协调会议讨论，并进行修改，最后由业主确认完成初步设计。

（4）如业主有特殊要求，可以在此阶段提供控制回路，但由于建筑图纸仍会有变动，所以此份图纸会与最终控制回路差异较多，如无特殊情况，控制回路会在施工图阶段提供完整控制回路表及图纸。

（5）照明设计师提供灯具及设备预估价，由业主确认是否接受如有超出预算情况，由照明设计师调整灯具，考虑替代品。

照明设计师不仅要进行人工照明的设计还有责任提出天然光环境分析报告图，通过专业软件 AGI 或其他专业软件计算，目的在于使整个设计团队对空间全面地了解，为建筑师加深对该建筑的光环境理解提供依据[1]。

4. 施工图阶段

施工图是最后发出的正式图纸，提供给业主、建筑师、设计院等。在施工图阶段，几方配合如图 4-4-3 所示。

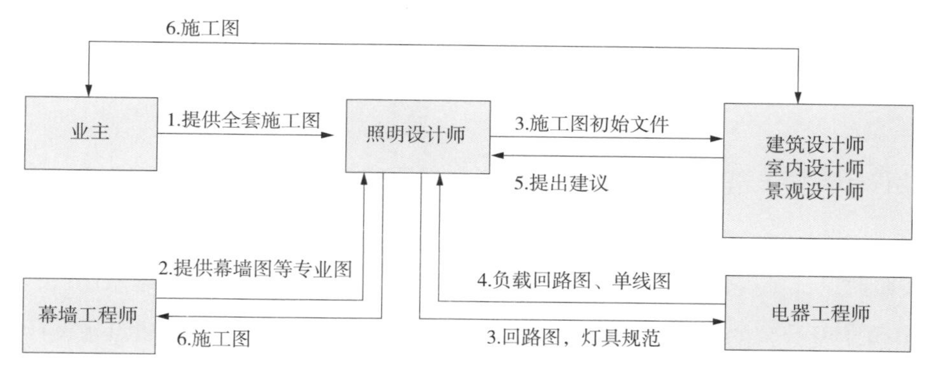

图 4-4-3　施工设计流程图

（1）业主提供最终全套建筑施工图纸，照明设计师根据此图纸与扩初图纸的修改进行照明图纸修改。

（2）照明设计师提供给电气工程师最终完整灯具控制回路图，电气工程师根据此制作负载回路图及单线图，改图应由业主及灯光设计师确认。

照明设计师在此阶段的工作是提供灯具安装方式、灯具位置图及控制的方法。灯具到总配电箱之间的线路、灯光相关管线配置规格及管线配置方式由设计院设计并出图。

（3）所有特殊的照明控制系统，应能让建筑师及其他相关顾问了解以推荐适合的设备系统，来符合相关控制机能要求。

[1] 马晔，王爱英，林志明．建筑照明设计流程——以融科咨询中心座工程为例 [J]. 华中建筑，2007 (5).

（4）照明设计师修改后提供文本——包括设计施工图纸、灯具规范、细部图纸、灯具表、灯具描述、厂牌型号、光源类型、瓦特数、表面处理、安装位置、数量及厂商联系数据。

5. 招标及施工行政阶段

各业主根据不同情况，进行招标或直接根据照明设计师在灯具表中列出的符合条件的厂商来购买照明设备，但后者要求业主的采购部门对照明设备有较多采购经验。招标流程如图 4-4-4 所示。

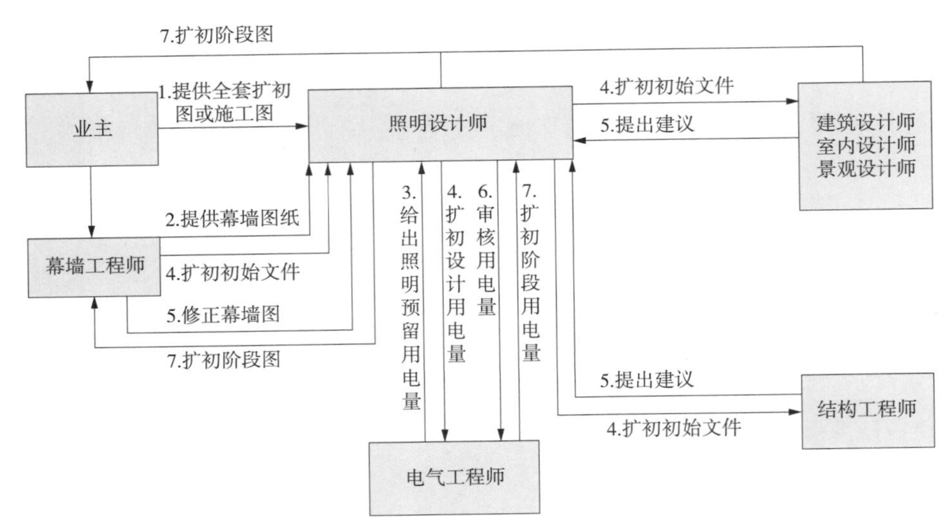

图 4-4-4　招标流程示意图

（1）照明设计师协助审核投标厂商的技术标，业主自行完成灯具经济标、工程标。

（2）照明设计师对投标厂商列出的灯具资料做出评价，以帮助业主选出中标厂商。

（3）中标厂商根据照明设计师评价对标书中不合格的灯具替换，并将替换后的灯具资料重新送照明设计师审核，直至完全符合标准。

（4）中标厂商根据照明设计师要求送样审核，照明设计师根据照明效果及灯具品质等审核灯具，直至符合标准。

（5）中标灯具厂商需按照明设计师提供的定制灯具大样图绘制制造图纸，并制作样品送照明设计师审核。

（6）工程承包商应按照照明设计师的图纸进行施工，如安装过程中遇到问题，应通知照明设计师，照明设计师应业主要求到现场协助解决现场问题。

（7）灯具安装同时工程承包商按设计图对灯具进行初步调试，灯具安装完成后由照明设计师到现场调光设定。

6. 验收阶段

此阶段照明设计师的工作包括：

（1）供验收清单，纪录现场与设计不符之处，并协助业主及建筑师提出解决方法。

（2）审核承包商提供的最终竣工图。

第五章　建筑物外观照明设计

第一节　建筑物的分类及照明特点

一、建筑物的分类

随着社会不断发展，建筑事业日新月异，建筑类型日益丰富，建筑技术不断提高，建筑的形象发生着巨大的变化。

曾几何时，随着阶级的产生，出现了供统治阶级居住的宫殿、府邸、庄园、别墅，供统治阶级灵魂“居住”的陵墓以及神“居住”的庙宇。随着生产的发展，出现了作坊、工场以至现代化的大工厂。随着商品交换的产生，出现了店铺、钱庄乃至现代化的商场、百货公司、超市、交易所、银行、贸易中心。随着交通的发展，出现了驿站、码头直到现代化的港口、车站、地下铁道、机场等。随着科学文化的发展，出现了从书院、家塾直到现代化的学校和科学研究建筑、文博建筑等。建筑类型可谓多种多样，正是这异彩纷呈的建筑鳞次栉比地组成了我们生活于其中的城市。

（一）按用途分类

根据用途可以将建筑分为民用建筑和工业建筑。

1. 民用建筑

供人们生活、居住、从事各种文化福利活动的房屋。按其用途不同，有以下两类：

（1）居住建筑。供人们生活起居用的建筑物，如住宅、宿舍、宾馆、招待所。

（2）公共建筑。供人们从事社会性公共活动的建筑和各种福利设施的建筑物，如各类学校、图书馆、影剧院等。

2. 工业建筑

供人们从事各类工业生产活动的各种建筑物、构筑物的总称。通常将这些生产用的建筑物称为工业厂房。包括车间、变电站、锅炉房、仓库等。

（二）按楼层数量分类

建筑物可根据其楼层数量分为以下几类：

（1）低层。2 层及 2 层以下。

（2）多层。2 层以上，8 层以下。

（3）中高层。8 层以上，16 层以下。

（4）高层。16 层以上，24 层以下。

（5）超高层。24 层以上。

（三）按建筑结构承重方式分类

按建筑结构承重方式可以将建筑进行如下分类。

1. 承重墙结构

它的传力途径是：屋盖的重量由屋架（或梁柱）承担，屋架支撑在承重墙上，楼层的重量由组成楼盖的梁、板支撑在承重墙上。因此，屋盖、楼层的荷载均由承重墙承担；墙下有基础，基础下为地基，全部荷载由墙、基础传到地基上。

2. 框架结构

主要承重体系由横梁和柱组成，但横梁与柱为刚接（钢筋混凝土结构中通常通过端部钢筋焊接后浇灌混凝土，使其形成整体）连接，从而构成了一个整体刚架（或称框架）。一般多层工业厂房或大型高层民用建筑多属于框架结构。

3. 排架结构

主要承重体系由屋架和柱组成。屋架与柱的顶端为铰接（通常为焊接或螺栓连接），而柱的下端嵌固于基础内。一般单层工业厂房大多采用此法。

4. 其他

由于城市发展需要建设一些高层、超高层建筑，上述结构形式不足以抵抗水平荷载（风荷载、地震荷载）的作用，因而又发展了剪力墙结构体系、桶式结构体系。

二、适宜夜景照明的建筑类型及其照明特点

通常，适合进行夜景照明的建筑类别及其照明特点如下。

1. 商业建筑

商业建筑主要包括购物中心、百货大楼、商厦、超市等营业性建筑，该类建筑往往反映所在城市的经

济、人文特色，是人群密集，休闲购物、娱乐、旅游等的繁华所在。

该类建筑照明应根据当地的地域特征、居民审美取向、建筑特点及其饰面材料决定光源的光色与运用，通过光源颜色和灯光亮度的相互协调，创造出富有层次变化的光照图式。为了渲染活跃的商业氛围，商业建筑的照明可以适当使用动态照明。商业建筑的照明主要可分为店头照明、橱窗照明和建筑物立面照明3大部分。

2. 文博建筑

该类建筑通常是城市标志性建筑，地理位置突出，功能综合，体量硕大，造型独特。

根据具体功能，文博建筑照明设计可以结合一些特种照明方式，着重突出建筑物的个性特点、时代特征和高科技含量。照明方式可以采用静态与动态相结合的方式，必要时可以在局部适当运用彩色光，以营造轻松愉快的气氛。

3. 交通建筑

该类建筑主要是指机场、火车站、轮渡码头、长途车站、轻轨地铁站、磁悬浮车站等，属于公共建筑，服务城市内外的大众，是城市和地区的门户，针对该类建筑进行良好的照明设计既满足功能需求，又有助于提升城市形象。

交通建筑多采用整体投光、局部投光、内透光等多种照明方式相结合的方式，其光色宜用暖白色，亲切宜人，高效节能。

4. 行政办公建筑

行政办公建筑往往集中在城市的主副中心地带，是具有鲜明时代特征的建筑类别。其照明设计以庄重大方、简洁明快为主调，一般不宜使用彩色光。投光照明、轮廓照明、内透光照明等方式可以综合使用，建筑物上的标识、楼名、国徽等还可以特别给予重点照明，以使其突出醒目。

5. 标志性历史建筑

标志性历史建筑能够直观地反映出所在城市的历史文化传统和地域风貌，适当的夜景照明能够有助于反映出所在城市的历史文脉。该类建筑的照明应以简洁、庄重为主调，以有利于突出建筑物的纪念性特征为宜。灯具设备的风格应与建筑物的风格协调一致。要特别注意灯具设备的安装与维护不可以破坏建筑物的外观与结构，不可以破坏建筑物白天的观瞻效果。

6. 酒店建筑

酒店建筑通常交通便利、造型独特、风格鲜明，适当亮化可以符合其商业经营的需求，同时其夜间照明设计也必须兼顾宾客夜间休息的需要。酒店建筑为营造所需的氛围，多采用整体与局部投光照明相结合的方式，其光色多以暖色调为主，必要时在主入口、标识牌等重点位置还可以部分地采用动态照明，以示强调。

7. 科教建筑

根据所在城市夜间照明的整体需要适当亮化，节能和避免商业化是这类建筑亮化时应该特别注意的方面。宜采用简洁的照明方式，使用单一的光色，注重主次分明的亮度搭配，合理体现其应该具有的文化品位与科研学术特质。

8. 体育建筑

体育建筑往往造型新颖，具有强烈的地域特征和时代特征，体量和跨度一般较大，体育建筑明显的结构变化位置是进行夜景照明重点处理的部分。体育建筑夜间照明设计的成功，会使其成为城市夜景观的重要地标，有助于提升城市的整体品位。体育建筑的照明还应该注重分时段设计，即应该明确有赛事时，其照明要充分考量体育竞技的功能需求和运动气质的体现，无赛事时，要考虑到其与城市夜景照明或区域夜景照明的呼应关系，兼顾美观与节能，采取良好的照明图式。

三、不宜进行大面积泛光照明、装饰照明的建筑类型

另外也有部分建筑不适合进行大面积泛光照明、装饰照明等亮化处理。

1. 居住类建筑

无论白天还是夜晚，宁静祥和是居住建筑应该保持的常规生活氛围，这一点与商业建筑有着明显的区别。除了必要的安保照明、功能性照明以外，居住建筑不适合进行更多的照明处理。若从城市夜景照明的总体效果考虑，在不影响居民生活的前提下，对坡屋顶多层住宅的顶部或者高层住宅的顶部造型部分，可以做适当的投光照明，以便于创造温馨但又不至于形成光污染干扰的居住气氛。

2. 医疗建筑

医疗建筑应该保障常规的功能性照明，尽量减少装饰性照明，即使是标识照明、导向照明等也应尽量避免采用彩色照明、动态照明、特殊照明等太过于喧闹的照明方式，以避免对病患者的心理和生理造成不必要的负面影响。

3. 工业建筑

工业建筑一般较少位于城市的中心区域，所以，没有必要进行大面积的泛光照明与装饰照明，只要设计基本的功能性照明、标识照明、形象照明、广告照明即可。

第二节　建筑物夜景照明的要求

对于建筑物夜景照明的基本要求就是将功能照明和装饰照明有机地结合于一体。这就要求建筑物夜景照明应该科学合理，技术先进，特色鲜明，美观大方，地域特色明显，文化品位较高，富有艺术表现力，既各具特色又和谐统一。建筑夜景照明的基本要求如图 5-2-1 所示。

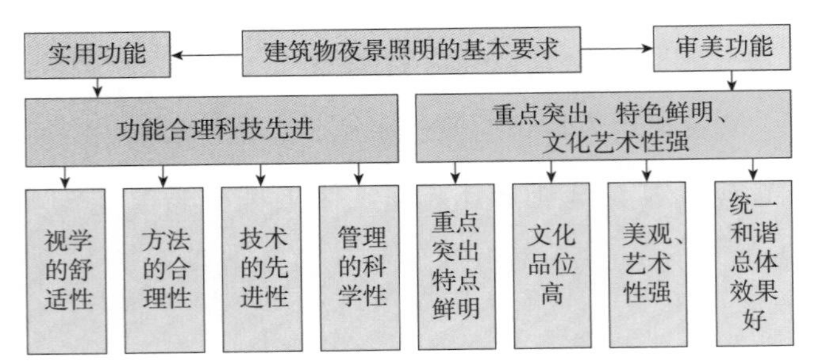

图 5-2-1　建筑夜景照明的基本要求示意图

一、功能合理，技术先进

1. 视觉的舒适性

建筑物夜景照明应根据人们的视觉特性，科学地用

光、配色。应该注意，人们观看建筑物夜景时，与白天视觉感受特性差别较大，亮度相同的物体，夜间观看时会比白天显得明亮很多。所以，建筑物夜景照明并非以亮度取胜，违背人们眼睛的夜间视觉工作规律盲目求亮，不仅浪费能源，还会产生眩光，给人们在视觉上造成不适。

2. 照明方法的合理性

根据建筑物的造型特征、表面材料、艺术风格及其周边的环境氛围，合理选择照明方法，通常是综合运用多种照明方法来表现建筑物的特征、文化内涵等。

3. 技术的先进性

在建筑物夜景照明的设计实践中，应勇于综合采用新方法、新器材、新技术、新理念，不仅有助于提升照明效果，同时也有助于节能和方便后期运维。

二、主次有序，特色鲜明

1. 主次有序，重点突出

针对建筑物进行夜景照明设计，首先应该了解原建筑设计的构思与意图，仔细分析原建筑物的造型特征和主次关系。建筑物的标志、主入口等多属于重点用光部位。在突出重点部位照明的用光配色的同时，兼顾一般部位的照明。重点与一般用光部位应有适当过度，并尽量取得协调平衡。

2. 尊重历史，提升文化品位

建筑物是社会、地域、民族文化的载体，具有丰富的历史文化内涵，特别是城市标志性建筑物，其主题和文化内涵更是意义深刻。在夜晚，要用光色诠释建筑物的历史文化内涵，必须首先深刻理解并把握好建筑物的历史渊源、造型特征等相关信息，根据这些信息综合技术、艺术的照明方法加以表现才可能做到恰如其分。

3. 美观大方，富有艺术表现力

建筑与雕塑、绘画等均属于艺术门类。建筑被誉为“凝固的音乐”，光则是建筑艺术的灵魂。白天，自然光使人们感受到建筑之美；夜晚，灯光展现建筑夜的美。建筑物夜景照明不仅要照亮，还要符合美学法则，满足人们审美需要，通过艺术感染力给人以难忘的享受。

4. 和谐统一，整体性良好

建筑物夜景照明，一方面，要求建筑物本身各个部分的照明配合得当，主次有序；另一方面，也应和周边环境和谐统一，以保证区域或城市夜景照明的整体性。

三、遵循艺术规律，符合美学法则

建筑物夜景照明既是一门科学也是一门艺术。要提高建筑物夜景照明的文化艺术水平，就必须遵循艺术规律和美学法则。在建筑夜景照明设计中，要使设计方案既满足建筑功能要求，又具有很强的艺术性，应将照明方法和建筑设计的构图技巧等融为一体，做出针对性的艺术处理。设计人员既要熟练掌握照明知识与技能，又要具备一定的建筑知识和艺术审美能力，遵循城市建筑艺术规律和建筑形态的美学法则，牢牢把握建筑物的特征及其历史文化内涵，巧妙地利用光影、色彩等手段，使建筑夜景具有迷人的艺术魅力和美感。

1. 遵循建筑艺术规律

建筑夜景是城市夜景的主体，建筑夜景是建筑艺术的升华，故应遵循建筑艺术的规律。

（1）统一。体现在城市建筑艺术上是整体美，它要求一座城市的空间是有序的，城市面貌是完整的。遵循这一规律，城市夜景照明必须强调整体规划与建设，方能取得城市夜景在艺术上的整体美的效果。

（2）变化。体现在城市建筑艺术上是特色美，每座城市都有自己的特色，每座城市内的不同区域也具有各自的特色。变化的规律还体现在城市是一个动态体系。它在时间和空间上都处于不停地发展变化中。在此基础上人们提出了城市建筑艺术是一个四维空间艺术体系的概念。遵循变化这一规律，建筑物夜景照明切忌一般化，应适度强调特色。

（3）协调。遵循协调这一规律，在建筑夜景照明设计时，应该充分考虑城市建筑的空间与时间的变化所引起的建筑物差异，照明效果应协调有序，避免突兀。

2. 符合建筑美学法则

建筑是一种既要满足人们功能要求，又要满足人们精神要求的人造空间环境，具有实用与美观的双重属性。人们要创造出优美的空间环境，就必须遵循美的法则进行构思设想，直到实现宏伟蓝图。建筑形式美法则简而言之就是建筑物的点、线、面、体以及色彩和质感的普遍组合规律的表述，包括以下几个方面。

（1）建筑体型的几何关系法则，即利用以简单的几何形体求得统一的法则。

（2）建筑形态美的主从法则，即处理好主从关系、统一建筑构图的法则。

（3）对比和微差法则，含不同度量，形状、方向的对比、曲直对比、虚实对比、色彩和质感对比等。

（4）均衡和稳定法则，含对称与不对称均衡、动态均衡和稳定等。

（5）韵律和节奏法则，含连续、渐变、起伏、交错等。

（6）比例和尺度法则，含模数、相同、理性比例、模度体系与尺度等。

（7）空间渗透和层次法则，建筑物的夜景照明依据主次应该有适当的层次处理，部分远离主要景观建筑的建筑或建筑群可以简化处理其夜景照明，使其逐渐隐退，甘做配景，但又不要突然取消夜景照明，以避免主要景观建筑过分突兀。

（8）建筑群的空间序列法则，在建筑物夜景照明中同样应该合理体现高潮、收束、过渡和衔接等。

建筑形式美法则随着时代的进步与科技的发展，会不断地丰富变化，设计师应该自觉持之以恒地学习、理解相关知识，在建筑照明设计过程中，遵循形式美法则，用灯光将建筑艺术魅力与美感表现出来。

四、符合建筑物夜景照明的标准

1. 建筑物夜景照明的照度标准

建筑物夜景照明的效果和质量取决于建筑物夜景照明的标准。泛光照明所需照度的大小应视建筑物墙面材料的反射率和周围环境的亮度条件而定。相同光通量的灯光投射到不同反射比的墙面上所产生的亮度是不同的。若建筑物背景较亮，就需较多灯光才能获得所需求的对比效果，反之，仅需较少的灯光便能使建筑物的亮度脱颖而出。

国内外建筑物夜景照明的照度标准不一，通常认为国际照明委员会（CIE）推荐的照度标准最具权威性，足可作为设计或评价的依据，如表 5-2-1 所示。日本、美国、德国等推荐的照度标准值也具有一定的参考价值，值得我们研究学习和借鉴，如表 5-2-2 ~ 表 5-2-4 所示。

表 5-2-1　国际照明委员会（CIE）推荐照度标准值

被照面材料	推荐照度（lx）			修正系数				
	背景亮度			光源种类修正		表面状况修正		
	低	中	高	汞灯、金属卤化物灯	高、低压钠灯	较清洁	脏	很脏
浅色石材、白色大理石	20	30	60	1	0.9	3	5	10
中色石材、水泥、浅色大理石	40	60	120	1.1	1	2.5	5	8
深色石材、灰色花岗岩、深色大理石	100	150	300	1	1.1	2	3	5
浅黄色砖材	30	50	100	1，2	0.9	2.5	5	8
浅棕色砖材	55	80	120	1，2	0.9	2	4	7
浅棕色砖材、粉红花岗石	100	150	300	1.3	1	2	4	6
红砖				1.3	1	2	4	5
深色砖	120	180	360	1.3	1，2	1.5	2	3
建筑混凝土	60	100	200	1.3	1，2	1.5	2	3
天然铝材（表面烘漆处理）	200	300	600	1.2	1	1.5	2	2.5
反射率 10% 的深色面材	120	180	360	—	—	1.5	2	2.5
红—棕—黄色	—	—		1.3	1	—	—	—
蓝色—绿色	—	—	—	1	1.3	—	—	—
反射率 30% ~ 40% 的中色面材	40	60	120	—	—	2	4	7
红—棕—黄色	—	—	—	1.2	1	—	—	—
蓝色—绿色	—	—	—	1	1.2	—	—	—
反射率 60% ~ 70% 的粉色面材	20	30	60	—	—	3	5	10
红—棕—黄色	—	—	—	1.1	1	—	—	—
蓝色—绿色	—	—	—	1	1.1	—	—	—

注： 1. 对远处被照物，表中所有数据提高 30%。
2. 设计照度为使用照度，即维护周期内平均照度的中值。
3. 表中背景亮度的低、中、高分别为 4cd/m²、6cd/m²、12cd/m²。
4. 漫反射被照面的照度可按 $L = E\rho/\pi$ 换算成亮度。E 为照度，lx；ρ 为反射比；L 为亮度，cd/m²。
5. 当被照面的漫反射比低于 0.2 时，不宜使用投光照明。
6. 不同种类的光源和被照面的清洁程度的不同，按表中修正系数修正。

表 5-2-2　美国推荐的建筑物泛光照明照度

单位：lx

表面材料	反射系数（%）	环境	
		明亮	暗
浅色大理石、白色或奶白色陶板、白色抹灰	70 ~ 85	150	50
混凝土、浅色和淡黄色石灰石、浅黄色面砖	45 ~ 70	200	100
中灰色石灰石、普通棕黄色砖、砂岩	20 ~ 45	300	150
普通红砖、棕色石料、深色灰砖、染色的木墙板	10 ~ 20	500	200

表 5-2-3　日本推荐的建筑物夜景照明照度标准

单位：lx

表面材料	反射系数（%）	环境	
		明亮	暗
明亮颜色的大理石、白色和乳色的粗陶材料、白色石膏抹灰墙	70 ~ 80	150	50
混凝土、浅色石灰砂浆、水泥砂浆、勾石缝、明灰色或暗黄色石灰石、暗黄色砖	45 ~ 70	200	100
稍浓灰色石灰石、浓褐色普通砖、沙石	20 ~ 45	300	150
普通红砖、赤褐色砂岩、带色木板瓦、浓灰色砖	10 ~ 20	500	200

表 5-2-4　德国推荐的建筑物夜景照明照度标准

单位：lx

表面材料	被照明状况	环境		
		暗	中等亮度	明亮
白色大理石	很清洁	25	50	100
浅色混凝土	很清洁	50	100	200
模仿混凝土色	很清洁	100	250	400
白色面砖	很清洁	20	40	80
黄色面砖	很清洁	50	100	200
白色花岗石	很清洁	150	300	600
混凝土或深色石材	很清洁	75	150	300
红砖	很清洁	75	150	300
混凝土	很脏	150	300	600

2. 建筑物夜景照明单位面积功率限值标准

建筑物夜景照明设计要求参考推荐标准值进行设计的同时，还要按建筑被照面的单位面积功率限值限制用电量，如表 5-2-5 所示。

表 5-2-5　建筑立面夜景照明单位面积安装功率

立面反射比（%）	暗背景		一般背景		亮背景	
	照度（lx）	安装功率（W/m^2）	照度（lx）	安装功率（W/m^2）	照度（lx）	安装功率（W/m^2）
60 ~ 80	20	0.87	35	1.53	50	2.17
30 ~ 50	35	1.53	65	2.89	85	3.78
20 ~ 30	50	2.21	100	4.42	150	6.63

除上述标准以外，建筑物夜景照明设计还应该同时参考其他相关标准，比如限制建筑夜景照明光污染的标准、道路、商业街和广场的照明标准、广告标志照明标准、园林与室外休闲场所的照明标准等。

第三节　建筑物夜景照明的方式

一、建筑物造型特点及功能要求与照明方式的选择

建筑物的外观照明不是在夜间简单的再现其白天的形象，而是利用现代照明艺术和技术手段，对建筑物进行光与色的视觉创作。该创作过程要求照明设计在充分节能、低碳的前提下提升城市夜间照明环境的品质，达到美化城市夜景的目的。

建筑夜景照明的方法主要有投光（泛光）照明法、轮廓灯照明法、内透光照明法、装饰照明和特种照明等。实践项目中，通常会将其中两种或两种以上的照明方式相结合，以取得理想的效果。少量使用泛光照明，提倡局部照明，适当设置装饰照明，适度强调内透光的照明方式，针对性强调民族建筑形式的艺术照明，是建筑物照明的发展特点。

重大节事[1]期间，采用大功率影像投射技术，将图形、文字或视频投射到建筑物表面上的方式在商业、旅游环境和城市广场等场所已被较多使用，这种特殊的照明方式能够更加有效地渲染节庆期间的嘉年华气氛。

（一）投光（泛光）照明

投光照明法就是用投光灯直接照射建筑物立面，在夜间塑造建筑物形象的照明方法，是目前建筑物夜景照明中使用最多的一种照明方法。其照明效果不仅能显现建筑物的全貌，而且将建筑造型、立体感、饰面颜色和材料质感，乃至装饰细部处理都能有效地表现出来。投光照明法又分为整体投光照明法和局部投光照明法。

1. 整体投光照明

整体投光照明也称泛光照明，是建筑夜景照明的基本方式。通常以卤钨灯、金卤灯、高压钠灯等为光源，采用的灯具为专用的大型投光灯具。

整体投光照明需从 5 个方面保障其照明质量：

（1）要确定好被照建筑立面各部位表面的照度与亮度，以确保照明层次感强，无需将建筑物外立面均匀地照亮，但是也不能在同一照射区内出现明显的光斑、暗区或扭曲建筑形象的情况。

（2）合理选择投光方向和角度，一般不要垂直投光，以至降低照明的立体感。

（3）投光设备的安装应尽量做到隐蔽，见光而不见灯。采用投光照明方式，应精心设计选择最佳投光方向和装灯位置。对固定灯具的支架也要认真进行设计，特别是灯架的尺度、外观造型、用料及表面颜色等均应和整个建筑及周围环境协调一致，做到不仅在功能

[1] 重大节事 (mega-event)，是指对主办城市、地区和国家有着重大影响的，经过策划、短期举办的政治、经济、文化体育活动。重大节事有别于未经策划的各类对城市规划影响相对较小的突发事件、偶发事件。

上合理，而且在白天看了也感到美观舒适。

（4）灯光的颜色要经专业的针对性研判，以淡雅、简洁、明快为主，防止色光使用不当而弄巧成拙，破坏建筑风格。

（5）投光不能对人产生眩光和产生光的干扰，注意防止光污染。

投光照明是基本的照明方式，但不是唯一的方式。玻璃幕墙建筑特别是隐框幕墙，不适合采用这种照明方式。

关于投光照明的照度或亮度取决于被照面的颜色、反射比及它所在环境的明暗程度。设计时可根据国际照明委员会 1993 年公布的技术文件《泛光照明指南》所推荐的照度值进行选取。

2. 局部投光照明

局部投光照明是将小型的投光灯直接安装在建筑物上照射建筑物的局部。通常建筑物立面上高低起伏的造型部分均可为灯具的安装提供便利条件。将照明器安装在被照物体的后面，具有体积感和纵深感。内部的结构照明使用埋地的泛光照明方式。灯具的配光一般采用较窄的光束，功率不大，但照射的效果非常丰富，将大功率的投射照明分解到建筑物上，既可有效避免眩光，又有利于节能。

小型投光灯具可以针对立面上的窗框、拱、小型浮雕和其他建筑细部进行照明。历史性建筑和现代建筑的重点照明都可以采用这个手法，展示戏剧化的照明效果。局部使用一个小型投光灯照亮建筑物上的浮雕，在窗子的两侧各设置窄光束的小型投光灯向上投射创造庄严的构图，在垂直方向产生变化。对这类建筑，人们总是期待照亮最漂亮的细节和营造最兴奋的效果。使用不同的光束角有助于用光形成韵律，从强烈的窄光束到柔和的宽光束，光将揭示出建筑物的细节和典雅结构。

3. 投光灯的照射方向和布灯原则

（1）投光灯的照射方向。投光灯的照射方向和布灯是否合理，直接影响到建筑夜景照明的效果。如图 5-3-1 所示，对凹凸不平的建筑立面，为获得良好的光影造型效果，投光灯的照射方向和主视线的夹角在 45° ~ 90° 之间为宜，同时主投光 A 和辅投光 B 的夹角一般为 90° ，主投光光亮是辅投光光亮的 2 ~ 3 倍较为合适，如图 5-3-1 所示。

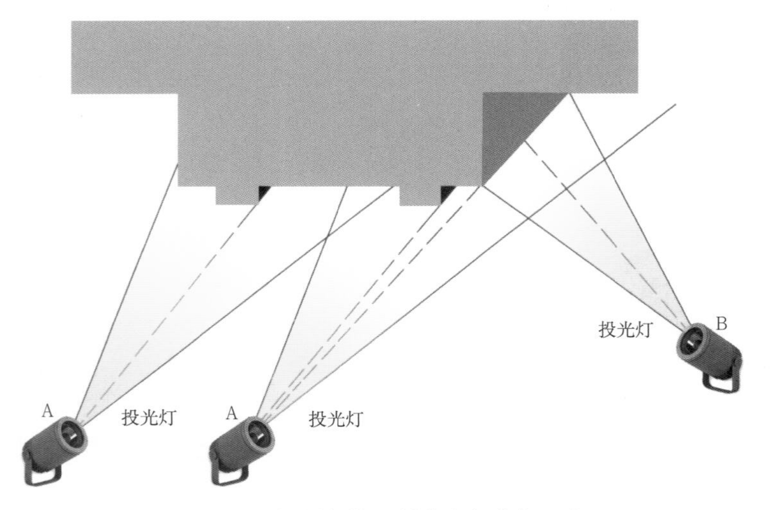

图 5-3-1　投射灯的照射方向与布灯示意图

A—主投光；B—辅助投光

建筑物立面造型不同，会产生不同落差的起伏变化，投光灯的照射角度应该因此有所不同。如图 5-3-2 所示。

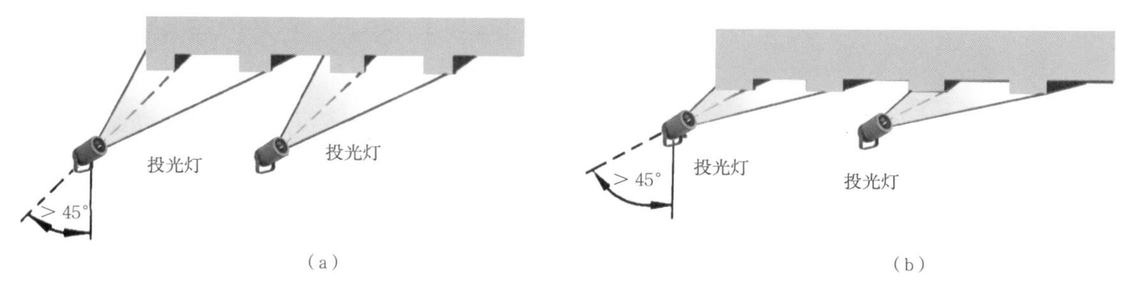

图 5-3-2　依据建筑物立面造型的起伏变化，投光灯的照射角度有所不同

（2）布灯的原则。

1）投光方向和角度合理，如表 5-3-1 所示。

表 5-3-1　投光照明灯具位置选择参考表

示意图	灯位	条件
	从地面投光	楼前有灯位又不会引起眩光时使用
	立杆投光	商业建筑、交通建筑等，人流量较大情况下使用
	附着建筑投光	楼前无灯位或者照明效果特别要求是使用
	从对面建筑投光	其余三种方案均无条件时使用

2）照明设施（灯具、灯架和电器附件等）尽量隐蔽，力求见光不见灯，力求与环境协调一致，不影响白天景观。

3）将眩光降至最低。在大多数投光照明方案中，投光灯具的位置和投光方向、灯具的光度特性都存在产生眩光的可能性。因此计算检查眩光（直接或反射眩光），将眩光降至最低点，都是很有必要的。

4）维护和调试方便。

（3）投光灯的位置和间距。在远离建筑物处安装泛光灯时，为了得到较均匀的立面亮度，其距离与建筑物的高度之比不应小于 1/10。

在建筑物上安装泛光灯时，泛光灯突出建筑物的长度取 0.7 ～ 1m。低于 0.7m 时会使被照射的建筑物的照明亮度出现不均匀，而超过 1m 时将会在投光灯的附近出现暗区，在建筑物周边形成阴影。

在建筑物本体上安装投光灯的间隔与泛光灯的光束类型、建筑物的高度有关，同时还要考虑被照射建筑物的颜色和材质、所需照度的大小以及周围环境亮度等因素。

4. 投光照明的一般规律

建筑物种类繁多，造型千变万化，夜景照明的方法也丰富多样，要做到既将建筑物照亮，又使之富有艺术表现力，给人以美的感受，设计者必须根据建筑艺术的一般规律和美学法则针对建筑物的具体情况认真研究用光技巧，总结专业规律。

投光照明的一般规律有以下几点。

（1）主次有序。夜景照明并不是要求把建筑物的各个部位照得一样亮，而是按突出重点、兼顾一般的原则，用主光突出建筑的重点部位，用辅助光照明一般部位，使照明富有层次感。主光和辅助光的比例一般为 3 ： 1，这样既能体现出建筑物的注视中心，又能把建筑物的整体形象表现出来，如图 5-3-3 和图 5-3-4 所示。

图 5-3-3 北京西客站夜景照明主次有序景象

图 5-3-4 北京西客站日间景象

（2）合理把控用光方向。通常，照明的光束不能垂直照射被照面，而是倾斜入射在被照面上，以便表现饰面材料的特征和质感。被照面为平面时，入射角一般取 60° ～ 85° ；如被照面有较大凸凹部分，入射角取 0° ～ 60° ，才能形成适度阴影和良好的立体感；若要重点显示被照面的细部持证，入射角取 80° ～ 85° 为宜，并尽量使用漫射光。

（3）注重光影的韵律和节奏美。在建筑的水平或垂直方向有规律地重复用光，使照明富有韵律和节奏感。以长廊的夜景照明为例，利用这种手法创造出透视感强，并富有韵律和节奏的照明效果，营造引人入胜或曲径通幽的意境。

（4）巧妙应用逆光和背景光。逆光是从被照物背面照射的光线，逆光可将被照物和背景面分开，形成轮廓清晰的三维立体剪影效果。

（5）充分利用好光影和颜色的退晕效果。针对建筑立面进行投光照明，并非立面照度或亮度分布越均匀越好，而且，实际上完全的均匀效果也着实难以达到，因为立面上的照度和被照点到灯具的距离成平方反比变化，很难均匀。因此，立面上的光影和颜色由下向上或由前向后逐渐减弱或增强，也即退晕，充分加以利用，可使建筑立面的夜间景观效果更加生动和富有魅力。

（6）科学选择动态或静态照明。对流线形或异形的建筑立面，运用灯光在空间和时间上产生的明暗起伏，形成动态照明效果，使观赏者产生一种生动、活泼、富有活力和追求的艺术感受；反之，对构图简洁、以直线条为主的建筑立面，则不宜采用动态照明，使用简洁明快、庄重大方的静态照明比较科学合理。

（7）慎用色光。要谨慎使用色光，并非完全不可以使用，如使用合理，或则可收到无色光照明所难以达到的照明效果。由于色光使用涉及的问题很多，难以简而言之。对于纪念性公共建筑、行政办公楼等建筑物的夜景照明应以庄重、简明、朴素为主调，一般不宜使用色光，必要时也只能局部使用彩度低的色光照射。对商业和文化娱乐建筑可适当使用色光照明，彩度可提高一点，有利于创造轻松、活泼、明快的彩色气氛，如图 5-3-5 所示。

图 5-3-5　上海市新世界建筑夜景照明中色光的运用效果（摄影：李文华）

（8）使用重点光画龙点睛。对政府机关大楼上的国徽、写字楼、星级酒店等建筑物的标志、楼名或特征等极醒目部分，在最佳方向使用好局部照明的重点光，可起到画龙点睛的效果，如图 5-3-6 所示。天安门城楼上的毛主席画像就是使用远射程追光灯进行重点照明，收到了突出重点的照明效果。

（9）特定条件下用模拟阳光，在夜晚重现建筑物的日间景观。因白天阳光多变，另有天空光，严格说完全重现建筑物的日间景观是不可能的，但在特定条件下，重现建筑物白天的光影特征是可能的。如北京国贸大厦的主楼东侧向就设置了 1800W 窄光束的射灯，照明中国大饭店前的屋顶花园，使宾客身临其境，犹如白天艳阳高照，光影特征类似午后三四点钟，效果较好。

（10）对于大型建筑物，综合使用几种投光照明和照明方法是营造好建筑夜景的有效办法，如图 5-3-7 ~ 图 5-3-9 所示。

图 5-3-6　建筑照明中使用重点光的效果

图 5-3-7　北京王府井天主教堂建筑夜景投光照明（摄影：李文华）

图 5-3-8　天津劝业场建筑夜景投光照明（摄影：李文华）

图 5-3-9　上海南京路以投光照明为主要照明方式的建筑群（摄影：李文华）

5. 投光照明的方案设计内容

投光照明方案设计包括以下内容：

（1）设计依据及要求。

（2）建筑特征的分析和主要观景视点或方向的确定。

（3）夜景照明方案的总体构思。

（4）照度或亮度标准的确定。

（5）照明方式、照明光源、灯具及光源颜色的选择。

（6）照明用灯数量及照度的计算。

（7）布灯方案和灯位的选定。

（8）照明控制系统及维护管理措施设计。

（9）照明效果图绘制。

（10）照明施工方案图纸绘制。

（11）工程概算。

投光照明方案的设计有两点特别值得注意：

1）投光照明只是夜景照明方式中的一种。设计时，若投光照明不能完整地表现建筑的夜景形象时，应考虑同时使用其他的照明方式，如轮廓灯或内透光照明方式等。

2）绘制预期照明效果图时，应实事求是，尽力做到效果图和设计方案一致，不能随意渲染或艺术夸张照明效果，避免对于照明方案的分析、交流、探讨、决策造成误导。

（二）轮廓照明

轮廓照明主要采用单个光源（白炽灯或紧凑型节能灯）、紧凑型荧光灯、冷阴极荧光灯、发光二极管（LED）、串灯、霓虹灯、美耐灯、导光管、线性光纤、镭射管、数码管等轮廓灯勾绘建筑轮廓，以表现或突出建筑物的轮廓和主要线条，轮廓照明对轮廓丰富的建筑物群体的照明效果较好，如图 5-3-10 ~ 图 5-3-12 所示。由于经济和技术水平的限制，中国改革开放前的建筑夜景照明绝大部分采用这种照明方式。轮廓照明通常不宜单独使用，尤其不宜单独用于造型简洁、体量庞大、维修不便的现代建筑。在选

图 5-3-10　西式建筑轮廓照明案例

图 5-3-11　中式建筑轮廓照明案例

图 5-3-12　现代建筑采用轮廓照明的效果（摄影：李文华）

用轮廓照明时，应充分考虑建筑与景观的区域夜景规划要求、环境概况、类型划分、轮廓造型、结构特点、饰面材料、维修难易度、能源消耗及造价等具体情况，综合分析而定。使用点光源排列构成线状勾勒建筑物轮廓时，灯具间距太密会提高工程造价、增加能耗，太疏朗则不易起到勾勒建筑物轮廓的作用，所以，其间距要通过仔细研究建筑物尺度和观者视点距离远近来确定。使用线光源时，线光源形状、线径粗细和亮度都应与建筑物特征匹配，并结合观者视点距离远近来确定。轮廓照明一般与投光照明配合使用效果较好，北京天安门城楼就是两种照明方式合理搭配的经典案例，如图 5-3-13 所示。

建筑夜景照明实践项目多为同时综合采用投光照明、轮廓照明、重点照明等多种照明方式，如图 5-3-14 所示。

常用轮廓灯的做法、性能、特征和照明效果如表 5-3-2 所示。

图 5-3-13　北京天安门城楼同时采用投光照明、轮廓照明、重点照明的效果（摄影：王棋）

图 5-3-14　综合采用多种照明方式的建筑夜景照明

表 5-3-2　常用轮廓灯的做法、性能、特征和照明效果❶

灯具种类	做法	性能和特征	照明效果	应用场所与典型案例
普通白炽灯、紧凑型节能灯	用 30 ~ 60W 白炽灯或 5 ~ 9W 紧凑型节能灯按一定间距（30 ~ 50cm）连续安装成发光带	白炽灯光效低，约 10 ~ 15lm/W，寿命约 1000h，色温低，约 3200K，瞬时启动；紧凑型节能灯光效高，约 35lm/W，寿命约 3000h，色温可选，也可瞬时启动	总体效果较好，技术简单，投资少，一般维修简单，但体量较大建筑的轮廓灯维修困难，不易形成醒目轮廓，可组成各种文字、图案，通过开关，造成动感，但颜色不能变化	20 世纪 50 年代以来，中国大量使用这种照明方式。北京天安门毛主席纪念堂、匈牙利布达佩斯链桥等属典型案例
霓虹灯管	用不同直径和颜色的霓虹灯管沿建筑物的轮廓连续安装，勾勒建筑物轮廓	光效较低，亮度高，显目性好，灯具寿命长，颜色丰富，可重复瞬间启动，灯的启动电压高，变压器重量较大，安全保护要求高	照明的颜色效果与动态照明效果较好，维修工作量较大，照明的夜间效果较好，白天效果较差	较普遍应用在商业建筑、娱乐建筑等一般建筑类型
美耐灯（彩虹管、塑料霓虹灯）	用不同颜色与管径的美耐灯沿建筑轮廓连续安装，形成发光带	可塑性好，寿命长，约 10000h，灯的表面亮度较低，电耗在 15 ~ 20W 之间，技术简单，投资少	夜间效果较好，白天效果一般，灯的颜色和光线可变，动态照明效果较好	各类建筑均可使用。广州、深圳等我国南方城市应用较多
通体发光光纤（彩虹光纤）	用不同管径的光纤管沿建筑轮廓连续安装，形成发光带	可塑性好，可自由曲折，不怕水，不怕破损，不带电只传光，灯的表面温度很低，颜色多变，省电，安全，检修方便	照明效果好，一管可呈现多种颜色，动态照明效果较好，灯管表面亮度较低，一次投资较大	适合在检修不便利的高大建筑物或有防水要求或安全要求很高的建筑轮廓照明
通体发光灯的导光管或发光管	将通体发光的导光管沿建筑轮廓连续安装，形成明亮的光带	导光管或发光管的管径远比光纤、美耐灯、霓虹灯大，表面亮度高，安全，省电，寿命长，检修方便	照明的显目性较好，颜色可变，设备技术较复杂，一次投资较大	适合高大建筑的轮廓照明，上海的高架桥等有典型应用
镭射管（爆光灯）	将镭射管沿建筑轮廓连续安装，形成动感很强的闪光轮廓	一般管径 49mm，长 1500mm，管内安装多只脉冲氙灯，程序闪光，亮度很高，动感强，节能，光型可变，安装方便	动态轮廓照明效果好，可以组成各种闪光图案，表现各种造型的建筑轮廓	各类建筑的室内外均可使用

❶ 本表来源：北京照明学会 . 城市夜景照明技术指南［M］. 北京 . 中国电力出版社，2004：108.

（三）内透光照明

内透光照明是利用室内光线向外透射形成照明效果的建筑夜景照明方式。对于玻璃幕墙以及外立面透光面积或外墙被照面反射比低于 0.2 的建筑，宜选用内透光照明。可用于内透光照明的光源有荧光灯、白炽灯、小功率气体放电灯等。内透光照明做法较多，综合而言，主要可以归纳为以下 3 类。

1. 随机内透光照明

利用室内一般照明灯光，在夜晚不熄灯，使光线向外透射，是目前国内外采用率最高的一种内透光照明方式。

2. 建筑化内透光照明

将内透光照明设备与建筑结合为一体，在窗户上或室内靠窗或需要重点表现其夜景的部位，如玻璃幕墙、柱廊、透空结构等部位专门设置内透光设施，形成内透光发光面或发光体来表现建筑物的夜景。

3. 演示性内透光照明

借用窗户或直接在室内利用内透光元素按需组成不同图案，在电脑控制下，进行灯光艺术表演，这种内透光照明方式主题鲜明，艺术性较强，效果理想。

内透光照明具有以下优点。

（1）内透光照明不必在建筑外部设置夜景照明设备，不影响建筑立面景观，可以较好地保证建筑外观的整洁美观。

（2）相比较投光照明，内透光照明因不需将照明设备安装在建筑物本体上，为设备的运行维护带来较大方便，由于照明设备多不处于室外环境中，可以避免自然环境对其的侵蚀污损及可能的人为破坏，就大大地减少了运行维护的工作量和成本，有节资省电，维修方便，安全高效等益处。

（3）由于内透光照明方式多采用低功率、低亮度的光源，照明设备又能进行良好的隐蔽安装，因而该照明方式溢散光少，其产生的眩光接近于无，相对而言属于光污染易控的夜景照明方式。

（4）建筑物外立面投光照明是通过建筑墙面对光的反射和散射来产生夜景效果。通常的立面照明都是由下至上向墙面投光，大量的反射光射向了与视线方向相反的天空，既污染了天空，也降低了建筑物夜景的效果。而内透光照明的用光方向则与此相反，它的反射光多集中在水平线以下的空间中，这有效地提高了用光率，属于绿色照明理念的一种体现。

（5）巧妙利用建筑物数量众多的窗口单元，内透光照明可以演绎出数不胜数的图案组合，以满足人们求新求变的审美需求，使建筑物在不同时段展示出多元的自身形象，烘托良好的环境氛围。

内透光照明与建筑立面特征、窗户造型、建筑用材、建筑结构、照明设备等诸多因素有关，因此，设计采用该照明方式时，照明设计师和建筑师应密切合作，充分论证，综合考量，力求达到理想效果。

内透光照明的分类、特征、做法与照明效果如表 5-3-3 所示。内透光照明在建筑中的应用如图 5-3-15 ~图 5-3-17 所示。

图 5-3-15　建筑内透光照明

图 5-3-16　以内透光照明为主要照明方式的写字楼照明案例（摄影：李文华）

图 5-3-17　以内透光照明为主要照明方式的体育类建筑
北京奥运会体育场“鸟巢”（摄影：李文华）

表 5-3-3　内透光照明的分类、特征、做法与照明效果 [1]

类名	分类	特征	做法	照明效果
利用室内灯光做内透光照明	利用室内灯光使立面所有窗户全亮的内透光照明	里面形状清晰，照明管理工作量和耗电量较大	1. 在控制室统一控制建筑物内各房间的照明； 2. 管理上明确下班后不关灯	建筑物立面光斑整齐，形状清晰，整体效果较好
	利用室内灯光，窗户随机透光发亮的内透光照明	1. 内透光的窗户是随机的，有亮有暗，自然而然； 2. 管理方便； 3. 耗电量低，节能环保	1. 根据各房间的使用功能，确定是否使用内透光； 2. 有内透光的房间固定由控制室统一管理； 3. 内透光的窗户数量不能少于总数量的 60%	60% 以上窗户的随机内透光照明，既可以显示建筑物的外形特征，又可产生自然生动的视觉和景观效果
在窗户上设计内透光照明	在窗户的上缘做内透光照明（在建筑设计时或现有建筑上将内透光灯具安装在窗户上缘的内侧）	1. 灯具一般安装在窗帘盒部位，隐蔽性较好，基本可以做到见光不见灯； 2. 用灯较少，节约能源； 3. 便于维修和管理； 4. 属于建筑化夜景照明的一种，照明和建筑可以结合到一起	1. 在建筑设计时，将内透光照明设备和窗户结构一并考虑； 2. 在现有建筑的窗户上增设内透光时，将内透光照明灯具固定在窗的内侧上缘或靠窗的顶棚位置，具体视现场而定； 3. 不可以影响室外观瞻	能均匀地照亮窗户，照明设备与建筑物结合密切，白天、夜晚、室内、室外的景观效果较好
	窗户的侧向内透光照明（将内透光灯具安装在窗户一侧或两侧）	1. 内透光从一侧或者两侧照射，在垂直方向形成光影，光斑韵律强，独特新颖； 2. 灯具与垂直遮阳百叶和谐一致； 3. 照明设备检查方便	将内透光灯具安装在窗户的侧面，将窗户照亮，设计时应注意灯具的隐蔽，光线不要照射到室内	内透光光斑形成垂直光带，照明方式独特新颖，效果良好
动态可演示的内透光光照明	用彩色荧光灯或冷阴极灯管作为光源的动态可演示的内透光	1. 色彩丰富，可变幻，具有动感； 2. 内透光图案可根据设计构思和主题确定，图形多样； 3. 用电脑控制照明，自动化程度较高	1. 直接将荧光灯固定在窗户上； 2. 将灯安装在特制的灯具内，再将灯具安装在窗户上； 3. 在窗户上设计了自动只反光不透光的窗帘，防止灯光照射到室内	内透光图案构思巧妙，内涵丰富，艺术性较强，照明效果独特新颖
	使用荧光灯、管形卤钨灯、氙灯、闪光灯等多种光源的动态可演示的内透光照明	1. 艺术图案的色彩丰富，亮度变化范围广； 2. 内透光照明完全由电脑控制，自动化程度高，画面变化速度快； 3. 建筑物四个方向的立面都有图案，实现了全方位照明	照明系统由电脑控制，自动开启、关闭、切换照明画面，变化程序事先在电脑中设定，管理方便	照明兼顾全方位，远、中、近景观均易于控制，效果较好
	采用 QL 灯、LED 灯、金属卤化物灯等作为光源的动态演示式内透光照明	1. 灯的寿命较长，光效高，节能减排； 2. 内透光与投光结合使用，照明效果更好； 3. 照明控制系统综合考量所在地自然条件； 4. 夜景画面较多选择	1. 采用自动升降的窗帘挡住室内光线的影响； 2. 灯具交替安装； 3. 集科技与艺术与一体，具有较强的知识性和趣味性； 4. 夜景演示由电脑控制	技术先进，艺术效果好

（四）装饰照明

装饰照明是为配合城市重大节事等特殊场所、特殊时段的要求，营造热烈、欢快、富于戏剧化的喜庆气氛，利用灯饰装点建筑物，加强建筑物夜间表现力的照明方式，如图 5-3-18 所示。常用的照明光源有光纤、霓虹灯、白炽灯等。

图 5-3-18　上海街头建筑装饰照明
（摄影：王棋）

（五）特种照明

特种照明是为适合某些商业建筑，配合城市重大节事，利用激光、光纤、导光管、发光二极管（LED）、大功率电脑灯、太空球灯、全息摄影、智能控制技术等高新科技等营造特殊夜景照明效果的特种照明方式。特种照明方案应按需在实施前经过模拟实验加以验证。

建筑物夜景照明方式分类、特点、适宜照明场所如表 5-3-4 所示。

表 5-3-4　建筑物夜景照明方式分类、特点、适宜照明场所

建筑物夜景照明方式分类		特点	使用灯具	适宜照明场所	典型案例
投光（泛光）照明	整体投光（泛光）照明	能展示建筑物全貌，将建筑物的造型、立体感、材质、装饰细节等清晰展现，具有较好的层次感	卤钨灯、金卤灯、高压钠灯等大型投光灯具	交通建筑、行政办公建筑、历史保护建筑、商业建筑、科教建筑、体育建筑等	天安门城楼、人民大会堂、上海外滩原海天钟楼、沙逊大厦、渣打银行等欧式建筑群
	局部投光（泛光）照明	强调建筑物局部的体积感和纵深感	卤钨灯、金卤灯、高压钠灯等功率小、光束窄的小型投光灯具	交通建筑、行政办公建筑、历史保护建筑、商业建筑、科教建筑、体育建筑等	上海外滩原海天钟楼、沙逊大厦、渣打银行等欧式建筑群
轮廓照明		主要表现建筑物的轮廓与线条	白炽灯、LED灯、串灯、霓虹灯、镁耐灯、导光管、彩虹光纤、镭射管等	历史保护建筑、仿古建筑、民族风格建筑、宾馆酒店建筑、商店建筑等	天安门城楼、北京站等
内透光照明		效果独特，照明设备不影响建筑立面，溢散光较少，基本无眩光，节能省电，维修简便	荧光灯、白炽灯、小功率气体放电灯等	居住建筑、交通建筑、行政办公建筑、商业建筑、科教建筑、医疗等	上海大剧院、巴黎卢浮宫玻璃金字塔等
装饰照明		营造热烈欢快的节庆气氛，加强建筑物、景观在夜间的表现力，宜分级控制使用	光纤、白炽灯、霓虹灯等	广场、公园、宾馆酒店建筑、商店建筑等	北京王府井乐天银泰百货
特种照明		营造特殊的照明效果，创造出动人的视觉图像，展现现代科技的发展成果，仅适合重大节事时段使用	激光、光纤、导光管、全息技术、声光综合技术等	广场、公园、商业建筑等	罗马斗兽场、悉尼歌剧院、深圳地王大厦等

第四节　建筑化夜景照明

建筑化夜景照明是将照明光源或灯具和建筑物的墙体、柱、檐、窗户等部分建筑结构或构件融合为一体的夜景照明方式。近年来，基于照明科技的高速发展，尤其是 LED 技术的迅速崛起和广泛运用，建筑化夜景照明的观念愈发深入人心，其益处广为受众所认识和接受。

2010 年上海世博会实践了这一观点，将材料、多媒体、三维虚拟现实、遥感等技术与照明融为一体的诸多案例为人们带来了美妙绝伦的体验，为城市夜景照明设计带来了积极有益的启发。这种在照明技术应用上大有突破与发展的模式，激发了人们的参与意识，强化了人与环境的互动，大大提升了城市夜间景观的品质。

2010 年上海世博会大量场馆建筑的照明都实现了照明一体化设计，同时配合一定的数字媒体界面，展示动态的视觉效果。例如，英国馆将 LED 嵌入到亚克力棒中，瑞士馆建筑表皮的 LED 智能帷幕，石油馆、信息通信馆（图 5-4-1）、国家电网馆等场馆将 LED 灯具衬在 PC 材料正后方，香港馆、波兰馆、韩国馆、比利时馆、爱尔兰馆、俄罗斯馆等场馆建筑在表皮材料之后进行 LED 灯具投光而形成光影效果。而世博轴则是直接把 LED 灯具安装在世博轴阳光谷结构构件的外侧，共计采用了 8 万多套 LED 灯具，通过大规模 LED 分布式控制系统——LED Bus 总线技术，对阳光谷每个钢构节点处的全彩全色温 LED 星光灯以及整个大范围的景观区域各类灯具实施同步控制，其延时小于 25ms，并结合 LED 的实时媒体播放技术和三维曲面显示图像技术，实现了良好的夜间效果，如图 5-4-2 所示。在世博文化中心西、南两个入口大厅的带有“光介质层”的 LED 数字媒体艺术是一个自主创新的亮点。它不同于现有的媒体界面，该设计采用低像素、大间距 LED 为基层，并增加一个中间构造层次——“光介质层”以及表面的成像材料，共计三个构造层次。设计中克服 LED 灯点直接暴露于屏幕表面、表面亮度高、容易产生眩光等缺点，且打破了平面媒体 LED 显示屏单一的界面模式，使屏幕造价更经济，制造工艺和系统更便捷，显示内容更丰富，能创造出更加富有艺术气息的视觉效果[1]。

图 5-4-1　2010 上海世博会信息通信馆建筑与照明一体化日景与夜景效果对比（摄影：李文华）

图 5-4-2　2010 上海世博会阳光谷 LED 照明效果（摄影：李文华）

鼓励高层办公楼、商住建筑等建筑物，在科学论证的前提下，尽量采用包括 LED、高强度气体放电灯光源、节能型荧光灯光源等在内的绿色照明技术、光效高、能耗低的新产品实现照明与建筑一体化。实践证明，照明与建筑一体化拥有诸多方面的优势，值得广泛推广应用。建筑化夜景照明的优势如图 5-4-3 所示。

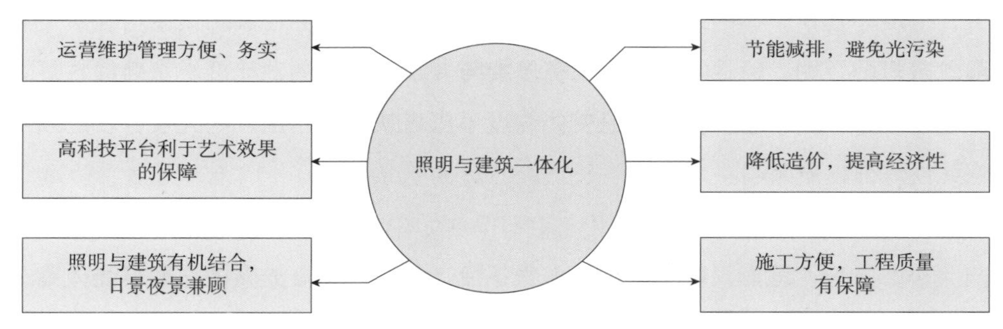

图 5-4-3　建筑化夜景照明的优势示意图

一、建筑化夜景照明的方法

由于建筑形态多元化发展、照明技术不断推陈出新，建筑化夜景照明的方法呈现出丰富多样的态势，常见的就达 10 种之多。

1. 建筑化角灯照明法

建筑化角灯照明法是在建筑立面的外墙转角处，将装饰性的灯具和墙体组合为一体，利用角灯灯具的优美造型和科学的光学设计形成的光影效果，美化建筑立面和塑造建筑夜间形象。此法宜用于高大建筑，角灯造型、用料、色彩应与建筑物风格协调一致，角灯构造和安装要求坚固、防水防尘性能良好、检修方便。美国纽约的四季饭店，我国青岛建青大厦、上海福山大厦等均是采用这种照明方法的典型案例。

2. 建筑化屋檐照明法

建筑化屋檐照明法是在建筑立面的檐口处，将装饰性屋檐灯和檐口组合为一体，利用灯具优美的造型和均匀柔和的光照，装饰美化建筑立面，塑造建筑夜间形象。屋檐灯造型和建筑风格一致，灯具一般做成内透光灯箱或者自发光形式，由光源、灯箱支架和色彩漫射透光板组成。由于屋檐灯检修比较困难，所以要力求屋檐灯光源的寿命长，并采取相应措施，为检修创造条件。屋檐灯亮度不宜过高，不能有眩光，表面亮度需均匀，通常选用 T5 或 T8 荧光灯作为光源。北京远洋大厦、北京国家电力公司大楼的建筑化夜景照明是这种照明方法的典型案例。

3. 建筑化光斑照明法

建筑师或照明设计师在建筑外立面上，设计或利用装饰性光斑灯，将灯与建筑融合为一体，形成建筑化夜景照明，这种方法即为建筑化光斑照明法。灯具内装有特别的三棱镜，可形成弧形、带状、三角形等不同光斑，用以美化建筑夜景。在光斑的光学系统中，光源位置要准确，光源发光体的尺寸越小越好，以保障光斑形状的准确性和一致性。在设

❶ 中国照明学会，《中国照明工程年鉴》编委会．中国照明工程年鉴 [M]．北京：中国机械工业出版社，2011．

计选型时，应注意光斑灯产生的光斑的外形尽量一致。光斑灯灯具通常体积较小，需要采取相应散热措施，以延长光源的使用寿命。

4. 建筑化线性灯饰照明法

建筑化线性灯饰照明法的一般做法是将高亮度美耐灯或通体发光光纤、霓虹灯等线形发光条嵌装在建筑立面需要夜景装饰的部位，形成和建筑一体的线性内透光发光条。注意装饰的部位和图案要与建筑立面的特征协调一致，有别于一般轮廓灯的照明。线性灯饰的表面亮度要与背景有明显的对比度。嵌装线性灯饰的光条构造的防水性能要好，检修要方便。动态变幻图案的变光速度不应过快，防止出现闪光现象。北京中粮广场裙楼采用的就是建筑化线性灯饰夜景照明。

5. 建筑化发光盒照明法

发光盒有多种形式与大小，方形、圆形、甚至异形等，根据设计方案而定。光盒内一般装光效高、寿命长的荧光灯或者低功率 HID 灯。光盒构造结实，防尘防水性能要好，检修方便。

6. 建筑化发光带照明法

发光带是在发光盒的基础上形成的，连盒成带。通常采用 T5 或 T8 荧光灯作为光源，出光口用漫透射的聚碳酸酯板封闭。发光盒表面亮度应均匀，注意防止暗区的出现。

7. 建筑化发光面照明法

发光面类似灯箱，多用透光的乳白聚碳酸酯板制成，光源采用 T5 荧光灯管，均匀排列，其大小及形状由设计师根据方案需要而定。发光面的表面要特别注意亮度的均匀性。

8. 建筑化外墙灯槽照明法

建筑化外墙灯槽照明法是利用外墙上部或中部挑出的壁檐或横向勒线位置设计灯槽，将光源、灯具隐藏其间，通过照射墙面，形成均匀明亮的光带，以装饰建筑夜景。这种方法无眩光，见光不见灯，日夜景观兼顾较好。

9. 建筑化满天星墙面照明法

建筑化满天星墙面照明法是将点光源、嵌入式卤钨灯、端头发光的光纤和小的发光盒等发光源与墙面组合为一体，美化建筑夜景立面。光点的分布视建筑立面和构造而定。采用的光源、灯具及做法应该技术先进，方案科学，并充分考虑设施检修、运行与管理等问题。

10. 建筑化满天星屋顶照明法

满天星屋顶照明的结构和做法，跟墙面的情况类似。照明光源应选用光效高、寿命长、维修便利的 LED、光纤等类型，发光点的分布，要根据屋顶材料和结构而定。

第五节　建筑夜景投光照明的计算

一、光束宽度的计算

投光灯投射到建筑物立面上的高度、宽度和面积，是由灯具的光束角大小和灯具到建筑物立面之间距离而定，如图 5-5-1 所示。投光灯的投射高度 L 和投光灯的投射宽度 W 和一台投光灯的投射总面积 A 由下式计算确定[1]。

$$L=D\left[\tan\left(\varphi+\frac{\beta_V}{2}\right)-\tan\left(\varphi-\frac{\beta_V}{2}\right)\right]$$

$$W=2D\cdot\sec\varphi\cdot\tan\frac{\beta_H}{2}=2D\tan\frac{\beta_H}{2}/\sec\varphi$$

$$A_0=\frac{\pi}{4}\cdot L\cdot W$$

式中 L——投光灯投射的高度（m）；

W——投光灯的投射宽度（m）；

A_0——一台投光灯的投射面积（m^2）；

D——投光灯距建筑物立面的距离（m）；

φ——投光灯光轴中心与水平面的夹角（°）；

β_V——投光灯垂直方向的光束角（°）；

β_H——投光灯水平方向的光束角（°）。

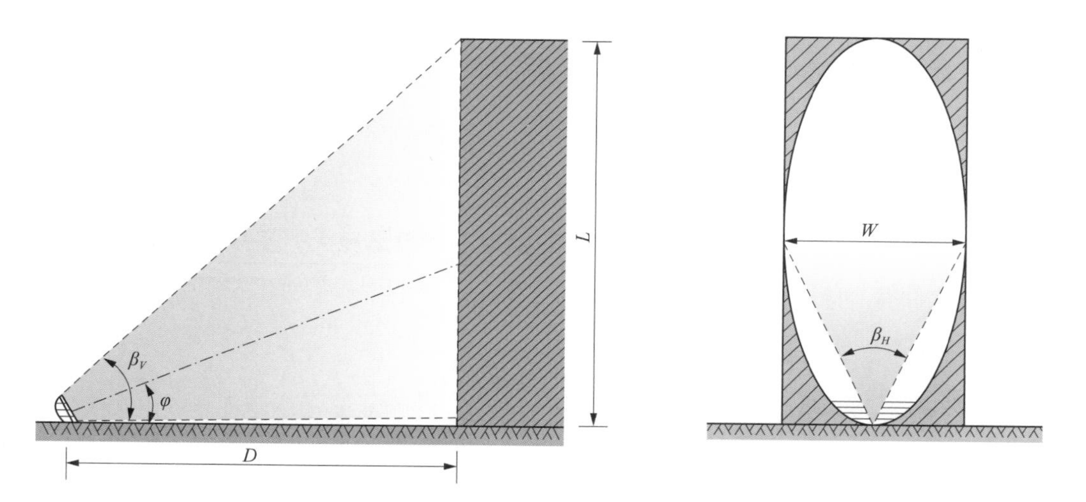

图 5-5-1　光束照射的高度和宽度示意图

二、投光灯台数的计算

在某一照度下，所需投光灯规格和台数，通常可以用流明法或发光强度法计算得出。流明法常用于大的建筑立面；而发光强度法用于高塔等形式的建筑。

1. 利用流明法计算投光灯台数

全部光源投射到立面上的总流明数（即总光通量）Φ_Σ，可用下式计算：

$$\Phi_\Sigma=\frac{AE}{U}$$

式中 A——被照亮的立面总面积（m^2）；

E——所想要达到的照度值（lx）；

U——照明系统的利用系数，通常在 0.25 ~ 0.35 之间。

[1] 李恭慰. 建筑照明设计手册 [M]. 北京：中国建筑工业出版社，2006.

所需投光灯台数 N，可用总光通除以单个投光灯的光通量得到，即

$$N=\frac{\Phi_{\Sigma}}{\Phi}$$

式中　Φ——一台投光灯的光通量（lm）。

2. 利用发光强度法计算投光灯台数

建筑立面上所需的总发光强度可由下式求出。

投射光垂直入射在建筑立面上时，则

$$I=ED^2$$

当投射光以 α 角度入射立面时，则

$$I=\frac{EL^2}{\sin^2\alpha\cos\alpha}$$

式中　E——立面上的垂直照度（lx）；

L——投光灯的投射高度（m）；

D——投光灯距建筑立面的距离（m）；

α——光束在立面上的入射角（°），α=cot（L/D）。

那么，用计算出来的发光强度 I 除以单台灯的发光强度 I_0（从灯具供应商提供的产品样本中可以查出），即可得到所需投光灯的台数 N：

$$N=\frac{I}{I_0}$$

此外，还可以通过逐点计算法来演算设计结果，由于所需处理的计算量庞大，多采用计算机软件进行演算，目前市场上常用的相关软件有 DIALux、AGI32、3ds Max 等。

第六节　中国古建筑的照明设计

一、中国古建筑的特点

中国古建筑具有普遍存在的不同于西方建筑或现代建筑的独特之处。

（1）建筑布局独特。中国古建筑群的布局原则是内向含蓄，层次丰富，注重中轴线的建立，以均衡对称为主，少数园林建筑群的平面布局灵活自由，富有自然气息。

（2）建筑形态独特。中国古建筑群是由若干标准化的单体建筑组合而成，单体建筑是由标准化的阶基、屋身、屋顶 3 部分组成，每一部分又分别是由标准化的构件组合而成。中国古建筑的屋顶形式有庑殿、歇山、悬山、硬山、攒尖等多种，每种又有单檐和重檐之分，屋顶的屋面做成柔和的曲线，四周飞檐高翘，优美多姿，是夜景照明的重点部位。

（3）建筑构架独特。中国古建筑采用抬梁木构架建筑形式，梁柱作为建筑的基本骨架和受力构件，有“墙倒屋不塌”的说法。采用纵横交错的短木相叠而成的斗拱，更是结构形式独特，造型精巧别致，也是夜景照明的重点部位之一。

（4）建筑用料独特。中国古建筑采用木材为主要建筑材料，在满足功能要求的同时成功地创造出了优美的造型和精美的艺术风格，但也为夜景照明设计提出较高的防火安全要求。

（5）建筑色彩独特。中国古建筑上五彩缤纷的琉璃屋顶、绚丽多彩的装饰绘画、色彩斑斓的装饰油漆等既有防腐等功能要求，又能增加建筑物的美感。夜景照明设计时应该充分考虑光源的显色性。

二、中国古建筑照明设计的原则

中国古建筑的照明设计应遵循以下原则。

（1）保护。保护与利用相结合，照明安装不能对古建造成损害，减少或消除光源热辐射、红外线和紫外线的含量及照明对古建的不利影响。

（2）文化。采用现代照明技术手段，展现古建筑特征，发掘和彰显古建筑的文化内涵、民族特色。

（3）艺术。运用灯光艺术，突出古建筑有序的组合、优雅的形态、清晰的结构、丰富的质感、绚丽的色彩，渲染古建筑的艺术氛围，提升古建筑的艺术品位。

（4）协调。照明风格与周围建筑、绿化、景观相协调。避免照明对周边生态环境产生不利影响。

（5）安全。古建照明设计应充分研究其结构、材质、形体、位置等，特别注意古建的防雷、防火、防触电等。

（6）隐蔽。灯具、电线、避雷设施等尽量隐蔽或小型化。不因安装照明和避雷设施改变原建筑外貌和形状，即兼顾夜晚的照明效果和白天的景观效果。

（7）节能。提高设计水平，控制照度和亮度，选择高光效光源，根据需要规定照明时间，注意适度留黑，兼顾艺术效果和节能。

（8）便于维护。古建筑照明尽量做到免维护或少维护且维护方便，不涉及古建安全。

（9）照射古建筑各部分的灯光亮度、色彩要适当，既能显现整体轮廓，又能展现关键部位，避免亮度、色彩平淡如一；酌情分层次照明，使古建具有层次感和立体感。

三、中国古建筑的照明方案

中国古建筑的照明方案一般有3种：重点照明屋顶、重点照明屋身和屋顶与屋身相结合的照明。

1. 重点照明屋顶

中国传统建筑的屋顶形式优美，线条流畅，生动飘逸，因此重点处理屋顶的夜间照明可以将中国古建筑的神韵表现出来。

（1）中国传统建筑的屋顶多由瓦铺装而成，可在檐口处设置小型投光灯向上投光在

屋面上形成美丽的光斑。也可在屋脊处设置隐蔽性较好的小型投光灯向下投光，如图 5-6-1、图 5-6-2 所示。

（2）在屋面上利用点状光源形成较大面积的发光面。可以通过在屋面上满布满天星、光纤或 LED，或是顺着瓦楞设置霓虹灯管等线性照明器来实现理想效果。

（3）对于攒尖顶的古建筑可以在起翘的屋角上设小型窄光束投光灯，从多个方向照亮攒尖顶的宝顶。

（4）使用勾勒的方式，将屋顶独特的形态描绘出来。这种照明方式可以将古建筑神态飞扬的屋顶轮廓加以有效展现，如图 5-6-3 所示。

图 5-6-1　以屋顶为重点的古建筑照明效果（摄影：李文华）

图 5-6-2　以屋顶为重点的古建筑照明灯具配置案例——济南市大明湖南门（摄影：李文华）

图 5-6-3　使用勾勒方式对古建筑屋顶形态进行生动描绘的山西平遥古城（摄影：李玉德）

（5）在环境制高点处设投光灯，向下照亮屋面。投光的方式必须经过仔细研究，避免产生眩光。注意灯具的隐蔽，如可以藏在环境中大树的枝叶中，但应避免影响植物的正常生长。

（6）将屋顶的全面照明（前坡、后坡和撒头）改为重点表现屋顶的屋脊（正脊、垂脊、戗脊、角脊）和其他一些细部，也是屋顶照明的另一种手法。屋顶的脊饰如鸱尾、鸱吻、正吻、悬鱼等，可以使用小巧的灯具如光纤，局部重点表现，同样可以将中国古典建筑所特有的精髓展示出来。

2. *重点照明屋身*

照亮屋面下的斗拱和屋身，保持屋顶轮廓的剪影效果，可以凸显中国建筑艺术的含蓄美。

斗拱、格子门、窗、柱子、柱础、匾额、彩画、勾阑、须弥座、檩条、椽子、雀替等都是中国古建筑精美的部分，可以作为照明的重点部分。投光照明打亮檐口以下部分，不但展现出传统坡屋顶的结构美感，也体现出屋面起翘的轮廓，建筑的形象也更为丰满。

具体照明方法有以下 5 种：

（1）设埋地投光灯向上打亮檐部以下及屋身部分。在有游人活动的地方要注意避免眩光。埋地式投光灯实际上是将光源隐藏于地面以下，光通由下向上照射被照对象的一种照明方式。埋地式投光灯的光源可以是金属卤化物灯、高压钠灯、卤钨灯、LED 灯等各种类型的光源，甚至可以方便地设置混光。相对于其他大功率泛光投光照明方式，埋地式投光方式在中国木构古建筑景观照明中具有很多自身优点：首先，光源隐蔽、安全可靠。由于光源埋于地坪以下，因此其隐蔽性和防眩光效果好；线路也埋于地下，照明系统的可靠性和安全性提高，不受外界自然风雨侵蚀和人为破坏，耐久性好；地面以上没有任何线路障碍，整洁美观。埋地式投光灯不与古建筑木质构件发生任何接触，因此不会对古建筑造成损伤。灯具在设计时可采取防紫外辐射的措施，防止人工光源中的紫外辐射对古建筑油饰彩画表面的氧化褪色破坏。其次，光源灯具可灵活选用、适应性强。可根据具体古建筑环境的不同，选用不同光色的光源和不同光束角的投光灯具，灵活运用于古建筑台基的照明、檐柱柱列和柱廊空间、侧墙后墙及围墙的照明等多种情况[1]。

埋地灯的使用效果如图 5-6-4~ 图 5-6-7 所示。

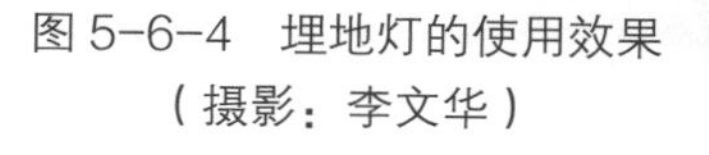

图 5-6-4　埋地灯的使用效果
（摄影：李文华）

[1] 王天鹏 . 中国木构古建筑景观照明光源和灯具的选用 [J]. 灯与照明 , 2005 (9).

图 5-6-5　古牌坊埋地灯的使用效果 （摄影：李文华）

图 5-6-6　古建筑使用埋地灯照亮柱体的效果 （摄影：李文华）

图 5-6-7　仿古建筑使用埋地灯照亮窗间墙的效果 （摄影：李文华）

（2）在建筑的外部设置投光灯，如图 5-6-8 所示。投光的方式应经过仔细研究，避免产生眩光。注意灯具的隐蔽，可以藏在环境的绿化中，也可以考虑和绿化照明相结合。

（3）在建筑构件间设置小型投光灯，如图 5-6-9、图 5-6-10 所示。

图 5-6-8　古建筑局部投光灯效果 （摄影：李文华）

图 5-6-9　在构件间设置小型投光灯的古建筑外观照明效果
（摄影：李文华）

图 5-6-10　在构件间设置小型投光灯的古建筑内部细节效果
（摄影：李文华）

（4）通过照亮古建筑的内部来丰富建筑形象。有些有柱廊的古建筑，通过照亮内侧的墙壁，使得外侧的构件形成剪影效果，可以产生中国画的意境。

（5）利用传统建筑的柱子，在柱的侧壁设置向上投光灯，但需注意造型、材质等方面与古建筑设计的协调一致，建议采用中式传统风格灯具造型，如图 5-6-11 所示。

3. 屋顶与屋身相结合的照明

这种照明方式是照亮坡屋面的同时照亮屋身的柱或墙。应特别注意明暗关系，避免整个建筑所有部分被平均照亮，因缺乏对比而显得了无生气。

图 5-6-11　在古建筑侧壁设置的照明灯具

图 5-6-12　古建筑屋身低照度的照明效果（摄影：李文华）

当然，专业实践中，一定不是所有的建筑都要成为环境中最亮的主角，有时照亮环境，让建筑处于一个较低的亮度，也可成为另外一种光照构图，如图 5-6-12 所示。

四、园林景观中建筑物与环境的照明关系

任何建筑都是环境中的建筑，不能脱离环境孤立地设计建筑的外观照明。在进行建筑单体的外观照明设计时，应综合考虑环境对建筑的影响以及建筑与环境的关系。通常情况下，和谐的整体景观总能给人以美感，因此采用彩度较高的光色时应慎重。如以建筑为照明的重点，周围的绿化照明就不宜再选用鲜艳的绿色光，建议选用显色性好的非彩色光源。

此外，从整体景观的角度考虑，也并不是环境中的所有元素都需要照亮。某些重要的建筑物成为环境中的照明重点时，周围的绿化可考虑较低的亮度，以衬托出建筑物，自身则是剪影效果。或是照亮周围环境，使建筑物亮度降低以形成剪影效果。滨水建筑物的照明设计还应考虑其在水面形成的倒影效果。

五、中国古建筑夜景照明的亮度标准与色彩

1. 亮度标准

中国古建筑夜景照明的亮度应该遵守 JGJ/T 163—2008《城市夜景照明设计规范》规定的亮度（照度）数值。根据实际情况，也可以适当提高或降低亮度（照度）数值。尤其标志性古建的亮度（照度）数值可根据周边环境的实况适当偏高。中国古建筑中的塔尖、额枋、斗拱、彩画等关键部位可根据需要提高亮度（照度）数值。

对于中国古建筑，亮度的对比，往往比绝对亮度更为重要。中国古建筑的夜景照明设计中为避免照明效果平淡无奇，经常有意造成各部位间的亮度差，使古建筑具有立体感、观赏性。所以，除了按需提高部分位置的照度值外，还应考虑对古建筑的某些部分不照明或降低亮度（照度）数值，如屋顶、阶基等。如果主体和环境亮度对比过高，不仅不会收到良好的视觉效果，还可能造成视觉疲劳，引发烦躁不安的情绪。但是如果亮度对比太低，又不能形成良好的层次感，实验证明，评价较好的主体和环境比近似为 2 ~ 6，最令人满意的情况是 2 ~ 3，中国古建筑最低的环境亮度大约在 0.08 ~ 0.12cd/m^2，主体的亮度大约在 0.17 ~ 0.23cd/m^2 时候较好[1]。

中国古建筑自身的文化、历史特点，观赏者的心理和形成的期望等使得对于它的景观照明应有不同于其他类型对象的要求。低照度、弱对比的夜景照明，更容易表达它自身的意境和内涵。

2. 色彩

中国古建筑夜景照明的光源应具有良好的显色性，以便充分表现古建的原本色彩。根据中国古建筑的文化内涵应谨慎选用色光，如需采用色光则色彩力求简朴且不宜过多。

六、中国古建筑夜景照明的光源与灯具

（一）光源

1. 光源要求

（1）保护性。不含或少含红外、紫外光谱，消除或减少灯光对古建彩塑、彩画的损害。

（2）节能性。光源应具有较高的光效，节能是照明的基本要求。

（3）长寿命。选用长寿命光源能减少维修量和维修资金。

（4）显色性。古建色彩丰富，高显色的光源更富表现力，可充分显示古建质地。

（5）发热少。减少火灾隐患。

（6）体积小。便于隐蔽安装。

2. 光源类型和选择

（1）LED 发光二极管。LED 电压低、体积小、发热少、长寿命、定向发光、色彩丰富、光效较高，不含红、紫外线，不会对油漆、彩画、小质结构造成损害，可在屋顶和建筑表面安装。白天灯具不会影响建筑物外观整体景观，可作轮廓照明光源，也可用作投光灯光源。

（2）美耐灯。LED 为光源的美耐灯可勾画古建轮廓、栏杆等。

（3）光纤。光纤能发光、不带电、色彩丰富、长寿节能，可柔性安装，施工简单、维修方便，主要用作较小规模古建的轮廓照明和局部照明。侧光光纤主要用于勾画古建轮廓、线条及塔尖外形等；端头光纤主要用于精细雕塑等的局部照明。

（4）其他光源。陶瓷金卤灯、高压钠灯、荧光灯等，仍在古建照明中广泛使用。

（5）光源选择。根据古建保护及设计要求、光源特性等选择光源。

（二）灯具

灯具要求有以下几个方面：

（1）造型。与古建筑风格协调一致。

（2）防火。古建筑构架多为木质，特别容易引起电气火灾。电缆、电线要选择阻燃型，光源、灯具不得灼烧木质结构以免引起火灾。安装在古建上的灯具应具有防火标志并采取防火措施。

❶ 中国照明学会,《中国照明工程年鉴》编委会. 中国照明工程年鉴 [M]. 北京：中国机械工业出版社，2008.

（3）防水。光源和灯具本身应防水，避免引起电气故障，进而对古建筑造成危害。

（4）控制光照。应尽量选择含红外、紫外辐射较少的光源，努力避免光照中的红外和紫外辐射对古建的油漆、彩画造成损害。

（5）小型化、隐蔽性。为不影响古建观瞻，灵活性和隐蔽性较好的小型灯具和光源是其照明首选。

（6）节能。古建照明灯具效率不低于65%。

七、中国古建筑夜景照明的防火

1. 中国古建筑常见火灾原因

中国古建筑常见火灾原因有以下几个方面：

（1）电气火灾。线路老化、负载过大、灯泡炙烤等，可能引起火灾。

（2）雷电火灾。塔楼、庙宇、城门等古建筑较高，易遭雷击起火。

（3）人为火灾。因香火、林草野火、炊煮、取暖不慎等人为因素引起火灾。

（4）古建建筑材料易燃。古建筑的建筑材料多为干燥的古木、朽木，内部装饰的帷幔、陈列的家具等均为易燃材质，条件具备时，极易引发火灾。

2. 中国古建筑夜景照明的火灾防护

（1）预防电气火灾。

（2）尽量使用LED、光纤等光源。HID光源尽量远离古建，不得靠近或炙烤可燃物。

（3）采用铜心绝缘缆线，适当加大缆线截面，选用阻燃型或感温电缆。必要时穿金属管敷设，不得将电线直接敷设在可燃物上。

（4）线路有低压断路器、漏电保护器等保护装置。比如设立电气火灾监控系统、涂刷防火涂料以提高古建筑耐火性能、开辟消防通道，设立防火隔离带、对灯笼、旗幡等可燃悬挂物进行阻燃处理、加强防火、用火管理，制定并严格执行消防规章制度。

第六章 景观照明设计

景观是一个含义丰富的概念，在视觉美学意义上，景观从古沿用至今的概念与“风景”、“景致”、“景色”同义。从 19 世纪开始，景观在审美对象之外，开始作为地学的研究对象；到了 20 世纪，景观除了作为审美并从空间结构和历史演化上研究外，开始成为生态学，特别是景观生态学和人类生态学的研究对象。景观设计职业范围扩大到拯救城市、人类和生命地球为目标的国土、区域、城市和物质空间规划和设计。如今，我们将景观定义为土地及土地上的空间和物体所构成的综合体。景观设计学是关于景观的分析、规划布局、设计、改造、管理、保护和恢复的科学和艺术。

景观包含地域或城市的自然景观和人文景观。只受到人类间接、轻微或偶尔影响，自然面貌未发生明显变化的天然景观，如高山、极地、热带雨林及某些自然保护景观等属于自然景观。人类活动所造成的景观，是自然风光、田野、建筑、村落、厂矿、城市、交通工具和道路以及人物和服饰等构成的人文现象的复合体，属于人文景观，又称文化景观。

景观设计并非独立于日常生活的美学行为，它既是艺术又是科学，既是实物又是理念，且与环境密不可分。景观具有双重属性：其一，景观的物质实体隐喻、承载着该环境的历史文化发展；其二，景观也存在于人们的脑海中，并通过各种途径形成对该环境的印象。景观作为环境形态构成要素中的主要要素之一，是环境的符号集合，这种符号集合代表着一个城镇环境特色，且为其居民所认同，它具有释放情感、刺激反应、勾起回忆和激发想象的作用，因此，景观既是一种城镇环境的符号又是居民和城镇结构的象征，还是环境朝气的动力和传承，影响着城镇发展的所有方向[1]。

景观也可以理解为景与观的统一体。“景”是指一切客观存在的事物，有景物、景色、景象、风景等意思。“观”是指人对“景”的各种主观感受的结果，有观察、观赏、观测、观摩、观光等意思。

通常，景观可做如下分类：

软质景观：乔木、灌木、花卉、绿篱、草坪及植被，其他植物材料、溪流、湖泊、河流、滨河滨海地带等，大部分以自然材料构成。

硬质景观：景观建筑、道路、园路、小品雕塑、山石、广场、种植池、喷泉、休闲娱乐设施等，主要以人工材料或加工材料组成。

景观照明是通过照明材料、种类、光源、功率、照明技术结合不同工程的实际情况和业主的期望，满足植物材料和景观对照明设施的需求和外观表现。就具体项目而言，景观照明可以增强环境景观的夜间艺术美，延长使用时间，保证使用安全。

景观照明的范围泛指户外区域或户内人文景观区域，包括自然环境和人工营造环境。比如草坪、森林、公园、城市广场、居住花园、庭院、街头绿地等。

第一节　景观照明设计的基本原则

景观照明设计须遵循以下基本原则。

（1）功能性。即满足在环境空间中的使用目的和基本照明要求。比如，出入口照明、市民活动广场照明、住宅门头照明等。

（2）饰景性。照明设施与所在环境空间的完美融合，为创造夜间景色气氛为目的的照明。通常，设计景观照明时，照明设施不仅要为夜间环境提供光亮和制造优美的环境氛围，还要避免破坏白昼间的景观，使之尽量与所在环境融合。

（3）舒适性。以人的感受特征为出发点，准确落实照明设施放置的主要和次要视点位置，避免光污染。

（4）隐蔽性。对部分照明器、电气设备尽量隐蔽或伪装。灯具和电气设备的隐蔽在景观照明设计中尤为重要，设计师可利用庭院、植物、墙阴、井状洼处、景观雕塑等隐蔽灯具，尽力做到见光不见灯，有利于减少眩光。

（5）安全防范。景观照明必须保证人们在夜间开放环境的安全要求，确保社会环境的安定。

（6）安全保护。景观照明设计必须严格执行电气专业规程规范，具备完善的安全措施，严谨危害人身安全。

（7）节能要求。通过照明设计的合理布局、照明技术的合理运用、照明灯具的合理选择，减少能源的浪费。

（8）实用性。施工措施具体有效，并保证便于日常维护和管理。

（9）生态保护。景观照明应该考虑照明对于动植物的影响，并努力将不良影响降到最低。

（10）兼顾社会效益和经济效益。

第二节　景观照明设计的基本要求及设计流程

一、景观照明设计的基本要求

（一）景观照明设计的基本要求

照明设计师除应该掌握本专业知识外，还应该具备一定相关专业的知识，比如景观设计、建筑设计、艺术设计等。在进行景观照明设计时，必须了解和服从景观设计师对于环境的整体设想和艺术构思，掌握被照物体的特性、材质、形状、风格，分析所在环境空间中的相关关系等，如图 6-2-1 所示。这些因素构成了景观照明设计的前提，确定了照明灯具的选择和布局。

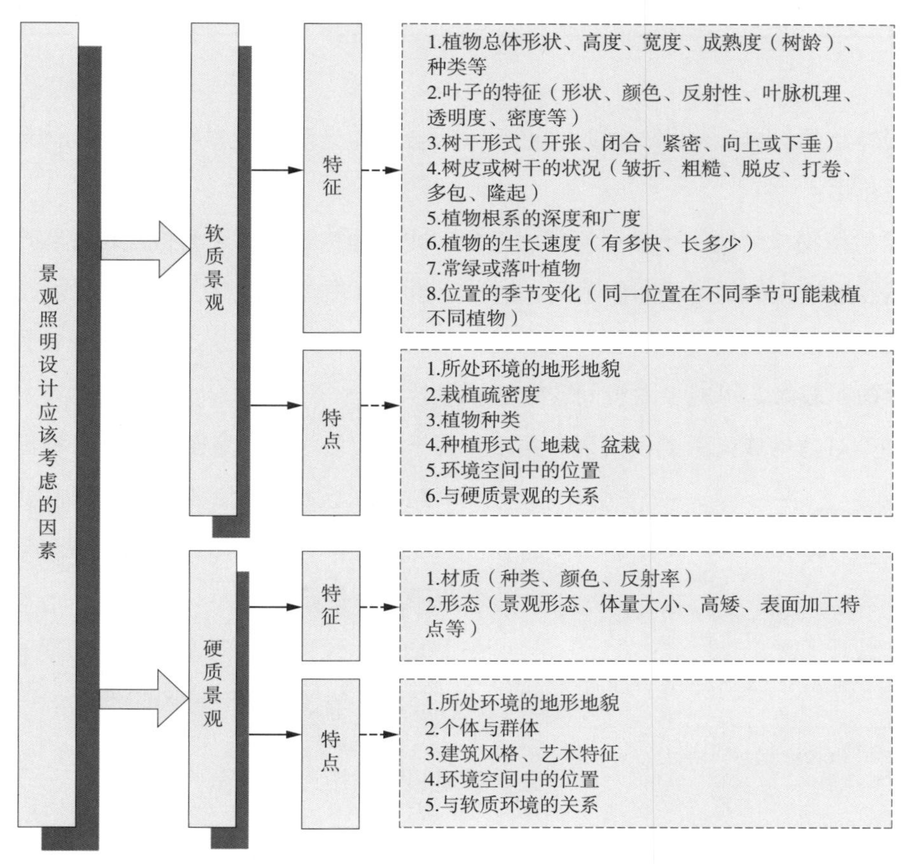

图 6-2-1　景观照明设计应该考虑的因素

景观照明设计是建立在对于环境的空间及形象有着透彻了解的基础上的，是对各种景观元素组成的景观构图的塑造和显示。照明设计师必须对所要创造的光环境，进行认真的思考和分析，以综合归纳出最佳的设计方案。景观照明设计的目的是在保证系统可靠性强、节约能源的基础上创造出一个安全、优雅的夜间环境。

（二）景观照明设计的要点

1. 光色协调

光源种类应根据景观的不同要求选择与使用。

❶ 赵慧宁，赵军 . 城市景观规划设计［M］. 北京：中国建筑工业出版社，2011：10.

光在软质景观和硬质景观上的运用，可以刻画出不同的效果。景观照明中运用不同的光源，可能使观者在视觉上产生不同的感受。比如，不同的色温，光源的颜色表现效果不同，可以给观者带来或冷或暖的不同感受。如表 6-2-1 所示，同一色温下的光源，当其照度不同时，给观者的感觉也不尽相同。通常，低色温的光在低照度下会使人感到平和放松、亲切安适，在高照度下则会使人产生刺激、躁动的不舒服感。同样，高色温的光在低照度下会使人感到阴沉昏暗，而在高照度下则会使人感到轻松愉快。

表 6-2-1　色温、光源的颜色表现效果与给观者的感觉

色温（K）	光色	光源的颜色表现效果	观者的感觉	光源
>5000	倾向蓝调的白色	冷	清凉、幽静、放松	汞灯、高级金属卤化物灯
3300 ~ 5000	白色	中间	爽快、明亮、自然	金属卤化物灯、荧光灯
<3300	倾向黄调的白色	暖	温暖、祥和、亲切	白炽灯、石英卤素灯、高压钠灯、低压钠灯

2. 光照类型

景观照明需采用符合景观特点的灯具和光源，同时也必须采用合理的光照类型才可能恰当地体现出景观的意境和特点。具体光照类型包括：

（1）上射光。从下向上照射植物、雕塑、小品、标牌、纪念碑或其他构筑物。因为被照位置和产生阴影的部位与太阳、月亮等的自然照射给人们的习惯印象不同，这种照射方式往往容易产生强烈的戏剧效果。

（2）下射光。用于从上向下照射植物材料、物体、人行道、球场、休闲广场等，是应用广泛较具普适性的照明方式，该光照方式照射面积较大，可减少对夜间安全的顾虑。

（3）定向射光。有特殊种类灯具构成光束的不同射向角度，用于实现各种设计意图或满足各种需要。

（4）总体及区域照明。运用不同种类的灯具，通过合理的布局，构建总体或局部区域光环境，提供基本照明或饰景照明。

（5）其他。包括泛光照明、装饰照明、道路照明、杆灯照明、墙体灯照明等照明类型。

二、景观照明常规设计流程

景观照明常规设计流程如图 6-2-2 所示。

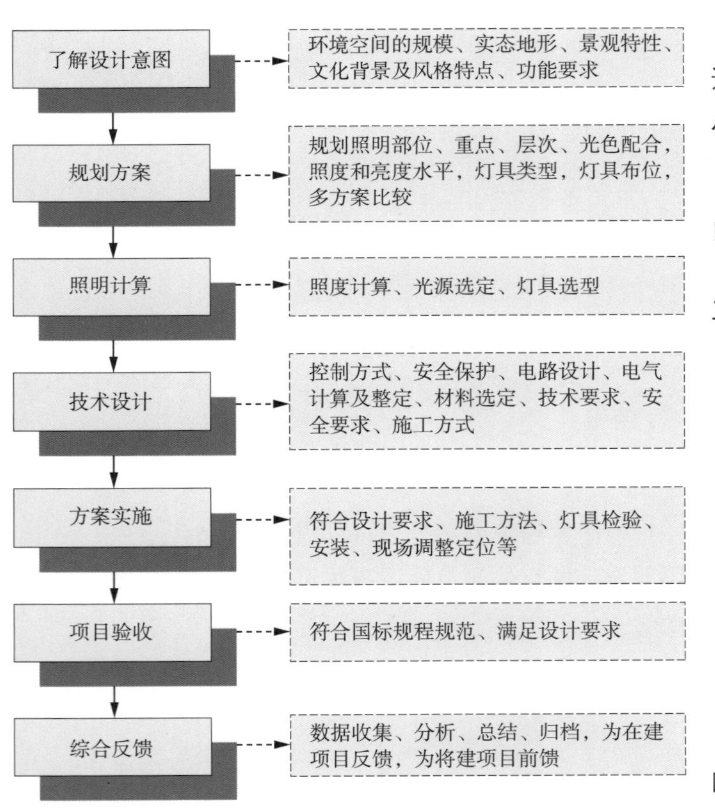

图 6-2-2　景观照明常规设计流程示意图

第三节　景观照明设计的分类

一、植物照明

光线既是植物生长的要素，又是创造视觉效果的要素，植物照明设计应该饱含着对植物的关爱和理解。

（一）光对植物生长的影响

光的数量（辐射的强度和时间）、质量（光谱能量分布）、辐射周期、辐射方向，均影响植物的健康。也就是说，对于植物的健康来说，光是决定因素之一，光与所有其他要素对植物的生长同样具有重要意义。在针对植物展开照明设计之前需要了解植物在自然界中的光环境。

1. 辐射强度

使用照度计能够对适宜景观植物的照明水平进行测评并提供大致的指导。不应对古树等珍稀名木进行近距离照明。

2. 辐射周期

植物具有固有的时钟和日历，它们对于时间的响应基于光的数量和质量。植物在一天中的功能持续 24h，包括 12 ~ 16h 的光亮以及 8 ~ 12h 的黑暗。光触发植物功能的开始和结束。植物在 24h 周期中经历的黑暗时段触发几项功能，主要影响植物生长及开花。对于植物来说，黑暗对于日常功能是必需的。当植物不能得到黑暗中的休息周期，它们将发展出生理上的压力，易于感染很多疾病，逐渐变得虚弱，直至死亡。红光（峰值 660nm）的亮暗周期在对植物生长的影响中扮演重要的角色。

部分景观出于夜间使用的需要，有时必须对植物进行照明，对于植物辐射周期的干扰不可避免。首先，要保证在开放时段外，尽量关闭所有植物照明灯具；其次，选择对辐射周期要求不严格的植物进行照明，并选择辐射光谱对植物的生理周期影响小的光源[1]。

3. 光谱能量分布

光的质量（光源的光谱组成）是植物生长的关键因素之一。植物对电磁波谱的响应与人类不同，植物需要可见光范围内的所有能量，以满足不同的生理需要。植物对光谱的响应在一定范围之内，波长超过 1000nm 的辐射没有足够的能量激发植物发生生物学的过程，但在一些情况下红外辐射能量能够灼伤植物。波长在 320nm 以下，电磁波的能量会对植物的生物感光器造成破坏。

现在，虽然人们还不清楚植物对于光的所有生物响应，但可以肯定的是，植物的光感受器能够触发植物对不同光谱的不同生物功能。影响植物生物功能的 3 个明显波段是：380 ~ 500nm 的蓝、600 ~ 700nm 的红和 700 ~ 800nm 的远红外。每个波段的辐射量不同，对于植物的不同功能所产生的影响程度也有所不同。

[1] 张昕，徐华，詹庆旋．景观照明工程［M］．北京：中国建筑工业出版社，2006：79.

植物蓝光感受器对近紫外敏感（370nm）。蓝光的响应影响着植物的向光性能和生长形式等功能。缺乏蓝光可能使植物变得稀疏细长，长出反常形状和尺寸的树叶。植物或植物的一部分会朝着或背着光线生长，称为植物的趋光性。发生这种现象的原因是存在或缺少 400 ~ 480nm 的蓝光。要求高照明水平的植物将向低照明水平的光源倾斜。另外，喜欢阴影的植物，将背向高照明水平光源弯曲。这些现象有时可以通过增加光的数量来避免。合成叶绿素，创造植物的绿色，发生在红光（650nm）和蓝光（445nm）时。如果这种光缺少几天，植物就会开始失去绿色，变得枯黄。

表 6-3-1　光谱对植物生理的影响

光谱范围（nm）	对植物生理的影响
280 ~ 315	对形态与生理的影响极小
315 ~ 400	叶绿素吸收较少，影响光周期效应，阻止茎伸长
400 ~ 520（蓝）	叶绿素和胡萝卜素吸收比例较大，对光合作用影响最大
520 ~ 610	色素的吸收率不高
610 ~ 720（红）	叶绿素吸收率低，对光合作用和光周期效应有显著影响
720 ~ 1000	吸收率低，刺激细胞延长，影响开花与种子发芽
>1000	转换成为热量

阴影对于植物接受到的光有很强的影响。强度的降低是明显的，但是这种倾向于蓝辐射的改变对于植物的活性只有很小的影响。来自于建筑物、雕塑或其他景观要素的阴影，通常不会明显地影响光谱，只会降低照明的水平。相反，来自上层植被的遮挡会强烈地影响下层植被的受光量和光谱：在常绿阔叶树下生长的植物受到的辐射峰值是绿，在那些松叶林下生存的植物受到的辐射峰值是蓝。景观照明设计师应该理解光线如何达到那些低矮植被的表面，并以此确定这些植物是否能够接受到适宜自身生存的光谱。

天空光的光谱从晴到阴，从早到晚，从一个地理区域到另一个地理区域，无时无刻不在变化。所以，对于植物生长，建议的光谱能量分布只是一个参考值，并非绝对值。

照明设计师可以在用光、控光、送光的过程中游刃有余，但不能忽视提供人类视觉享受的植物是生命体，同样是大自然所恩赐。植物照明的最高境界，是在充分尊重植物的基础上，传达出人文的关爱和共生的理念。在景观夜景的构成中，植物扮演着重要的角色：植物之美是动态的，传递着生老病死的情感；植物之美是周期性的，随着季节的流转而不断变化；植物之美是因人而异的，为欣赏留有足够的空间。

（二）植物照明的设计准则

1. 对种植清单中列出的植物进行评估

种植平面上列出的所有植物都应给予考虑，无论是否给予其照明。仔细研究所有植物将使照明设计师完成对于夜景形象的想象。常见的观赏植物分为观赏蕨类、观赏松柏类、观形树木类、观花树木类、观赏枝干类、观果植物类、观叶植物类、观赏棕榈类和竹、草坪与地被植物等。研究所有植物的这个过程将有助于区分哪些植物需要被照亮，帮助理解景观中植物之间的关系，梳理植物与照明装置之间潜在的矛盾。

（1）观形类。植物的形状是指在正常生长环境下成年植物的外貌。景观植物的形状多种多样：圆柱形、塔形、卵圆形、圆球形、半球形、伞形、垂枝形、曲枝形、棕榈形、风致形等。

植物的形状和姿态对光源与灯具的选型产生必然的影响。针对植物的照明设计应该考虑其生长期的变化规律，从幼苗到长成定型会有较大的轮廓与形态改变。

（2）观叶类。以观赏叶色、叶形为主的植物，属于观叶类植物，通常又分为3类：亮绿叶类、异形叶类、彩色叶类。

叶片的形状、色泽、大小、交叉形式、密度、透明度、厚薄、光泽度等形态特征均会对光源的选择与照明方式产生影响。

（3）观果类。果形奇特、色泽艳丽的植物可作为观果植物，具体又划分为异形果类、色果类、多果类3个类别。使用聚光投射灯具，对果实进行重点表现是常见的照明方式。

（4）观花类。在花形、花色、花量、花香等方面卓有特色的植物属于观花类植物。针对这类植物的照明重点在于掌控光源的显色性，理想地表现出花卉的烂漫本色。同时，设计师还应清楚了解哪一些开花植物对光照时间较为敏感，也就是说照明对于这些植物的开花会产生较大生态影响，以备针对性设计时充分考量照明对观花类植物的生态影响，提供科学合理的方案。

（5）观枝干类。以观赏树木枝干的色彩、质感为主的植物。

（6）草坪与地被植物。草坪可分为观赏草坪、游憩草坪、防护性草坪等，是人工建造和护理的绿化草地。

地被植物是指像被子一样覆盖在裸露地面上的低矮植物，其植物体所形成地枝叶层紧密地与地面相接，对地面起着良好的保护和装饰作用。

2. 植物照明的规划

（1）根据景观夜景的总体构思对种植区域进行划分。白天重要的区域可能不同于晚上重要的区域，对于景观中的主次视觉焦点、过渡元素和背景元素要重新划定。

（2）根据总体构思确定每个区域的亮度等级和光色特征。对于每个种植区域，要决定植物是以温和的还是戏剧性的方式出现。焦点区域与周围环境的亮度比应该在5：1～10：1之间。

（3）初步确定每个区域所需灯具的数量和能耗（将叶子的颜色和反射比考虑在内），结合能源供给和预算进行校核。

（4）根据预期效果对具体位置的具体植物进行深入的照明设计。

3. 植物照明的设计

在景观中出现的每株植物，都是整体的一部分，扮演着各自的角色：主角，配角，当然也有部分会隐遁于黑暗中，成为背景。设计师必须决定一棵植物是否保留其白天的景象，或者当夜晚被照亮时创造一种新的景象。用于特定植物的照明技术取决于两个方面，即植物在夜景中扮演的角色和期望它达到的视觉效果。可供考虑的变量包括光的投射方向、灯具位置和照明的数量和质量。

（1）植物的基本照明方式。光的投射方向可以概括为上射光、下射光和侧向光。光的投射方向影响着植物的外观，根据植物的类别和位置可以派生出更加丰富的照明方法，如图 6-3-1 ~图 6-3-4 所示。

图 6-3-1 植物照明上射光效果（摄影：李文华）

图 6-3-2 植物侧向光照射效果（摄影：李文华）

图 6-3-3 冬季植物照明上射光效果（摄影：李文华）

图 6-3-4 植物上射光与下射光相结合的照明方式

上射光与人们白天观察到植物的效果大不相同，通常会改变植物的外观，通过穿透树叶的光线使树体发光，在树冠的顶部产生阴影，强调出质感和形式，创造出戏剧化的视觉效果。光源的选型、灯位的选择、灯具光束角控制在多大，与植物的整体质感、树叶的特征和植物的高度有关。上射光一般从树叶的背部投射，将树叶的叶脉或轮廓清晰显现出来。上射光需要认真克服灯具出光口可能造成的眩光。

下射光在植物叶子的下面产生阴影，模仿太阳或月亮照亮植物的效果，有利于展示植物叶子的自然表现力，并可形成一定的演出效果。下射光还应考虑落在地面或墙面上的影子之大小，同时，灯位的选择应当隐蔽，尽量不要暴露光源的出光口。

（2）灯具的安装与使用。灯具的安装需要考虑光源位置同植物位置的相对关系——在前面、侧面、后面或是这些位置的组合。这将决定植物呈现出来的形状、色彩、细部和质地：前向光表现形状，强调细部和颜色，通过调整灯具与植物的距离以减弱或加强纹理；背光仅表达形状，通过将植物从背景中分离出来以增加层次感；侧光强调植物纹理并形成阴影，通过阴影的几何关系将不同区域联系在一起。

植物照明的灯位选择应该特别注意安全性要求，注意敷线暗藏，不能直接让行人尤其是儿童接触到裸露电器部分。埋地的灯具应注意出光口表面的温度不宜过高，以免烫伤行人。

不提倡将植物照明的灯具直接安装在树上，过重的灯具会对树木的生长产生不利影响。树上缠绕的电线和裸露的接线盒等既有漏电的危险，又有碍白天观瞻。

在针对植物照明时，可能产生眩光，对行人视线产生干扰，所以，格栅和遮光罩是控制眩光不可缺少的附件装置。

（3）光源类型与光源数量。植物的色泽表现与植物照明的主要光源有关，可使用卤素灯、金卤灯、荧光灯等。金卤灯适合于中等和较大尺度的树木，可获得高达 6 ~ 8m 的光照区域；荧光灯和卤素灯适合树木、灌木和中小尺度的矮树丛，在 3 ~ 5m 的范围内可获得清晰的照明效果。

光源的数量，参考该植物在整体景观中的重要性，设计亮度通常与重要性级别成正比。唤起人眼产生视觉的是反射光，必须考虑植物的反射性能。设计师对于植物与光线相关的生理机能也应给予足够重视，特别是光源的光谱能量分布和植物受光照的亮暗周期。除此之外，还要确保灯具的散热不会损害植物。

（4）灯具控光。光束角的选择应该充分考量树木的高低、疏密及树冠的形态。用于植物照明的灯具可以设计为宽光束、中宽光束或窄光束，宽光束适合于强调树的形状。对于枝叶茂盛的树木，可以使用 40° ~ 45° 的控光获得最好的光照分布。相反，对于窄而高的树木最好采用 20° 或 6° 的灯具。

（5）光色的选择。同一植物在不同光源照射下可能呈现不同的颜色外观和细节，这是由于不同的光源其显色性不同所造成的，如图 6-3-5、图 6-3-6 所示。在植物照明设计时可以适当采用彩色光，以对植物进行渲染，形成舞台式戏剧化的照明效果。这种照明方式较适合于城市景观区域，能够为城市休闲空间加强趣味性和观赏性，照明灯具可以采用传统光源附加滤色片，也可以直接使用 LED 单色光源。但在城市交通干道等区域应避免使用这种照明方式，以防造成彩色光与交通信号混淆等光污染。

图 6-3-5　植物照明光色的运用
（摄影：李文华）

图 6-3-6　植物彩色照明的效果

（三）指导照明设计的植物评估

国际通用的标准是使用拉丁文为植物分类，命名植物的学名。景观照明设计师需要了解植物的命名。景观设计师提供的种植平面、植物照片等应给出植物的直径或体积，这将是照明设计师开展设计的重要参考。在了解种植平面列出的所有植物的时候，要会同景观设计师讨论植物的最终形状、生长速度、长成时的尺寸，确定植物的尺寸和形状是否通过修剪来控制，以及未来可能发生的任何改变。对植物特性的评估帮助照明设计师确定照明可以达到的特定效果，进而指导如何照明。进行植物照明设计时，需要考虑的植物材料的特性涵括如下。

1. 形状和质感

形状和质感是基于视觉角度，对植物素描关系的理解与把握。形状是指植物地上部分的三维数据，质感是指主要角度的树叶尺寸、形式、树干的图案、整体的比例、树叶重叠部分的空隙等。

2. 叶型

包括形状、颜色、纹理、浓密度、透明度、反射比。树叶既可以浓而厚，也可以透且薄。这些特性将指导光源和照明方法的选择。需要查明树叶颜色在一年中是否发生变化，变化的时间段包括稚嫩期、成熟期、休眠期、花期等。有些植物也会在同一生长阶段拥有多种颜色的树叶。

3. 枝干

树枝的类型有敞开的、闭合的、疏朗的、密集的、竖直的、倾斜的等多种类型。树皮的表观效果同样多种多样：花纹的、多刺的、顺滑的、皴裂的、斑驳的，等等。对于落叶性植物，树皮的特色在休眠期能够被强调出来。植物的树干可能浓密或松散，树干的图案可能天生美丽或丑陋，这些特征将用于指导照明设计。

针对树干的人工照明的目的是创造某种兴趣，增添植物的魅力。

4. 生长速度

照明设计师需要关注植物生命周期内尺寸和形状的变化。有些植物的树形从年轻到成熟不会发生显著的变化，而有些树在青年期没有显著的形状，随着树龄渐长其外形却逐渐变得婀娜曼妙。照明设计的灵活性是应对类似问题的关键，这种灵活是建立在对植物可能发生的变化充分认知的基础之上的。

5. 休眠

部分植物在进入休眠期时会落掉所有的叶子，也有些植物则通过隐遁来度过寒冬。有些植物在休眠期看起来别有风韵，而另一些则不然。在景观中同时存在 1 年生、2 年生、多年生的植物，灯具因此时而隐藏时而暴露，这在照明设计之初就应该未雨绸缪。

6. 开花特性

何时开花，花期长短，花色如何，花朵尺寸几何，花型若何，这些信息将影响光源和照明方法的选择。某些植物的花期对于光照周期十分敏感，夜间照明可能帮助或妨碍植物进入花期。

值得特别强调是上述植物的特性因地域的不同会发生变化。

（四）植物照明的创作构思

景观多有自身的主题，包括商业主题、纪念主题、自然主题、科普主题等。植物照明应该与景观的主题相符：商业主题要求照明轻松愉快，垂直面的亮度高；纪念主题要求照明效果庄重大方，被照植物的形象比较完整，整体的光构图要求均衡；自然主题景观要减少照明的数量，还原自然感觉；科普主题景观要求真实表现植物原貌。但是，无论如何，植物照明只是景观照明的一部分，它必须融入整体。

植物如何融入到整体中决定了植物接收到的光的数量以及照明方式。树可以是主要焦点、次要焦点、过渡元素或者背景元素。树的特性、在景观中的位置、整体的要求决定了最终采取的手段。在确定树的理想外观时，需要决定是维持植物的自然外观还是创造新的美学外观。一般应遵照如下的基本原则：①当植物作为主要的视觉焦点时，遵照实际的式样；②次要焦点的树、背景树、成组树，根据其扮演角色而定是选择实际外观或者进行美学抽象。一旦角色被确立，要决定表达植物重要性的光的数量，带有较暗树叶的树比带有较亮树叶的树要求更多的光。要考虑人们如何观看植物，当植物需要从几个区域不同高度被观赏时，要确保植物从所有角度看起来都是完美的，避免呈现不均衡、怪诞或恐怖的场景。

无论植物被上射光照亮还是被下射光照亮，都会改变视觉效果。上射光能够实现树冠发光的效果，下射光能够实现月光照明的效果，同时，强调细节和色彩最好通过下射光来实现。在决定照明方式时，除考虑效果，还要考虑灯具的维护，只有有规律的维护才可以保持灯具的性能。通常，远离人或物侵扰的下射灯具比上射灯具要求的维护更少

图 6-3-7　植物彩色照明效果（图片来源：定鼎园林）

图 6-3-8　植物照明灯具的布局（摄影：李文华）

一些。对于多数设计，一个视觉场景通常会结合多种照明手法和技术手段，以创作丰富的视觉趣味，如图 6-3-7 所示。

（五）植物照明的方法

植物的重要性影响照明技术的选择。对处于焦点位置的树来说，要使照明装置环绕布置，创造出层次。带有 1.5 ~ 4.5m 宽成熟树冠的小树，要求最少 3 支灯具，带有 4.5 ~ 15m 宽树冠的树木要求 5 ~ 10 支灯具或更多，这些取决于树木成熟时的尺寸和形状。当一棵树的功能是过渡元素或背景元素时，灯具的数量可以少一些，以创造一种安静的、保守的，甘做配景的效果。当使用少量灯具时，树的视觉形象很容易被破坏。浓密的灌木通常也作为次要的焦点或两株大型植物之间的过渡植物，设置照明装置时，至少离开这些植物 60 ~ 90cm，方便创造柔和均匀的光线。

植物照明灯具的布局、设置如图 6-3-8、图 6-3-9 所示。

当强调一棵树的照明时，通常需要照亮树干。多数树的树干特性鲜明，饶有趣味，主干和主枝的纹理和构图往往引人注目。若树干不被照亮，树看

图 6-3-9　植物照明灯具的设置（摄影：李文华）

起来似乎漂浮在半空，给人与地面脱离的错觉。树干的照明可以是微弱的，也可以是强烈的，取决于树干外观和树干照明同其他照明之间的关系。树干照明的技术包括经由侧向光和正面光表现树干的纹理和色彩，如图 6-3-10 所示。

如果植物被重叠浓密的树叶覆盖，建议照明装置安装在树冠以外，对树叶进行泛光照明，强调树形，弱化纹理；如果将照明装置设置于树冠底部，因为光线无法穿透树冠，将创造出一种只有底部被照亮的效果。如果植物具有稀疏透明的树叶，灯具可以安装在树冠以下，创造出一种树叶发光的效果。对花的照明需要将灯具移到树冠以外。

图 6-3-10　照射树干强调树干表面肌理的照射方式

成熟植物的形状显著地影响着照明技术的选用。窄高直立的和稠密树干的植物，当通过切向光照射时，它的纹理和形状会给观者留下深刻印象。当它被修剪以保留某种形象时，照明装置要接近树的边缘，展现树的粗糙纹理。直立形状的树要求光线直达树顶，特别是高大的棕榈树之类，应使用窄光束光源照明。一般情况下，需要针对不同树形提出适宜的照明技术。

（1）球形树。可以将照明装置远离树的边缘进行照明，安装距离取决于球形树的体量。

（2）金字塔状与直立柱状树。对于金字塔形状的树，最好将照明装置远离树的边缘进行照明，适宜的距离取决于树形和树高。照明需要表达树的整体形状。灯具离开树干根部的距离要保证照亮植物成熟时的全部树冠。

（3）伞形与喷泉形树。可以在树冠内部照明，对于树冠过于宽阔的树，考虑设置附加灯具。

（4）垂枝形树。对于稠密的树来说，装置的位置在树干结构的边上，光线与垂枝方向相切，强调质感，表现树枝的细节。当长出的枝条接近地面的时候，灯具应该放在树冠外侧，从地面射向树冠的顶部，瞄准角度相对于纵轴至多 45° ~ 60°，并遮挡住潜在眩光。

成熟植物的尺寸也显著地影响着照明技术。设计师需要了解植物的生长速度、最终成熟时的尺寸和形状，以及植物将怎样被养护和修剪，这些都直接指导灯具的选择和安装。对于生长缓慢的小树，灯具位置的选择十分困难：如果灯具按照植物最初的尺寸安装，随着植物的生长，灯具可能被完全遮蔽，进而失去效用；如果以成熟的树木为参照，在最初的几年内，通常不能正确瞄准。一种解决方式是根据成熟植物的尺寸安置灯具，延迟激活装置，直至树木成熟；另一种解决方式是要求选择的灯具具有广泛的瞄准性能或具有垂直升降的可调节性能。

综合运用多种照明方式的植物照明效果如图 6-3-11、图 6-3-12 所示。

图 6-3-11　综合运用多种照明方式的植物照明效果
（图片来源：定鼎园林）

图 6-3-12　综合运用多种照明方式的植物照明效果
（摄影：李文华）

二、水体景观照明设计

（一）水景的分类

水景分为以下 3 大类。

（1）河流、湖泊、瀑布和溪流等天然形成的水景景观。

（2）人工溪流、瀑布、人工湖泊、涌泉、叠水等利用地势、人工土建结构，仿照天然水景而形成的水景景观。

（3）天然喷泉、普通人工喷泉、彩色喷泉、程控彩色音乐喷泉、变频彩色音乐喷泉、电脑彩色音乐喷泉、旱喷泉、雾化喷泉、趣味喷泉等利用人工制造的喷泉设备，建成的各种类型喷泉。

（二）常见水景照明的类型

常见水景照明包括 4 种类型。

（1）水面景观照明。

（2）水下景观照明。

（3）跌水或瀑布夜景照明。

（4）喷泉及水幕夜景照明。

（三）水景照明设计原则

（1）应正确评估周围环境与水景的关系，准确决定在景观中需照射的对象，考虑过渡区或背景因素。

（2）应充分利用光在水中的照射特点决定水景照明的表现形式及光照要求。

（3）决定设备的安装因素，考虑特定照度、观赏角度、设备置于水面上或水下或侧面等因素，确保灯具的投射方向不会直接看到光源或间接利用反射、折射才能看到光源，避免暗光，避免影响观赏。

（4）设计必须遵守国家规程规范或 IEC 标准，满足安全措施的要求。

（5）决定设备材料选型必须严格执行水下设备的防护等级要求，非标准设备要进行试验，并有国家规定的检验报告。

（6）提出安装施工必须严格执行国家有关规程规范的要求。

（7）提出日常运行维护的安全要求，需要时应设计有关具体措施。

（四）水面景观照明

水面夜景照明包括河流、湖面及水池的夜景照明。

1. 水面轮廓照明

水面轮廓照明是用路灯、栏杆灯、草坪灯、光纤灯等勾画出河流堤岸或湖岸的轮廓，既可以照亮河岸、池沿、湖边的美丽景色，又方便游人游览。水面轮廓照明显现了水面外缘轮廓的线条美，如图 6-3-13 所示。

图 6-3-13　水面轮廓照明

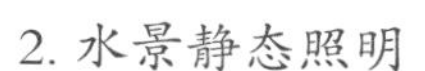

2. 水景静态照明

水景静态照明是利用平静的大面积水面对岸景物的夜景照明倒影，展现美妙的夜间照明景色。要求观赏位置和观赏景物之间要有较平静的大面积水面，同时要求观赏者和景物之间没有障碍物遮挡视线，夜景、水面、观赏位置之间要有合理的空间组合。水面上常常建有亭、榭、桥、叠石、树木及游船等，要着意对这些景物进行夜景照明装饰，使这些景物和水中倒影共同形成水面照明景观，如图 6-3-14 所示。

图 6-3-14　水景静态照明

当水面面积比较大时，夜景效果的设计构思就会有更多选择，也就可能动用更丰富的塑造方法和用光手段。

如果希望一个比较大的水面能给人带来亲切感，则应将水中的倒影设计得长一些。对岸的灯光倒影应尽量地向观赏者所在一侧的岸边延伸，让人产生伸手可及的感觉。

要尽量避免出现较长水岸线间断照明的状况，可以想象大面积的水面如果有过多沉寂在黑暗中的边界，必将会给人们带来茫然和恐惧感。大的水面往往岸线较长，不宜采用单一的手法来设计岸线夜景和水中倒影。绵延不绝、笔断意连、丰富多彩、手法多样的岸线夜景会增加水体景观的观赏性和艺术价值。

在大水面的岸边设计岸线夜景时，可以将比较高大的景观进行整体照明，或是将景观元素的顶部照亮，比如漂亮的楼座进行整体照明、对树木的树冠进行局部照明。步道灯的灯具造型可以选择那些适合在水中形成漂亮倒影的形式。此外经路灯照明的地面和路边元素也能在水中产生十分有效的倒影景观。还可以利用一些远离岸边的景观元素，比如建筑、山体、雕塑、树木等，对大水面进行夜景塑造，对这些元素进行夜景照明，在对岸恰当的位置就能观赏到它们在水中形成的多姿多彩的灯光倒影。水中倒影一般都会有较长的延伸，能覆盖住较大的水面，因此，水中大面积的倒影给构景工作提供了良好的基础条件，通过精心构思可以形成有特点的水面夜景图案，能极大地增强水体夜景的层次和景观深度，提高观赏价值。

水边元素的夜景设计应该同时考虑两个方面的构图要求：一是岸上景观元素自身的夜景图案效果；二是其在水中投影的景观图案效果。同时，岸上元素夜景与水中倒影图案之间良好的协调关系，以及它们所构成的景观整体的构图创意也应兼顾。

如果大面积水面的岸边没有适宜的元素用以配合构成水中夜景，可以考虑在水面上设置适量灯光游船的方式来丰富水面夜景。游船既可以作为道具专为配合夜景所用，也可日夜载客经营，本身是夜景的一部分，能形成良好水中倒影的灯光形态，又是移动观景的载体，一举多得。游船的造型应进行特别设计，兼具地域特色和民族风格，日间观赏与夜间造景多重功能。游船的数量、位置、活动路线，均应在设计范畴，方能塑成具有图案美感的水中倒影。船只的活动路线要考虑到船只动态游弋过程中时刻都能保持景观的图案美和可观赏性。

图 6-3-15　桥体照明与动态水体照明自然结合的效果（摄影：李文华）

3. 动态水景照明

在微风吹拂、喷泉、跌水等的作用下，水面上会掀起道道波澜，引起水面折射方向的不断变化，沿岸的夜景或水上夜景等经水面折射后就会产生动态的观赏效果，令观者情趣盎然，如图 6-3-15 ~ 图 6-3-18 所示。

图 6-3-16　动态水体照明产生波光粼粼的效果（摄影：李文华）

图 6-3-17　夜景照明使河流倒影迷离的效果

图 6-3-18　宽宽的河流因照明和倒影的缘故变得亲切温馨的效果

4. 水面灯饰

在水面布置浮灯点缀水面夜景，水面灯饰本身应具有较好的观赏性，结合水中的倒影，会产生静态加动态的综合观赏效果。

5. 溪流照明

浅小蜿蜒的流水成为小溪，它与周围的小山碎石及花草林木一起，构成园林小景。溪流水深过浅，不适合安装水下灯，宜在附近山石或树岔上安装宽光束投光灯，对溪流及附近景物进行泛光照明。灯光无需过亮，能使溪流与附近景物展现在游人面前，给人恬静、舒心的感觉就好。平缓的溪流可以借助沿岸景物布灯，水中的倒影亦可形成一景。用隐蔽的支架灯、落地灯、草坪灯等照亮溪流和周围的岩石、水池、植物丛等也可以较好地展示溪流的婀娜多姿和清澈宜人。

6. 跌水瀑布照明

跌水瀑布照明的水下灯最好安装在瀑布流落下的位置，既可以掩盖水下灯具，又可以把灯光照射到瀑布上。把水下灯隐蔽安置在水池跌水内侧，灯光照向跌水，也可以取得较好效果。使用单色灯光照明，水花如水银洒泻般晶莹剔透；使用彩色灯光照射跌水瀑布，水柱水花五彩斑斓，观赏性较强，魅力无穷，如图 6-3-19、图 6-3-20 所示。水下彩灯要求密封防水，具有很好的绝缘性能。

图 6-3-19　跌水彩色照明

图 6-3-20　跌水照明（摄影：李文华）

瀑布照明设计首先考虑的应是将瀑布的全部还是部分照亮，其次要了解水堰的形态是陡峭还是平缓。如果水堰是平缓的，水流缓慢，不产生大的水花，照明灯位应该选择在水体的前方，可以在水体的表面产生亮光。光源的选择与灯具的布置类似于洗墙灯的照明效果。灯具的布置远离瀑布，光束的高度应达到瀑布的高度，灯具的间距应保证光束的交叠，以照亮水体。当水堰是陡峭的，水体由上而下，迸发出大的水花，水体湍急，这时候灯位应选择在水体内部，向上投射，会产生水体发光的效果，美轮美奂。

安装在瀑布下的灯具支架，尤其要注意安装牢固，防止灯具移位。落差较大的瀑布（约大于 3m），水下灯只能照射到瀑布的下部，需要在瀑布附近的岩石或地面安装投光灯，对瀑布中部和上部进行补充照明。补充照明灯光不宜过于集中和明亮，尤其不能把灯光对准岩石、植物等，以免喧宾夺主，使瀑布“淹没”在岩石、植物等景观里。常用的补充照明是安装宽光束投光灯，照亮瀑布中、上部及附近景物，展现在观赏者眼前的是以动态彩色瀑布为主景的美丽景象。

灯具的选择要根据瀑布的高度，泛光灯可以提供宽的配光，但是瀑布高度增加时则要选择较窄光束的投光灯。

一般性规律是，对于较小水量的瀑布，灯具放置在流水的前方，将水幕照亮，对于较大水量的瀑布，将灯具布置在落水处的地方，以凸显水的动态效果，对于落差较小的瀑布宜用宽光束角的灯具向上照明，对于落差较大的瀑布宜用功率大、光束角窄的灯具进行均匀布灯并照明。

7. 壁泉照明

水从墙壁或山石上顺流而下叫做壁泉。壁泉有以下 3 种。

（1）墙壁型。水从人工垒砌的墙壁缝孔中流出，产生涓涓细流，潺潺有声。

（2）山石型。水流流过人工假山或自然陡壁，形成别具特色的水景景观，有的气势磅礴，有的成为水帘瀑布，表现大自然的写真景象。

（3）植物型。把盆栽吊兰、藤蔓植物等悬挂在墙壁上，以水滋润，形成滴水声响的动人场景。

针对壁泉照明，多采用宽光束投光灯具，最好将灯具安装在壁泉的前左、前右方，灯光不能只照射壁泉，还应该照射广大范围的墙壁及壁泉，以形成一个完整的水景景观。灯具位置以不对观者产生反光为宜。

8. 水帘或水膜照明

水帘或水膜是量小且平行分散的水从高处直泻而下形成的。水下灯可以装置在水帘的前面或后面，对水帘进行照射，不宜装在水帘下面。较高的水帘，应在水池外安装补光投光灯，照射水帘的中上部，如图 6-3-21 所示。如果形成的是水膜，还应该注意灯具的安装位置，避免灯光经水膜的反射对观赏者造成眩光。

图 6-3-21　西安大雁塔广场水帘照明（摄影：李文华）

9. 叠水照明

叠水是指喷泉中的水分层流出或呈台阶状流出。对于喷泉分层流出形成的叠水，其叠水落下位置的水深能满足安装水下灯的要求，可以在水中安装水下灯，用以照亮一层叠水。台阶式叠水的水深一般较浅，无法安装水下灯，可以在叠水上方安装投光灯。

在叠水的上下两端分别进行下射和上射照明，使水阶闪闪发光也是常用的叠水照明方式。也可以在水阶两侧交叉安装横向照明灯光，有助于增加流水的闪烁效果。

10. 水涛及旋涡照明

水涛是指利用电动机械把水推向岩岸，产生波涛，发出涛声。由于水的流量、流速、水域的坡度及承接水的周边关系，在其中一个固定范围产生旋涡。水涛及旋涡宜在其上方安装投光灯照明，显现水涛及旋涡的动感起伏，并注意不能使水面反射的灯光造成眩光。

（五）水下景观照明

水下景观照明包括水下景物的照明、游泳池水下照明、观赏鱼箱照明等。将水下灯设置在水面以下对水体进行照明可以产生魔幻般的戏剧效果。喷出的水花在夜幕下绚烂多彩。水下灯可以直接安装在池底或埋在水池底板上，可以利用其他建筑构件加以隐藏。为了强调水体的形状，还可以沿侧墙安装灯具，不仅照亮水面，还可以将池壁的材料和色彩通过照明进行表现。

水下灯与其他灯具不同，灯具使用的材料多半是铜、黄铜或不锈钢。灯具本身完全密封，以防止水接触光源。水下灯是依靠其周围的水来散热，因此必须没于水下，但对于上照光的灯具，要尽可能接近水的表面，通常在水面 600 ~ 1200mm 以下为宜。

水下灯尤其安装在泳池等水中有人的水下时，必须采用 12V 超低压供电，喷头宜采用“离心泵 + 电磁阀”模式供水，同时满足 JGJ 16—2019《民用建筑电气设计规范》的其他电器要求。

1. 水下景物照明

为了观赏水族馆或水族箱中的鱼和水景，一般使用高显色性光源的灯具在外部或内部用灯光进行照明，必要时增加局部照明。密封型玻璃器皿内的观赏鱼照明，常使用位于器皿内顶部的观赏鱼专用荧光灯或其他防水型灯具进行照明，该灯具多兼有照明、防水、防潮、紫外线杀菌等多重作用。

水下照明方式应特别考虑水中的生物，包括鱼、龟、水草等，以免水面亮度和水下灯光出口的亮度对它们产生不良影响，设计师应该据此有选择地进行水体照明及亮度设计。包括白炽灯在内的水下灯在水中能够产生热量导致改变水温，必要时应该适当采取措施加以控制，以免对水中生物产生不利的物理作用。

水下景物照明的照明灯具安装位置和投光方向十分重要，要特别注意避免投光灯的直射光和经水面或玻璃面的反射光、折射光对观众造成眩光。从观赏者的位置看，灯具应该安装在玻璃器皿的前上方、前下方或左、右侧前方，这样，既照亮了水景，又避免了眩光。一般将灯具安装在水下靠近水面处比安装在水底好，因为鱼有趋光性，鱼会聚集到灯具的周围，并且因为灯光的刺激变得更活跃，更有利于人们的观赏。

灯具在器皿内的具体安装位置，以观赏者位置来看，应以看清水下景物为原则，并且不产生眩光。

大型水下景观照明，要尽量以外部投光照明为主，必要时安装水下灯，水下灯就近照射水下景物显现特征的部位。这既是安全的要求，也是经济的考量。一般来说水下灯具的费用是水上灯具的 3 ~ 5 倍。灯具的安装位置，也应以使观赏者看清水中景物为原则。水族馆外置投光灯切忌位置偏后，导致水中景物的被观赏面得不到照射，观赏者看不清水中景物，反而感到刺眼的眩光。

水下景观照明要确定照明的重点景物，用灯光表现景物的形象特征。要根据观众的观赏位置，内置与外置灯具相结合，合理布置灯具。照明灯光的照明效果要使景物具有层次感，但亮度差又不能太大，如图 6-3-22、图 6-2-23 所示。一般景物要用高显色光源照射。

2. 水池及休闲泳池照明

水池不仅有人工的水体，也有自然的水体，可以是系列成组的，也可以是不同高度的。水池的照明可以

图 6-3-22　水下照明效果（图片来源：定鼎园林）

图 6-3-23　济南趵突泉水下照明效果（摄影：王棋）

将灯具布置在水池内，着重表现水池的形状、池壁、池底、装饰材料和质感。也可以在水池外布置照明，池外照明主要是将池内的水体照亮或表现池中的物体。

水池可以拥有相当大的水面，但它未必在整个的景观中处于主要的地位。如池内的照明一时吸引了众人的目光，那就破坏了设计者原有的光照图式和亮度分布。对于自然形成的水池，要控制对池底的照明，避免浑浊的泥沙对照明效果的影响；人工的水池，可以照射水底，清澈的水体受到光线的照射，碧波荡漾，使人心旷神怡。但是如果池底的设备不能掩藏，最好还是使用池外照明方式。使用放置在水池外的灯具要求控制灯具的瞄准角度，与垂直方向的夹角不超过 35° 为宜，以避免产生眩光。

有时，人工水池的池底或池壁的图形和材质是照明重点表现的地方，这就要求使用反射率较高的材料。但是过高的反射率，使得在整体的光照构图时过于突兀，这时可以通过调整光源的功率，选择小瓦数的光源，达到相对的平衡。池外向下的照明可以造成水面发光的效果。

水池照明可以采用许多光源，如白炽灯、石英卤素灯和 12V PAR 灯。白炽灯是水体照明使用的主要光源，这种光源易于控制，可以调节电压，以满足不同的要求。石英卤素灯、12V PAR 灯被广泛应用于水体照明，主要是由于它的灯体较小，输出光强较高。水体的高和宽决定了光源的功率和配光要求。高大的水体使用点光源，泛光灯主要用于短距离投射较宽的水体或水面。宽光束对于较大的单喷口和小型的多组喷口的水体较为合适。

可以在灯具前加设滤色片，将水体的颜色改变。这一戏剧化的效果应审慎使用，娱乐场所可以考虑使用这一特别效果，但滤色片的使用，会降低光源流明的输出。设计者应从滤色片供应商处了解它的光度特性。一般来讲，黄色滤色片的透光率只有 50%，蓝色透光率最多也只有 22%。因此，使用滤色片应适当补偿光源的功率。

休闲泳池具有休闲娱乐和健身特性，除了要求有宜人的环境照明外，还要求泳池照明要求有较好的装饰性。休闲泳池照明不能出现明显眩光。

休闲泳池装饰照明方法有：

（1）不规则休闲泳池可用侧向发光光纤或防水 LED 彩光条勾画池边轮廓。光纤和 LED 彩光条应有适当防护，不宜突出结构体之外，以免受损。

（2）池壁安装泳池防水壁灯，如图 6-3-24、图 6-3-25 所示。

（六）水幕电影

水幕电影是通过高压水泵和特制喷头将水自下而上高速喷出，使水雾化，形成“银幕”，影片就是在雾化后的银幕上呈现的。通常水幕

图 6-3-24　池壁安装泳池防水壁灯的照明效果

图 6-3-25　在休闲泳池池壁安装灯具在水下照明的效果

电影需采用特殊的电影放映机，影片也多是专门为水幕电影特制的宽 70mm 胶带影带，也可以用室外专用投影机播放影视节目。由于电影的屏幕是透明的水幕，电影光线在水幕上会产生梦幻缥缈的效果，水幕的穿透性可使电影画面具有一种立体感。影片的内容如果与水面巧妙结合，还会有身临其境的奇幻感觉。

水幕后的背景要足够暗，尤其不能出现各种灯光，周围环境要足够静，水幕电影才能有良好的观赏效果。

（七）水幕激光

水幕激光可以渲染气氛、煽动情绪，尤其在重大节事期间开放音乐喷泉、水幕电影和水幕激光，可以很好地营造喜庆欢乐氛围。

水幕激光就是由全色激光器发出彩色激光光束，按照激光控制系统的编程控制，彩色变化的激光光束照射在晶莹透明的水幕上，显现出的活动多彩的图文、视频等，斑斓夺目，效果奇异。一般水幕成像范围宽度约 10 ~ 40m，高 6 ~ 35m。

（八）激光演示

在电脑控制下，经过光束变换投影仪，将五光十色、变化莫测的激光束射向夜空、水幕、纱幕、水帘幕、烟雾等介质，集声、光、电、机于一体，其震撼、清新、奇特、绚丽的动感梦幻画面，具有极大的视听感染力。

（九）冷雾水景照明

冷雾水景一般以自来水作水源，通过高压主机将水压力增至约几十个大气压，高压水通过特制喷嘴喷出，形成直径 10 ~ 20μm 的细微薄雾。薄雾漂浮在水面或地面上，或萦绕在建筑物、假山、雕塑、林木之间。在城市中尤其在住宅区、休闲广场、园林、景区使用，可以快速降温、调整湿度、清新空气、美化环境，但要以不影响交通和市民正常工作和生活为宜。

（十）喷泉和喷泉照明

喷泉有天然喷泉与人工喷泉之分。早在公元前 6 世纪，古巴比伦空中花园就已建有喷泉。古希腊时代就已由饮用水的天然泉逐步发展成为装饰性泉。以后的欧洲和美国，泉水一直是居民饮水和洗涤的重要水源之一。1419 年，欧洲建起了盖雅喷泉。1851 年，伦敦第一届万国博览会上展出了“水晶喷泉”。1930 年，德国发明家奥图皮士特首先提出现代喷泉的概念，并在百货商店小餐馆建造了小型喷泉。1952 年，在西柏林工业展览会上，首次出现了德国人根德皮斯特发明的音乐喷泉。1953 年，音乐喷泉在美国进行表演，从此音乐喷泉在世界得到广泛传播。随着机械、电子技术和照明技术的飞速发展，编程控制技术、计算机控制技术、计算机多媒体技术、音乐模糊分析处理技术、音乐和喷水数字同步技术、现代照明技术、复杂喷头和相关设备制造技术、水幕电影和水幕激光等高新技术逐步应用到喷泉中，使得水景喷泉成为绚丽多姿的一种现代城市新景观。

喷泉的存在和发展，经历了天然喷泉—人工喷泉—彩色喷泉—彩色音乐喷泉—程控彩色音乐喷泉—电脑彩色音乐喷泉—电脑彩色音乐喷泉＋激光水幕和水幕电影的进步和演化过程。由于喷泉加入了主题音乐、彩色水下灯光照射和先进的电脑控制设施，使喷泉成为城市现代夜景照明中最为亮丽的景观之一。

进行喷泉的照明设计必须事先了解喷口的形式、水型、喷高、数量、组合图案等。激流的水体需从下向上投射，平缓的水流应该从前方照射。

不论是单组直喷还是组合喷的喷泉，应该保证一股水流布置两盏灯具，使观者从各个角度都可以看到灯光照射中的水体。当一个喷口有多中喷水造型时，应该了解最大和最小的水阔和喷高，这对于光源与灯具的选择、灯位的布置都会产生直接的影响。如果是组合式的喷泉，则不必在每个喷口都设置灯具，这时应根据整体造型加以设计。

喷泉照明设备在设置时，应该认真考虑临界角、视角以及设备是在水上还是在水下等若干问题。喷泉照明设备必须防水并得到水下安装许可。使用光学纤维或照明传送系统的情况除外，这种技术把电气照明设备与水自然分开，无需另外采取防水措施。所有的水下防水设备比正常户外安装的防湿设备要贵出 3 ～ 5 倍。不安装在水中的设备可以安装在附近的建筑物、构筑物甚至树上，最终的效果可能没埋设灯具显著，但相对而言较为经济适用。

1. 天然喷泉

不使用任何机械动力，利用地下水的水位高差或水压力差，在低水位或低压力处，水自然从地面喷出水柱，或在喷水处设置喷头，喷出固定水柱或水花，形成天然喷泉。

在火山活动区，有一种天然喷泉周期性喷涌热水也称作间歇泉。

2. 人工喷泉

人工喷泉是指利用人工建造的水池、动力装置、管道、喷头等设施协同工作形成的喷泉。人工喷泉的水池设计有合理的进水水源和排水设施，进水水源一般使用自来水，也可就近使用湖水或河水。人工喷泉的水能够循环使用，使用一段时间后，才利用高程差自流排入城市雨水管道，或就近自流排入湖河或城市污水管道。

冬季，北方喷泉水池内的水一般会结冰，可能冻坏水池内的管线及灯具，需及时排空池水。在河湖等自然水面上的喷泉水景，其配电及控制设备，应安装在陆地上。

3. 喷泉照明

（1）普通喷泉。水池内安装喷头，喷出固定水形，大都不加彩色水下灯照明，形式简单，成本低，多安装在小型场地或庭院。

（2）彩色喷泉。在喷头附近水下安装彩色水下灯，灯光照射水柱或水花，形成色彩斑斓的水景景观，如图 6-3-26、图 6-3-27 所示。

（3）彩色音乐喷泉。彩色音乐喷泉就是彩色喷泉添加配套音响设备，为彩色喷泉提供背景音乐。无形的音乐结合可视的彩色喷泉有无相生，虚实相合。音响等设备多采用小

图 6-3-26　巴黎埃菲尔铁塔前的彩色喷泉

图 6-3-27　彩色喷泉照明效果

品、构筑物等设计手法隐蔽在喷水池附近，成为喷泉周围环境景观的协调组成部分。

程控彩色音乐喷泉是指用程序控制器编制的程序控制电子开关电路或继电器电路，用继电器、接触器等来控制喷泉设备的供电回路，进而控制水泵、电磁阀、水下彩灯等，使各喷头及水下灯等按照预先编制的程序进行有序动作和变化。

随着主题音乐的播放，控制喷头的喷水和水下彩灯亮、灭的变化，使喷水花样及彩色灯光随着预先编制的程序变化。注意要使喷水和彩灯的变化与主题音乐相协调，用彩色喷泉的喷水花样及其色彩的变化，充分表达主题音乐的艺术内涵。程控喷泉的喷水和灯光变化，要尽量与主题音乐同步，才能有较好的观赏效果。一般来讲，喷水变化相对音乐变化有时间上的滞后现象，滞后时间越短，观赏效果越好。

根据音乐信号的变化来调节喷水高低的彩色喷泉叫做变频彩色音乐喷泉。其特点是使用了频率控制器对水泵电动机实行变频调速。将音乐信号转换成变频调速器所需要的 0 ~ 20mA 的直流信号，输出的直流信号与输入的音乐信号大小呈线性关系。喷泉的喷高、水花、彩灯融为一体，随音乐信号频率而变化，如图 6-3-28 所示。

图 6-3-28　变频彩色音乐喷泉

在程控彩色音乐喷泉的基础上，加上音乐控制系统，计算机通过对音频和 MIDI 信号的识别，进行译码和编码，最终将信号输出到控制系统，使喷泉的造型和灯光的变化与音乐基本保持同步称作电脑彩色音乐喷泉。电脑彩色音乐喷泉的水形和灯光的变化，应该能够充分表达乐曲的艺术内涵，是“水”的舞蹈，是一种别具特色的艺术品。利用播放或现场演奏的音乐信号控制喷泉喷水和灯光的变化。随着美妙的音乐频率和音量、音韵的改变，喷泉的喷水水形和灯光也随之改变，十分美妙动人，达到音乐、喷水、灯光的完美统一，如图 6-3-29 ~ 图 6-3-31 所示。

图 6-3-29　济南市泉城广场电脑彩色音乐喷泉（摄影：王棋）

图 6-3-31　城市休闲广场电脑彩色音乐喷泉

图 6-3-30　城市交通枢纽广场电脑彩色音乐喷泉

电脑彩色音乐喷泉在大型广场、宾馆、高级娱乐场所安装较多，是目前较为流行的喷泉形式之一，效果好但是造价较高，建设在室外环境中的大型电脑彩色音乐喷泉，还会受到气候的较大影响，风吹可以使喷泉的水柱、花形受到干扰而变形，影响喷泉的观赏效果，在我国北方，冬季还会因水结冰使喷泉不能运作。

（4）超高喷泉。超高喷泉是指配备高扬程水泵，喷水高度在 100m 以上的喷泉，多安装在湖中心或大型广场中心，控制设备安装在陆地上或远离喷泉的位置，人们在较远的地方才能欣赏到理想的效果。夜景照明需大功率远距离投光灯与近距离大功率照明灯具相结合，既保证观众看到超高喷泉的整体形式，又能够主次有序地强调出超高喷泉的重点部位和非重点部位。

（5）跑泉。多个喷头按照电脑时控顺序喷水，构成各种形态喷水瞬间变化的喷泉称为跑泉。喷泉可以呈跳动、跑动、波动等状态，也可以构成固定喷水花形。喷泉与彩色灯光和音响匹配，动静结合、变化无穷。

（6）旱喷泉。旱喷泉通常将水池建在地面以下，喷头、水下灯、潜水泵等隐没于水中，水池上面建有金属覆盖板或石材盖板，盖板上面略低于周边地面高程，以利于回收喷水。旱喷泉不喷水时，盖板成为地面的一部分，场所的其他功能不受影响，有助于充分利用城市的有限空间。

旱喷泉水流和灯光通过盖板上的开孔射出。也可在喷水口处安装透光玻璃，让水下灯灯光照射喷泉水柱。旱喷泉一般规模不大，喷水造型相对简单，水下彩灯的照射效果也多受限制。小型旱喷泉也可以在水池边安装小功率埋地彩灯，照射喷泉水柱，但要调整灯光投向，确保准确照射附近水柱。旱喷泉的周围应有透水格栅，方便让泉水流返地下水池。

旱喷泉尤其适合采用光纤灯。光纤输出端直径只有30mm，光纤直径只有14mm，捆绑在喷头上即可，不需要在盖板上开孔。

旱喷泉的参与性与互动性较好，游人在喷水中嬉戏时的安全需要特别考虑，GB 50420—2007《城市绿地设计规范》中强制规定“旱喷泉内禁止直接使用电压超过12V的潜水泵”。

旱喷泉照明效果如图6-3-32～图6-3-36所示。

（7）波光泉和波光跳泉。波光泉是用微电脑控制，通过特制的喷头喷出拱形水柱，准确地落入水池，水柱不散不溅的泉水景观。如果电脑对波光泉进行控制，水柱就成为断续连接的拱形门，便成为波光跳泉。波光泉主机的内部装有隐形彩色投光灯，对水柱进行照射，使

图6-3-32 休闲广场旱喷泉照明效果

图6-3-33 西安步行街旱喷泉及其照明灯具（摄影：李文华）

图6-3-34 休闲广场旱喷泉（图片来源：定鼎园林）

图6-3-35 拉萨市广场大型旱喷泉

图 6-3-36　西式建筑群及其休闲广场旱喷泉夜景照明效果

水柱色彩斑斓，如图 6-3-37 所示。波光泉和波光跳泉主要安装在游乐场所、休闲广场、商场、宾馆庭院及大堂等场所。

（8）雕塑喷泉。与雕塑文化内涵相呼应的喷泉和灯光，会使雕塑的形象更加丰富，更

图 6-3-37　波光泉照明效果

具观赏性。雕塑喷泉是以雕塑为景观中心，喷泉和灯光的设计不能喧宾夺主。雕塑要有稍高的照度，以突出其主题形象，如图 6-3-38、图 6-3-39 所示。

（9）趣味喷泉。趣味喷泉就是增加了喷泉和人的互动性，实现了从人观赏喷泉，到人与喷泉游戏的转变。趣味喷泉的种类很多，如戏水喷泉、环形跳泉、追逐喷泉、跳舞喷泉、水上飞、喊泉、枪战泉、水雷泉、水炮、子弹泉、彩虹飞渡、水雾泉、风水球等，趣味性和娱乐性极强，一般建在游乐园或公园。趣味喷泉还在不断创新和发展。人们在趣味喷泉中享受娱乐、健身，体现自我，尤其受到青少年的喜爱，也代表了喷泉今后的发展方

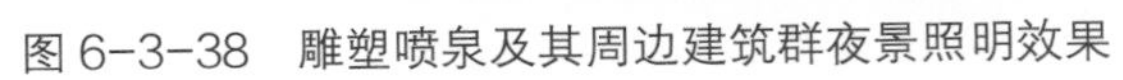

图 6-3-38　雕塑喷泉及其周边建筑群夜景照明效果

图 6-3-39　香港迪斯尼公园中的雕塑喷泉

向之一。趣味喷泉的照明因泉而异，林林总总，不一而足，具体操作过程中应该注意用电安全，防止眩光，便于运行维护等诸多方面。趣味喷泉照明效果如图 6-3-40 ~ 图 6-3-42 所示。

图 6-3-40　趣味喷泉日夜景观对照

图 6-3-41　新加坡某街头趣味喷泉照明效果（摄影：马庆）

图 6-3-42 趣味喷泉照明效果

三、景观小品照明

东晋十六国时期，高僧鸠摩罗什翻译《般诺经》，较详细的译本称为“大品般诺”，较简单的译本称为“小品般诺”，小品与大品是相对而言，小品强调小而简。建筑与景观借用文体“小品”之名，将不依附建筑而独立存在的花台、花架、碑亭之类称为小品。小品与建筑相比，自然不是景观中的主要部分，但在整个环境中确也起到不可忽视的作用。

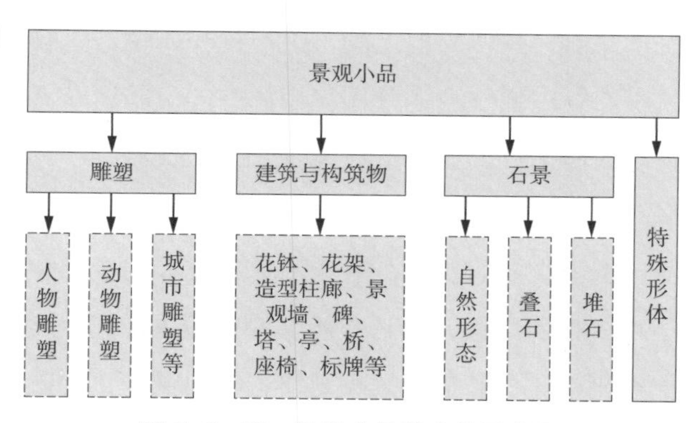

图 6-3-43 景观小品的分类示意图

景观小品种类较多，形态各异，多以三维立体造型呈现在人们面前。园林小品的分类如图 6-3-43 所示。

景观小品属于硬质景观，是园林景观中最活跃、最富于生气的造景元素。景观小品的体量一般不大，却具有很强的艺术感染力，所以，景观设计往往将小品作为点睛之笔置于环境空间中的关键节点。硬质景观是人文信息的载体，是否可见和如何被见决定了信息的传递方式，应该与景观元素的设计意图保持统一。

对于景观小品进行照明时，要考虑每个个体的含义以及它们同整体和其他视觉元素之间的关系。对于那些在夜晚不恰当的、不应引起人们注意的元素，应该保持黑暗。景观小品的照明，光必须从一个以上的方向照射，以强调明亮的光和阴影，刻画出小品的形态，产生强烈的戏剧效果。这可以通过选择投射角度、灯型、色片、光栅图案等来实现。投射光可突出景观小品体形，表达深度，在明暗反差比较大的转折部位，也可用功率小的投射光打亮，使层次显得自然、丰富，适当的阴影效果则表现了层次和质感。

1. 雕塑照明

雕塑是一种公共艺术，多设在城市广场、交通路口、公园小区或建筑物前。它不仅点缀着城市空间、构筑城市魅力，同时还是城市精神的体现。

雕塑是景观小品中最富于特点的代表，具有很强的形态特征。雕塑与承载和欣赏它的空间一一对应。雕塑在环境布局中既是主体，又是客体，既融合于周围环境，又将周围环境刻画得极富活力。雕塑靠形象表达含义，因昼夜间光的图式发生变化，表达出的含义一定会有所不同，照明设计师需要充分理解雕塑家、景观设计师的设计思路及设计意图，甚至需要以雕塑家的思考方式进行再创作，也就是说照明设计可以认为是雕塑的二度创作。如何将雕塑的特征通过照明传递给夜间的观察者，如何诠释雕塑的内涵、情感，如何表现其形式、细节和质感，是照明设计的重点方面。雕塑的照明要根据其所处环境特点，将其环境氛围烘托的更加强烈，使雕塑在光的照射下，表现得更加淋漓尽致，给人们带来愉悦的视觉享受。

在对雕塑用光前应考虑以下 3 个问题：①雕塑的特征，包括形状、细节、纹理、材质和色彩等；②灯具的安装以及同其他元素的关系；③雕塑所处的周围环境特征。

雕塑照明布灯时则要注意以下 3 个方面：①在雕塑侧下位置布灯，可以从侧面自下向上进行上射光照明，也可以在雕塑侧上布灯，从侧面自上向下进行投光照明，这样比较易于呈现神态真实、光影适宜、立体感强的照明效果；②在布灯时要注意避开观者视线方向，防止眩光的干扰；③对彩雕小品照明，应选用显色性能好的金属卤化物灯或卤钨灯，显色指数 R_a 应在 80 以上。

在整体环境中位于视觉中心的雕塑，应该是最亮的部分，景观中其他的要素需要在亮度上逐级有所降低。如果雕塑在构图上属于次要的要素，就要使其光照水平与其他要素相协调。

照明在夜间赋予雕塑新的形象，光与影能够使雕塑更加艺术化。光照的方向对雕塑的光照图式产生直接的影响。下照光与上照光相比，其照明效果更接近于自然光下的效果。下照光可以模拟日光、揭示细节和形成阴影，雕塑的内涵较少被误读。但是来自人像雕塑面部前方的上照光或下照光，对雕塑的光照产生完全不同的效果，面部可以从友好的表情变成令人恐怖的丑陋面孔。在照射人像雕塑时，要对于人脸的三维模型有较为专业的认识。从人脸上方投射的光会扩大影子，影响观察者对雕塑面部特征信息的获得，使雕塑面部的可读性降低。最好是调整灯位，从侧面或远处投光，以将面部的影子减少。上射照明灯具如果离雕塑太近，将产生拉长的阴影，对雕塑的表现有消极影响，应该将灯具离开雕塑一定距离，以减少阴影。无论上射灯具还是下射灯具都要保持玻璃表面清洁，不对光线造成影响。灯具的位置、投射角度、瞄准度、光束的宽窄都将起到关键的作用。

有条件的话可以做雕塑照明的模拟表现，或在现场进行多次实验，这主要是考虑到照明受环境的光照影响太大。

三维雕塑由于投光方向的不同会产生高光和影子，从而揭示出其形状和质感。使用不同的光源、滤色片、光束角和投射角度，对雕塑的高光和影子会产生直接影响。例如，青铜在不同的光源用射下，表面会发蓝、绿或灰。

雕塑的照明效果和布灯方式如图 6-3-44 ~ 图 6-3-50 所示。

图 6-3-44　青岛奥帆中心雕塑夜景照明效果（摄影：李文华）

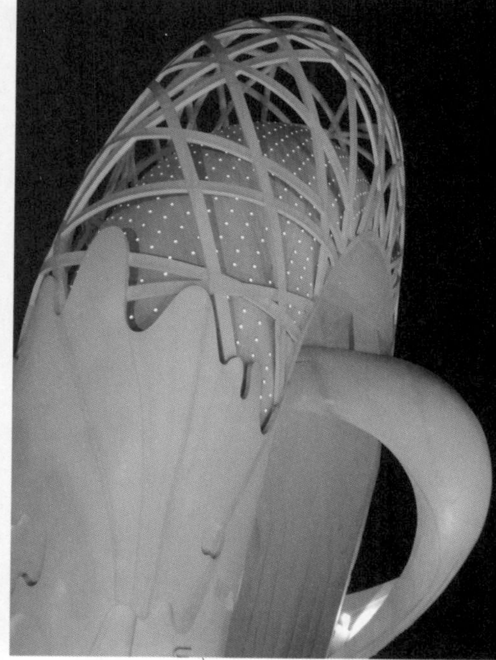

图 6-3-45　青岛奥帆中心雕塑夜景照明局部（摄影：李文华）

图 6-3-46　北京王府井街头雕塑照明效果（摄影：李文华）

图 6-3-47　北京街头内透光照明为主要照明方式的雕塑（摄影：李文华）

图 6-3-48　西安街头人像雕塑照明方式（摄影：李文华）

图 6-3-49　雕塑照明的布灯方式（摄影：李文华）

图 6-3-50　雕塑和照明灯具综合为一体的设计（摄影：黎明）

2. 石景照明

石景造型在园林景观中具有十分重要的地位，景观设计常用它来创造返璞归真、浑然天成的意境。自古以来，无论是在皇家园林还是私家园林中随处可见各类置石的运用，至今，各类置石造型依旧在环境中起着十分重要的景观作用。

置石造型立体感强，线条粗犷，容易产生对比强烈的明暗差。置石照明一般采用上射光照明，光从正面或侧面自下而上照射，产生特殊的阴影效果，赏心悦目，如图 6-3-51 所示。石景照明光源应选用显色性好的金属卤化物灯或 PAR 光束灯，显色指数 R_a 应在 80 以上。

图 6-3-51　石景照明效果（摄影：李文华）

3. 花钵照明

花钵是观赏性的景观小品，造型多种多样，以石材、木材、瓷砖等为主材，花钵照明一般依据景观设计要求而定，采用自下向上的上射光照明较多。光线不宜强烈，应柔和均匀地照射在花钵及植物上，如图 6-3-52、图 6-3-53 所示。光源应选用显色性能好的金属卤化物灯或 PAR 光束灯。

4. 花架照明

花架作为常见的景观建筑，既是园林景观中游赏的景点，也是人们驻足歇息的场所。花架照明在保证功能性照明的前提下，应结合建筑形式和周围环境，用灯光强调出花架的建筑特征，渲染轻松休闲的环境氛围。花架照明设计时要注意避免眩光。

5. 座椅照明

座椅在景观中必不可少，其形式与材料多种多样。座椅与灯光的结合，既助益于安全，又可使之成为夜景中的一种点缀和补充，甚或是结合整体环境在局部营造出一种温馨浪漫的感人画面，如图 6-3-54、图 6-3-55 所示。

图 6-3-52　花钵照明（摄影：李文华）

图 6-3-53　花钵照明局部（摄影：李文华）

图 6-3-54　街头座椅照明（摄影：李文华）

图 6-3-55　休闲座椅照明（摄影：王棋）

6. 碑体照明

碑体一般是主题园或城市广场中的标志性建筑，居于环境空间的中心位置，具有强烈的象征色彩和艺术张力。现代碑体具有体量高大、造型洗练、风格多样、意蕴丰富的特点，碑身建筑材料日趋多元，品种由原来以石材贴面为主扩展到多种品类的建筑材料。

碑体照明多采用上射光照射方式，一般使用投光灯组，具有线条清晰、表面积窄高的特点，如图 6-3-56、图 6-3-57 所示。

图 6-3-56　碑体照明（摄影：李文华）

图 6-3-57　北京天安门广场人民英雄纪念碑碑体照明

碑体照明通常需要符合绿色照明的要求，通过科学设计，采用效率高、寿命长、安全和性能稳定的照明产品，以期达到纪念性景观照明艺术性与技术的完美结合。

7. 景墙照明

景墙的表现手法可以追溯到中国古典园林艺术，把墙作为艺术表现的载体，是一种较为独特的园林景观建筑手段，其形式多种多样。

景墙照明多采用上射光照射方式，灯具安装或埋设于墙体前方，通过采用不同色温的光源，确定不同大小的光束角，调整灯具之间和灯具与景墙之间的距离，配合景墙主题，为景墙烘托出相应的艺术氛围，如图 6-3-58 所示。也有景墙由于主题表达的需要，将灯具与造型密切结合，使照明与景墙完全融为一体，给人以无缝结合、美轮美奂的审美享受，南京夫子庙景墙就是这种景墙照明的典型案例之一，如图 6-3-59 所示。

8. 特殊形体照明

时代的进步、技术的发展、观念的更新、思维的活跃，使景观设计理念也随之不断地变化发展，由此也塑造出既展现全新设计理念又具有鲜明个性特点的特殊景观，如图 6-3-60 ~ 图 6-3-62 所示。

图 6-3-58　西安装饰景墙照明（摄影：李文华）

图 6-3-59　南京夫子庙装饰景墙照明（摄影：李文华）

图 6-3-60　上海街头装饰柱照明日景与夜景效果对比（摄影：李文华）

图 6-3-61　西安大雁塔广场装饰柱列照明效果（摄影：李文华）

图 6-3-62　西欧国家街头装饰钟照明效果

四、山体夜景照明设计

在景观设计中，山体景观是比较重要的一种类型。堆土叠石、植草栽树、筑台铺径，调动各种方法，组合各类元素，造就了形形色色的山体景观。但无论什么形态的山体，往往都要在山顶的突出部位设计一座标志物，通常为亭台楼阁塔之类的建筑物。这类标志物一般都成为山体景观的焦点。从相互关系上来说，山体构成了整个景观中的基础，而山顶标志物成为景观中的高潮点。二者是相互依存，相映生辉，离开了哪一方，都无法达到期望的景观效果。如果缺少了山顶上的标志物，景观就缺少了核心，山体就变得散乱。而如果没有山体的衬托，标志物就变成了普通的建筑物，也就失去了它应有的价值。

基于这样的景观构成分析，在进行山体夜景设计时就有了依循的目标：一方面是塑造山体形态以及焦点标志物的形态，另一方面是要选择恰当的灯光手法表现出二者之间的关系。比较而言，后者更为重要。在山体夜景的塑造中，值得考虑的一点是日景与夜景的差别。对山体这类非常宏大的自然景观，如何用灯光来表现它的气势和体态？在日光下，山体的轮廓、层次、质感通过树木、花草、岩石、坡地等元素的复杂组合得以充分表现，最终成就了它的姿态、形体、气势。但在夜晚，灯光不可能对山体上这么复杂的元素都做出完整详尽的照明展示和塑造。所以在山体夜景的设计中，要充分考虑在保持景观原来设计理念的前提下，采用合适的照明手法，选择恰当的照明对象元素重新塑造景观的问题[1]。

❶ 李铁楠. 景观照明创意和设计[M]. 北京：机械工业出版社，2005：79.

五、景观标识照明设计

景观标识为步行者、车辆交通等提供导向等相关场地使用信息，以指引空间。标识的造型和饰材在设计上往往不拘一格，有较大的自由度。

标识照明的样式可以反映景观的品质，常见有发光字母、发光背景、外部照明等几种方式。对于较高档次的景观作品，动态照明虽然有较易于吸引人们注意力的特点，但仍应谨慎选用。

标识照明水平取决于其被看到的方式和环境光的水平。光源功率的选择应着重关注标识饰材的反射特性。标识照明的外观应该采用较为隐蔽的方式。照明设备的类型和质量需要与安装方式匹配得当。尽可能地为标识照明设备提供维修通道，否则，应尽可能地选择长寿命的光源。

景观标识照明灯具布置及照明效果如图 6-3-63、图 6-3-64 所示。

图 6-3-63　景观标识照明灯具布置
（摄影：李文华）

图 6-3-64　景观标识照明日景与夜景效果对比
（摄影：李文华）

六、景观交通照明设计

景观区域内部交通空间以人行道和台阶为主，提供了在景观中移动的路径。景观交通空间的照明职能是保障交通的安全有效，并努力达到与其他景观要素协调统一。

（一）人行道

景观区域中的人行道不可以简单地以路宽、人流量、移动速度、地面反射率等为依据进行传统意义上的分类。为避免导致千篇一律，有效体现景观的个性与风格，设计之前应与景观设计师作深度交流，以便通过灯光准确解读景观设计意图。

景观区域的人行道有着多种多样的物理形态：路的平面形态——曲线、直线等；路的剖面形态——水平、起伏等；路的铺地材料——石块、地砖、混凝土等；路的位置——滨水、园林边缘、穿越树林等；沿路的设施等。照明设计应该综合考虑这诸多物理形态，并通过灯光、灯具等的设计创造出协调一致的光环境。景观区域的灯具设计既要满足照明的需求，也要保证其日间形象与周边环境的和谐性。

人行道的起伏、标高的变化、铺陈材料反射率的变化等都属于照明应该关注的重要问题，需要通过光进行表达或给出视觉上的明确区分，以便满足人们心理上的安全、舒适等需求。

由于边界不易被觉察，较窄的道路照明水平可以较高些，以提高其边界的可见性，较宽的道路则相反。

识别性、连续性、方向性是道路的视觉意向的 3 个方面，对于它们的把握和控制既有助于创造区域的视觉整体性，又能突出各视觉元素的个性。也就是说，在针对景观道路进行照明设计时，需要认真分析每条道路的起点、终点、行进方式及其行进方式的意义所在，需要分析包括道路本身、道路的界面、沿路景致等在内的视觉特征，需要分析路与路的关系，游赏者可能以怎样的心情行进于某路，之前和之后会看到什么样的景致，等等，这种综合的分析方式根植于视觉分析，便于指导视觉设计。

人行道照明设计需要考虑安全和美学两个方面。有效表述景观设计的意图，保证建筑物及其标识的适度吸引力，为游赏者提供舒适宜人的视觉环境是其最终目的，如图 6-3-65~ 图 6-3-68 所示。

照明设计师应当根据道路的类型选择照明水平、照明图式、灯具类型。对于所有人行道的照明均要求在路面区域提供良好的视觉可见性，同时不分散人们欣赏景观元素的注意力。出于整体考虑，路面一

图 6-3-65　商业街区人行道景观照明（摄影：李文华）

图 6-3-66　住宅小区人行道景观照明（摄影：李文华）

般不处于最高亮度等级，处于最高亮度等级的通常为雕塑、小品、出入口等。亮度的合理对比可以增加场景的趣味性和戏剧性，也是区域安全感的调控要求。舒适的亮度比在3∶1～5∶1之间。对于局部区域的视觉焦点——雕塑、小品等，可以按需提供较高的亮度，以增强其视觉吸引力（10∶1～100∶1）。

图 6-3-67　滨水人行道照明效果（摄影：李文华）

图 6-3-68　休闲会所人行道照明效果

景观人行道的灯具包括从装饰性出发作为景观元素的灯具和从功能性出发在隐藏位置提供照明的灯具两种基本类型，如图 6-3-69、图 6-3-70 所示。尤其在公共空间，灯具的日间形象和夜间效果同样重要，往往被作为总体空间识别的一部分。灯具的间距应保证形成光斑彼此交叠，提供均匀的照明。

图 6-3-69　景观人行道照明灯具（摄影：李文华）

图 6-3-70　滨水人行道照明灯具布局

（二）桥梁

桥梁是跨越河流、峡谷或其他交通线路时通济利涉的建筑物，它随着交通功能的需要和经济与科学技术的发展而发展，在力学规律和美学法则支配下，通过精心设计和精心施工而成，是人文科学、工程技术和艺术三位一体的产物。优秀的桥梁建筑不仅体现出人类智慧和伟大的创造力，而且往往成为时代的象征、审美的对象和文化的遗产。我国江河纵横、桥梁众多，在桥梁建筑艺术上具有悠久的历史和光辉的篇章，无论在技术上还是美学上，都有不少可以引为自豪的成就。桥梁，由于它横跨在江河或城市交通线路之上，纵览山川，广受关注、历经沧桑，往往成为审美的对象。因此，对桥梁的要求不仅仅能通行，更希望它符合审美要求。

桥梁景观英文为 Bridgescape，定义为设计桥梁的艺术。桥梁的本体景观设计将桥梁景观分解成线型设计、造型设计、平面布局设计、色彩设计、肌理设计、装饰设计六大部分，也注重加强符号学的运用、历史文化的表达及技术美学特性的表现，力图使桥梁功能、美学、文化与技术达到统一。

桥梁不是孤立于环境，其景观总是与地景、城市景观相伴生，三者称之为复合景观。如澳大利亚悉尼大桥与背景中的悉尼歌剧院及蔚蓝的大海伴生，形成复合景观，并成为悉尼乃至澳大利亚的标志。

1. 桥型规划注意事项

（1）同一条河流上的多座桥梁，相隔一定距离宜多样化、推陈出新，各座桥梁必须有其自身的特色。

（2）桥型方案应为组织和开发旅游路线提供有利条件。

（3）按照交通规划，一个城市适当修建人行专用桥解决行人交通是合适的。修建人行桥除了给行人交通直接带来方便之外，还可以改善城市交通在其他桥上通行车辆的交通条件。

（4）桥型设计尽可能与夜景照明相结合。

（5）城市桥梁是其周围建筑艺术格局的一部分，城市桥梁必须与其规划或周围环境的建筑格局相协调，以多样化充实城市景观。在城市桥梁选址中，除了交通和技术要求外，还要重视建筑艺术规划，并注意寻找有统一风格的目标，彼此衬托。

2. 桥梁照明设计的原则

桥梁夜景照明与桥梁交通照明有本质区别。桥梁夜景观是照明科学与桥梁艺术的有机结合，是社会物质文明达到一定高度后，对城市景观多样性的必然要求，也是社会物质文明和精神文明建设的综合实力体现。桥梁灯光夜景拓展了桥梁的景观表达，全天候展示了桥梁魅力，是桥梁自我展现在时间上的延伸。

桥梁照明设计要遵循安全、适用、经济和美观的原则，达到以下要求。

（1）所有灯饰和照明光源均不得影响航空、航船、行车和行人安全。

（2）以人为本，充分注重人的视觉舒适度，避免光污染。

（3）桥梁与城市干道相连，不仅承担着大流量的交通功能，而且是市区主要的景观视轴，因此桥梁的照明设计首先应该保证桥面的交通照明，然后是桥体的夜景照明。

（4）每座桥梁都有独特形态特征，均具有浓郁的特色和鲜明的风格，现代和古典相映成趣，这些都应成为夜景照明渲染的要素。

（5）考虑不同的方位和角度进行桥梁照明设计，选取适当的亮度比，照明效果使得桥体在三维空间的环境中凸显出它的大小细部，表现桥梁总体艺术造型与具有特性的单体结构相结合。

（6）具有不同功能的多种光源不致互相干扰、造成衍射、泛光、乱影等负面效应。

（7）照明设施和照明管线尽可能隐蔽，不能影响桥梁白天的景观，灯具应造型新颖、照明高效均匀、安装维护方便。

3. 桥梁照明设计内容

（1）根据不同桥梁形态与结构的特点，选择照明要素和合适的照明方法，以展示桥梁的形态特征和建筑风格。

（2）利用照明改善桥梁建筑外观，扬长避短。

（3）光照度与光色彩要有助于表达主题，要注意季节和时间上的不同需要，冬季用暖色光，夏季呈冷色光；黄昏至夜间照明对象全面，照度要大，而深夜则减少照明要素降低照度。

（4）桥梁夜景照明的灯具是桥面重要的景观构成，现代的建筑夜景设计提出了建筑与灯具一体化的概念，桥梁照明灯具也要与桥梁景观成为一个整体。灯具造型要与桥梁建筑风格和形态特征相一致，为了反映桥梁景观中对地域文化的追求，有时还要选择具有地域风格的灯具造型。

4. 桥梁照明设计要点

对于曲线桥梁应当适当加密曲线外侧灯柱的间距，以增强视线诱导效果。桥梁两端与道路照明的衔接要自然顺适，充分强调连续流畅感。照明灯柱造型应与桥梁形态、规模及桥位周边环境相协调，灯柱还应与栏杆在材料、形式上基调统一，灯柱设置可与栏杆相组合，使照明与结构融为一体。为了提示人们已进入桥梁范围，可在桥头端柱上设置标志灯。

立交桥的单向匝道上，照明灯单侧布置，在环形桥上设于外侧，行车诱导性好，造价低。当桥面较宽时，照明灯双侧对称布置，其纵向光线均匀度和诱导性比双侧交错布置要好。中心对称布置，即将照明灯布置在中间分隔带上，这种布置形式比两侧布置经济，且可获得良好的视觉诱导性。大型立交为避免沿各路线方向设置照明而引起视觉混乱，故采用高杆集中照明，以使各部分照明相互协调。

虽然桥梁照明对桥梁夜间景观能起到一定作用，但桥梁夜景照明与普通照明却有着本质区别。桥梁夜景是照明科学与桥梁建筑艺术的有机结合，它拓展了桥梁的景观表现，全天候展示桥梁的美学特征，同时其对于城市夜间景观的空间层次与景深承担着重要作用。

由于桥梁庞大的体量和带状的结构，与建筑夜景设计相比，其夜景设计必然有着鲜明的特点。例如夜幕中的桥梁景观更趋向为一条亮带，而索塔、墩、台等桥梁建筑艺术高潮处是夜景重点表现的对象而成为亮点。这种点、线结合的夜景格局，更能体现桥梁的个性美与本质美，如图 6-3-71 所示。

图 6-3-71　跨江拱桥照明效果

桥梁夜景照明设计要点如下。

（1）照明要素选择。对于桥梁夜景照明，如果光照均匀配置，将桥梁结构全部照亮，反而会造成平淡的光环境，所以有必要根据不同桥型的形态特征，选择主要表现对象及照明要素给以重点照明，使桥梁照明虚实相生、主次分明。

（2）立体感表现。从一个方向进行照明，桥梁会出现规则的阴影，给人鲜明的立体感，但光线方向过于单一，也会形成过于强烈的明暗对比和生硬的阴影。因此，要合理布置光源，调整光照角度，使桥梁的主照面、副照面和投影面的照度合理分配，以获得合适的立体感。投射索塔的灯具亦有不大于 10° 的安装倾斜角，需要时还可以采用截光型灯具。

（3）色彩表现。由于光源不同的光谱分布而造成在不同光源照射下观赏桥梁时，其表观颜色会发生变化，所以光源的色调直接影响桥梁固有色的展现。如果需要准确表现桥梁的色彩，应选择高显色性的光源。

（4）眩光控制。眩光可能是直射的，也可能是反射的。避免反射眩光的方法，是尽量使光的入射方向与观者视看方向大致相同，或从侧边入射到反射面上，也可以通过采用半透明的漫射板改善灯具发光面、用反射器或格片来遮挡光源，避免直射眩光，实现眩光控制。

（5）分门别类，区别对待。桥梁的种类很多，有跨江桥、城市立交桥、过街人行天桥、公园或园林中的景观桥等。桥梁的造型也极其丰富，有拱桥、斜拉桥、悬索桥、柱式跨桥等。桥的建筑材料也是多种多样，有混凝土、钢铁、石材、木材等。

桥梁的夜景照明主要是对桥体的桥塔、悬索、栏杆、桥身、桥柱、桥底面等各主要部件进行照明，各个部分的照明应依循各自结构特点及其在整个桥梁中的地位来设置。

1）塔式斜拉索桥。桥塔是塔式斜拉索桥突出的标志物，塔身的良好照明是树立桥体夜晚形象的关键，所以桥塔的照明亮度应较强。大桥的景观照明构思应紧扣主题，具有鲜明的个性化和层次感，要将建筑视觉特征作为重点刻画，层次分明；要考虑其功能的特殊性，选择适宜照度；需巧妙运用灯光艺术处理技法，体现大桥的亮化色彩、光和效果、明与暗的和谐，避免产生不必要的光污染；需注重光色选用，冷暖适度，尽力通过合理配置灯具，满足整体设计效果要求，将照明能耗和工程造价降到最低程度，节资节电。

具体而言，美化的目的是为了在夜晚突出桥梁的雄姿和优美的线形，将桥梁夜间的主体造型淋漓尽致地通过灯光渲染出来，形成良好的景观效果。亮化的表现方式为突出钢索、桥塔和主桥轮廓。桥塔以泛光照明为主，自下而上的投光形成光退晕效果，强化了桥塔的高度感；斜拉索的照明也以泛光为主，将呈扇面状分布在空中的钢索照亮成发光的线条，与桥塔形成呼应。此外，对于悬索式吊桥，也可采用在横向悬索上敷设点状光源，形成横向光链的亮化方法，如图 6-3-72 ~ 图 6-3-74 所示。

图 6-3-72　拱形塔式斜拉索桥照明效果

图 6-3-73　塔式斜拉索桥照明效果

图 6-3-74　塔式斜拉索桥正面照明效果

桥身主要是侧面观看，而侧面的观赏点又通常是离桥比较远的位置，所以可以将桥面的路灯作为点状装饰照明，有时也可在桥身墙壁上设置一些点状的光斑图案，这样从远处看就很容易连点成线，勾勒出桥身轮廓。桥墩的照明要与桥体照明保持必要的完整性，还要兼顾桥底通航的照明，但绝对不能对桥上桥下通行的火车、汽车、轮船等形成干扰。

2）石拱桥、景观桥。石拱桥、景观桥的桥墩和桥身通常自然地连接为一体，且桥身体量大多不大，所以如果采用泛光照明，一般是将桥身侧面和桥墩侧面一并照亮。泛光灯具可以设置在河两岸靠近桥墩处，与桥身侧面呈一定角度向桥身投光。灯具的光束角要通过现场科学试验选择，要保证照射在桥身上的光色分布均匀，避免光线过多溢出被照目标。石拱桥、景观桥也可采用 LED 光源勾勒整座桥梁的轮廓，兼顾为桥上的栏杆提供辅助照明。桥底面适度设置照明有助于显示桥梁的立体感，并注意使其亮度与桥侧面亮度形成适度差别，或在色调上形成一定的变化，以求造型清晰，效果生动。作为景观中的主题之一，石拱桥、景观桥还必须考虑桥体照明与所在园林、城市环境照明的协调统一，如图 6-3-75 ~ 图 6-3-79 所示。

3）城市立交桥和过街人行天桥。城市立交桥和过街人行天桥的照明部位主要是栏杆、桥身和桥柱。

城市立交及过街人行大桥的栏杆照明可采用泛光照明或 LED 照明的方式，表现栏杆自身的图案，也可以结合栏杆的花格图案设置一些霓虹灯管构成一定的灯光图式。桥身一般为混凝土或金属材料构成的实体结构，可对其侧壁采取局部投光构筑明暗光斑，也可设置直接发光体，如图 6-3-80 所示。

城市立交桥和过街人行天桥的桥下一般有车辆或行人通过，所以照明的设计应该注意车辆和行人的需求，不可以造成眩光，更不能存有安全隐患。可以在柱头设置造型灯饰或在柱身合适部位设置造型壁灯，达到照明和美化兼顾的目的。桥柱离行人和车辆稍远时，可以考

图 6-3-75　石拱桥照明效果

图 6-3-76　石拱桥照明设计布灯
（摄影：李文华）

图 6-3-77　景观拱桥照明效果（摄影：李文华）

图 6-3-78　传统中式石材拱桥照明设计细节（摄影：李文华）

图 6-3-79　景观廊桥照明设计（摄影：李文华）

图 6-3-80　北京西单过街天桥夜景照明效果（摄影：李文华）

虑通过埋地灯或在地面设置向上照的泛光灯对桥柱照明。

（三）台阶

台阶照明主要是通过光线保证人们区分踢面和踏面。踏步是否容易分辨取决于踏步选用的材料、色彩，更主要的是由光所强调出的视觉对比。设计师应该综合考虑照度水平、台阶材料的反射特性以及环境光的水平，选择合适的光源和灯具，根据所选灯具的配光曲线，对最终效果作出预判。踢面与踏面视觉对比合理，视觉构图韵律稳定，能够轻易被行人察觉，行人可以凭着最初几步行走台阶的经验完成后续行进，将更多的注意力用于欣赏景致，照明设计就是合理的。台阶照明根据光线的投射方位可以分为 3 种类型。

1. 台阶侧面

灯具也可以布置在台阶侧墙上，灯具与台阶踏面的垂直距离通常需保持在 1.5m 以内，踏面为主受光面，踢面为次受光面，视觉对比来自于踏面与踢面间的亮度差。灯具的安装高度还取决于设计师对于光的构图的构想，光的构图与踏步的长度和宽度、墙高、灯具的光学性能有关。需要确定在不产生阴影的情况下，每只侧壁灯照亮多少步台阶。当台阶超过 1.2m 宽或者交通任务繁重时，需考虑在两侧使用侧壁灯，并保证台阶照明的均匀度。灯具的外观造型需要同墙面、台阶等景观设计保持风格统一，如图 6-3-81 ~图 6-3-85 所示。

图 6-3-81　台阶侧面布灯示意（摄影：李文华）

图 6-3-82　上海博物馆景观台阶照明灯具的设置（摄影：李文华）

图 6-3-83　休闲广场景观台阶照明效果（摄影：李文华）

图 6-3-84　西安大慈恩寺景观台阶照明效果（摄影：李文华）

图 6-3-85　济南泉乐坊景观台阶照明效果（摄影：李文华）

2. 台阶踢面

嵌入式侧壁灯和暗藏式线性光源是安装于踢面的灯具常见的两种形式。

嵌入式侧壁灯仅适用于空腹台阶，不适用于石砌台阶或已有台阶，灯具不能突出踢面，否则会干扰行进。嵌入式侧壁灯在踏面形成光斑，通过光斑反射照亮踢面，灯具多使用格栅或乳白玻璃降低表面亮度，行人对台阶的判断通常是依据光斑和灯具的亮度图式。这种灯具可以逐级使用，也可以间隔几级设置，灯具间一定要准确对位，保持亮度图式的规律性，如图 6-3-86 所示。如果有部分灯具失效，需要及时更换。

侧发光光纤、美耐灯、线性荧光灯带可以用作暗藏式线性光源。可以采用线性光源在踢面形成亮线，以同踏面区分，也可以将线性光

图 6-3-86　安置在台阶踢面的嵌入式灯应具一定规律性的效果（摄影：李文华）

图 6-3-87 安装于台阶踢面的暗藏式线性光源（摄影：李文华）

源暗藏于挑出的踏板之下，以退晕形式照亮踏面，如图 6-3-87 所示。此类光源具有可变色及可闪动性能，在台阶照明中往往可以营造出轻松欢乐的气氛，但出于安全考虑，在周边环境整体照度不高的情况下，建议台阶照明保持稳定状态。

3. 台阶上方

来自于台阶上部的下射照明是景观中台阶照明经常使用的照明方式，优点是布线方便、构造简单，无需对已有台阶的构造做出改动。灯具可以安装在台阶正上方的树木或构筑物上，也可以结合台阶侧上方的庭园灯具。所有下射照明都存在将台阶照明与景观中其他元素的照明结合起来的可能性，用最少的灯具创造最丰富的照明效果。这种照明方式成功与否取决于灯具与台阶有无恰当的相对位置关系，以尽可能不要在踏面上产生阴影为宜，以避免造成视觉干扰，如图 6-3-88 所示。

交通空间的照明，应以保证游人安全为首要任务。夜景中游赏行进的行人通常是根据视觉经验做出判断，如果出现了混淆的信息，很可能导致判断失误，甚至造成危险。故此，在同一个项目中，对于同类做法的台阶应该尽量采用同样的照明方式，以顺应游人的视觉经验，保障其在轻松心态下安全游赏。

图 6-3-88 灯光主要来自于台阶上部的台阶夜景照明案例 （摄影：朱明）

第七章　城市商业街照明设计

第一节　城市商业街的基本概念

一、国外商业街的形式

1. 网络化的步行街

由若干条步行街组成步行街网络。

2. 室内步行购物街

集购物、娱乐、消闲、观光于一体的规模庞大的室内建筑，并附建照明、绿化、雕塑、景观等设施。

3. 人行天桥系统

在商业街网络建设跨过街口、道路的过街天桥，连接大厦二层，把商业街的主要节点连接在一起。

4. 广场系统

在市中心和商业街间建设小型广场，让游人得到休息，增加绿色，连接市区和商业街。

5. 艺术画廊

艺术画廊是连接一系列艺术景点的商业街，使得商业街具有文化观赏和教育功能。

二、我国商业街的形式

1. 骑楼式商业街

骑楼式商业街的历史悠久，地方特色明显，在我国炎热多雨的南方城市较为多见。其特点是商家店铺的一层有外伸廊道，既可遮雨，又可遮阳。这种商业街街道路面狭窄，视野不开阔，不利于建筑的改造、装饰，照明设计难度较大。

2. 拱廊式商业街

拱廊式商业街是在商业街的顶部，搭建半遮光的简易顶棚，起到遮雨和半透光作用的一种商业街类型。街道两端禁止机动车辆进入，街内基本为小型商家店铺，不便安装道路照明设施。济南市英雄山文化市场就是一个以经营书籍文玩为主的拱廊式商业街。

3. 地下式商业街

大城市的中心地带，寸土寸金，有的在广场、绿地、大路或街口下面建设了地下式商业街，也有利用旧有人防工程改建成而成的商业街。部分地下商业街上面有的开有玻璃天窗，以利采光透气，也有和地铁、车站相通，交通和购物十分方便。

4. 敞开式商业街

敞开式商业街多由原来商业较集中的一般型街道改造而成，如济南市的泉城路商业街等，这类商业街的视野较为开阔，建筑形式多种多样，地面或路面往往进行了大胆整改，这给商业街照明提供了良好的创作平台。敞开式商业街仅允许通行公交和消防车辆，可以容纳较多的人流。这类商业街形式较为开放，适合时代发展潮流。

5. 步行街

不准车辆通行的商业街叫步行街，如上海的南京路、北京的王府井大街、成都的春熙路等。步行街只有顾客和游人。路面上可以设计雕塑、小品、绿化、景观、坐椅等，安装适宜的照明设施，为顾客和游人提供了较为舒适优雅的空间。在与步行街相邻的街道上，设有公交线路和停车场，交通也十分便捷。步行街是商业街的更高形式。

如今人们所称的商业街，大都指敞开式商业街和步行街，它已成为具有购物、休闲、娱乐、餐饮、旅游等综合功能的场所。

第二节　商业街照明的构成及作用

商业街是随着社会政治、经济、文化和科技的进步而不断进步发展的。在城市建设中，无论是大城市还是中、小城市，商业街总是中心点和亮点。所以，夜景可以提高城市环境质量、美化景观形象和促进经济发展，还可以展示商业街本身乃至整个城市的建筑特色和城市风貌，体现该城市的政治经济面貌和科学技术水平，展现城市综合实力。

一、商业街照明的构成

1. 商业街地面照明构成

（1）人行步道照明（或有车行道照明）。

（2）广告照明。

（3）交通信号及标识照明。

（4）树木、草坪、花坛、喷泉水景照明。

（5）具有文化内涵的小品、雕塑、灯饰照明。

（6）公交车站、地铁站照明。

（7）室外公共设施如电话亭、书报亭、标识牌、垃圾箱、公交停车站、过街天桥、休闲小场地照明。

（8）大型商场或娱乐场前小型广场的照明。

（9）附近的停车场照明。

城市商业街照明构成和效果如图 7-2-1、图 7-2-2 所示。

图 7-2-1 城市商业街照明构成

图 7-2-2 城市商业街照明实景

2. 商业街立面照明

（1）建筑物立面照明。

（2）建筑物底部的橱窗照明。

（3）建筑物中部的商家标牌门面照明。

（4）建筑物上部大型广告照明。

3. 商业街照明特征

（1）照明形式多样。

（2）亮度高。

（3）色彩丰富。

（4）声、光、电结合。

（5）重点突出，层次分明。

（6）营造繁华、欢乐、喜庆气氛。

（7）注重灯具、灯柱的装饰性。

（8）消除眩光，绿色照明。

（9）照明节能，分时段调光。

二、商业街照明的作用

1. 改善街区环境形象，突出商业功能，提高经济效益

许多商业街，通过丰富文化内涵，优化照明设施，增加绿化、小品、喷泉、坐椅等改变该街区大环境。良好的商业街照明，不但可以改变城市形象，也能激发商业街活力。白天，造型优雅的照明灯杆、灯具与商业街的建筑、公共设施相得益彰，成为街景的有机组成部分；夜晚，美丽的灯光把商业街装扮得靓丽迷人，增加人们的购物欲望，使人流连忘返。

2. 减少商业街及其周边的交通事故

据国际照明委员会（CIE）在其 1992 年出版的《对付交通事故的照明》中介绍，夜间在市内街区、商业街、住宅区道路、火车站入口、公共汽车站等地，因人多路窄，以致行人特别是老年人和儿童常出现交通事故。改善城区道路照明后，在城区道路上发生的交通事故明显减少，在英国减少了 23% ~ 45%，在瑞士减少了 36%，在澳大利亚减少了 21% ~ 57%。

大部分商业街已经成为或正在改造成为名副其实的步行街，只允许公交和消防车辆进出，不允许其他社会车辆进入，在临近街道设立公交车站、地铁站。商业街交通和照明条件得到极大改善，基本上消除了交通事故。在商业街游览、购物的人会感到格外安全和放心。

3. 减少犯罪率，提高治安水平

在美国，专业调研显示：由于改善公共照明，纽约市内公园的犯罪率下降了 50% ~ 80%，底特律的街道犯罪率下降了 30%，亚特兰大商业中心区的 14 条街道的各类犯罪案件下降了 15%。该调研结果表明，犯罪与暴力案件和黑暗（包括照明不良、无照明）有内在联系，所以，改善商业街的照明条件，有助于提高夜

间能见度，有利于顾客和行人自我防范并增强其安全感，有利于治安人员执行公务，清晰明确地预测和分析犯罪的动机和动向，使得犯罪分子无论白天和夜晚，都不易借助黑暗和拥挤进行抢劫和入店偷窃犯罪，有利于改善商业街治安环境。

第三节　商业街照明的要求和设计原则

一、商业街的照明要求

（1）保证车辆驾驶员看清车道上的人或步出人行道、横穿马路的人，具有足够的驾驶反应时间。

（2）保证行人看清走道、车道、台阶、斜坡或障碍物，避免摔跤。

（3）保证行人通过面部表情来识别前方（4m 远）步行者的企图——友善、冷漠或怀有敌意，有足够时间采取任何必要的规避动作。

（4）保证行人能看清来往的车辆，判断之间的距离、行驶方向和接近的速度。

（5）保证能够清晰辨认建筑招牌、各种路标、指示牌等有着导向作用的标记。

（6）提供一个安全健康、轻松愉快、舒适宜人、雅俗咸宜的高品质夜景以吸引更多的受众。由于涉及的照明范围较广，通常需要综合协调照明、电气、建筑、城市规划、城市管理等多方面的专业人员以共同完成这一规模宏大的艰巨工作。

二、商业街照明设计原则

1. 定位合理，协调统一

商业街照明最主要的目的是创造一个舒适安逸的购物外部环境，增加商机，促进消费，为繁荣商业服务。因此，商业街照明必须与商家设立的照明，进行协调，处在一个合理的照明水平范围内。

2. 突出重点，兼顾一般

商业街终归是为人和车设置的通道，只有提供良好的道路照明条件，满足人在心理和生理上对视看环境的要求才是其照明的主要任务。其他类型的照明如绿化照明等，尽管是商业街照明的一个重要组成部分，与道路照明相比仍有主次之分，只有处理好主次关系，互为补充，才能“两全其美”。

3. 维持街道特色，保留历史风貌

除了新建的商业街外，一些现有的商业街均有着悠久的历史、深厚的商业根基，有的以建筑形式、历史文物著称，有的以所出售的商品闻名于世。以北京前门大街为例，街两侧的建筑修旧如旧，以保持其深厚的商业文化脉络，照明和灯具虽是重新设计安装，但也从造型、材质、尺度等多方面努力做到了统一协调，以维持大街的原有特色，保留历史风貌。

4. 遵守基本准则，发扬创新精神

商业街照明的种类多、辐射面广、涉及的标准和规范较为庞杂，遵守相关的标准和规范是“以人为本”的设计基础，但在这种基础上运用新技术、创造新的设计方法也是必不可少的。

三、商业街照明设计要点

商业街照明设计是复杂的系统工程，既要具有科学性，又要体现艺术性，创作空间很大，对于优秀的设计方法必须借鉴，但不宜照搬。

（一）符合城市夜景照明的总体照明规划

商业街照明是城市照明的一个重要组成部分，要根据城市照明总体规划勾画商业街照明的蓝图，包括商业街基本照明和道路照明的形式、照度、色彩，商业街空间照明层次分布，重点商场、饭店、游乐场的夜景照明和门前小广场照明的基本要求等。

（二）统一协调，合理定位，体现地域特色

商业街是地方文化、历史和商业繁荣的集中体现形式之一。商业街照明要与城市和商业街文化内涵相协调，通过创造文明舒适的灯光环境，增加商机，促进消费，提升城市形象。

（三）商业街夜景照明建设兼顾日间形象

商业街在进行夜景建设的同时，其建筑物、构筑物、灯柱、绿化、小品、广告、标牌等，在日间也应该保有良好的观赏效果，其造型、格调、色彩要风格各异，错落有致，能够为夜景照明打下良好基础。商业街的日间和夜间光环境，应该体现一个城市的地域文化特色，反映繁华、热闹的程度，拉动城市经济的发展，刺激旅游和消费，创造赏心悦目的视觉感受。

（四）以道路照明作为基本照明

（1）CIE 标准要求将商业街车行道路面照度标准等同类似道路照度标准，人行道照度标准提高 100%。建议车行道路面平均照度不低于 25lx，人行道地面平均水平照度不低于 15lx，均匀度大于 0.4，即使不考虑商业街广告、橱窗照明的增光，也能满足商业街最基本的照明需求。根据具体情况，可以实行半夜灯减光或其他调光措施。

（2）道路照明作为基本照明，不等于套用道路照明设计的一般形式，而是在灯柱、灯具、光源选型及布灯等方面别出心裁，提升品质。路灯灯柱和灯具要有优雅的造型，要与商业街文化内涵相吻合。道路照明形式多样，可以选择路灯、景观灯、灯光隧道、光柱、灯饰等多种形式。即使在白天，路灯灯柱和灯具也应成为商业街一道亮丽的风景线。

在商业街照明中需要认真考虑灯杆、灯架。对商业街来说无论白天和晚上都要保持其特色，灯杆和灯架的造型、加工质量、材质将直接影响商业街白天的整体形象及晚上的观赏价值。目前在选用灯杆、灯架时一般选用精加工钢制品、高强度铝合金制品和不锈钢制品；同时要考虑灯具、灯杆和灯架选用同一厂家产品，以便统一、和谐，电气要求原配。

（3）商业街照明需要有充足的水平照度和一定的垂直照度，使行人能看清 4m 以外来人面部及其他物体，这是商业街照明与一般道路照明的重大区别。要满足这一要求，同时限制眩光、照度均匀，就要求在灯具类型、杆高、杆距等方面进行正确的计算和选择。如果垂直照度欠缺，可用广告照明、橱窗照明等来弥补。

（4）道路照明注意控制眩光，不对行人、司机和户内视觉造成伤害。灯柱不宜超过10m，杆距不宜超过 30m。

（5）道路照明光源的显色性要好，推荐使用金属卤化物灯、节能灯等。

（6）道路照明要充分考虑预留其他形式的商业街公共设施的照明用电和建筑物立面照明用电，必要时，设立配电箱。配电箱对商业街各照明设施进行重大节日、一般节日、正常运行分路控制。

（7）注意商业街照明与景观环境的协调，充分利用原有建筑物上霓虹灯、泛光照明、灯箱、橱窗所构成的灯光环境效果，设计商业街的路灯、庭院灯、地灯、景观灯，使商业街照明与环境协调一致。

（8）商业街照明光源要求光效高、寿命长，一般显色指数应不小于 80，色温宜在3000 ~ 5500K 之间。

（9）商业街的市政设施，如电话亭、书报亭、行人休闲设施、雕塑小品、喷泉及绿化等景观元素照明的亮度应明显高于背景亮度。

（10）商业街上人流不定向，整个街区不像普通道路一样呈“线状”而更趋向“面状”，步道灯需向四面八方提供光信息，选用配光属对称型的步道灯较为合理。

一般情况下，在 10 ~ 15m 宽的道路上，采用对称布置时，步道灯的高度 4 ~ 8m 较为经济。

步道灯的间距由步道灯的光度数据和照度标准值确定。

（五）突出历史文化内涵

商业街往往凝聚众多文化历史，如百年商号、名人故居、教堂、名楼、事件旧地等，要用灯光对它们仔细雕琢，让它们重放光彩，以吸引游人和顾客夜晚也到商业街来，边游览边购物，得到物质和精神的满足。

（六）广告及标识照明设计要点

户外广告和标识是商业街照明的重要组成部分，也是现代社会人们获取信息的最直接通道之一。户外广告除了作为企业宣传产品的手段和途径外，夜间的广告照明也可以补偿城市公共空间的功能性照明。标识照明具有向人们传达建筑物使用信息、步行方位指示、交通指向的作用，其功能性和艺术性的结合，是城市夜景观中的符号性照明。

对广告照明和标识照明的设计主要从形式、安装位置、照明方式、照明质量等方面考虑，根据广告的效果、造型的多样化和安装场所，可分别采用霓虹灯、多面翻、旋转、显示屏、投影幻灯、灯箱等动态或静态广告，它们的设置位置可以在建筑物的屋顶、墙面上，也可以独立于街面上，如地面广告和候车厅的灯箱广告，如图 7-3-1 所示。

广告照明可以增加商业街照明的多样性，但过亮的广告牌将产生严重的干扰眩光，为此国际照明委员会对广告照明主要从亮度值上作了一些限制，如表 7-3-1、表 7-3-2 所示。

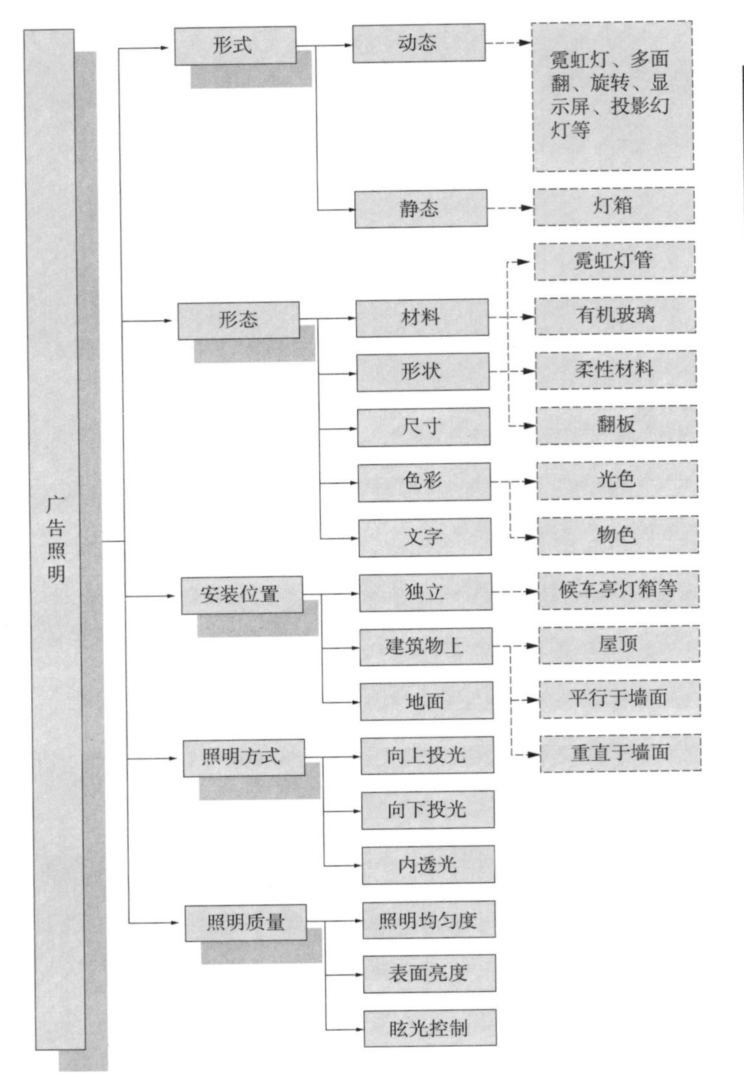

图 7-3-1　广告照明要素分析

表 7-3-1　广告牌的最大亮度限值

广告牌面积（m^2）	最大亮度限值（cd/m^2）
0.5	1000
2	800
10	600
10 以上	400

表 7-3-2　不同环境区域、不同面积的广告与标识照明的平均亮度最大允许值

单位：cd/m^2

广告与标示照明面积（m^2）	环境区域			
	E1	E2	E3	E4
$S \leqslant 0.5$	50	400	800	1000
$0.5<S \leqslant 2$	40	300	600	800
$2<S \leqslant 10$	30	250	450	600
$S>10$	-	150	300	400

注：表中环境区域 E1 区为天然暗环境区，如国家公园、自然保护区和天文台所在区域等；E2 区为低亮度环境区，如乡村的工业区或居住区等；E3 区为中等亮度区，如城郊工业或居住区等；E4 区为高亮度环境区，如城市中心和商业区等。

1. 广告照明种类

广告的照明方法日趋多样化，主要有以下几种形式。

（1）霓虹灯。霓虹灯作为夜间广告或广告招牌照明已有近百年历史。霓虹灯广告由于其艳丽的色彩、动态的变化，得到广泛的应用，并确实取得过很好的广告效应。霓虹灯也有使用寿命不稳定，经常造成广告“断笔”现象等缺陷。据预测，不远的未来，变色霓虹灯、光纤霓虹灯、彩虹光源霓虹灯、无极霓虹灯和低压电子霓虹灯会相继问世，霓虹灯作为夜景广告的重要媒介还会起到更加重要的作用。

（2）投光照明。广告投光（泛光）照明是将灯具安装在广告牌上方或下方进行投射照明。使用的光源有卤钨灯、荧光灯、显色性改进型汞灯和金卤灯等多种。

（3）灯箱。灯箱广告和标识，特别是柔性灯箱广告具有独特的优势，应用前景光明。灯箱透光材料为胶片、磨砂玻璃、漫透射有机玻璃板、PC 板、灯箱布等，具有透光性好、强度高、防紫外线、抗老化、抗静电、防微生物生长、抗污染、易清洁的优点。

（4）光纤照明。广告光纤照明具有传光范围广、重量轻、体积小、节电节能、不受电磁场干扰、频带宽等优点。广告画面图像清晰、色彩鲜艳，图像在电脑控制下可变幻无穷。光纤标识照明由于体积小、视距大、醒目等优势，近年来开创了户外广告媒体的新形式。

（5）导光管。将光导入广告或道路标识灯箱内进行照明，这种广告画面图案清晰、色彩鲜艳，检修特别方便，不需打开灯箱，维修人员在地面即可检修更换光源。

（6）大屏幕显示屏。利用单个发光器件作单元结合而成的大面积矩阵视频显示系统，用于广告显示，不仅画面亮度高、对比度大、色彩鲜艳，而且和电视一样可显示动态画面和文字。显示屏发光器种类很多，主要有发光二极管（LED）显示屏、阴极射线管（CRT）、白炽灯光显示屏和液晶显示屏（LCD）等。这种广告媒体广泛用于人群密集的公共场所和交通要道。

（7）隐形广告和标识。利用隐形幻彩颜料（phosphor colour）绘制的广告或标识，在自然光照射下不能显现其图案，只有用上紫外光照射时，方能显现其色彩斑斓、形象逼真的广告或标识画面，是较特殊的广告媒体，运用合理往往会收到新颖神奇的广告和装饰效果。

（8）全息影像广告和标识。利用全息影像设计制作，其图形轮廓清楚，画面三维立体感特别强。

（9）太阳能路标。利用非晶硅太阳能电池，将太阳光能转换为电能，作为路标发光器件电源，并使之发光形成道路标识，节能效果明显。

（10）广告空中照明。在高空气球、汽艇内安装光源使之作为空中广告，其照明电源，可以利用自备电池，也可以利用特制电源线将电由地面送至球内。

（11）投影广告。在夜间将广告影像通过投影机投射到建筑立面上的广告技术，适合于城市中的非居住性建筑。但由于投影机很难在玻璃上成像，所以玻璃幕墙的建筑并不适用。此外，建筑立面的窗户会对成像效果有所破坏，因此应选择开窗面积适合的建筑立面，或安装临时或永久性的幕布。一般投影广告机约需要 1m×2m 的空间，可在离墙 50 ~ 400m 内投出 100 ~ 300m^2 的广告图像。

2. 广告照明设计

广告牌的照明应该注意以下几个要素的控制：①版面的亮度；②照度分布；③光源的显色性能；④色彩效果；⑤安装位置；⑥投光方向；⑦灯具支架的外观造型及色彩。

户外广告的投光照明有两种方式：一种是自下而上式；另一种是自上而下式。前者投射灯具布置在广告牌的下方，广告画面整体效果好，但上照光较难控制，一部分光会射向天空，引起光污染。灯具的选择和布置要注意配光和间距，尤其要将光束投向广告板内。后者的投射灯具是安装在广告牌的上方，所有的光线都是向下照射，光照的利用率较高，而且没有光污染的担忧。

灯箱广告为了使广告画面达到最佳的效果，应该控制广告画面的亮度，并根据画面的亮度设计计算灯箱内的光源灯具及安装方法。灯箱画面的均匀度是指光源附近亮度与远离光源部分的亮度之比。均匀度为 1 时最佳，均匀度为 2 时是可容许的最大值，对大多数的广告灯箱其均匀度为 1.3 ~ 1.5 时可达到满意的效果。

灯箱广告使用的光源一般为日光灯，为了消除箱面的“灯管影”和维持广告的亮度，灯管间距 10 ~ 15cm 较为合适。

设计不当的广告照明会对环境产生不良影响。高功率泛光灯或闪烁的霓虹灯是否对附近居民产生影响应该在设计初期进行评估。城市交通道路上的灯光广告及标识，是否会引起驾驶员的不适。在生态保护区的广告照明，应该事先评估对于动植物的影响。在广告照明设计中应强调环境保护的概念，慎重选择照明方式，尽可能减小户外广告照明对环境的不良影响。

第四节　商业街照明的分层设计

一般商业街照明构成元素及空间分层如图 7-4-1 所示。

图 7-4-1　一般商业街照明构成元素及空间分层
（摄影：李文华）

图 7-4-2　商业街中的交通信号及标识照明
（摄影：李文华）

一、地面层照明

商业街多在人行道附近设置广告灯箱，内置荧光灯管，照明精美的广告图案。目前大部分的公交候车亭带有灯箱广告，兼具广告宣传和候车站点照明的双重作用。在大型商场或重要场所，用大屏幕作为广告或公益宣传的工具，可以流动播放广告和宣传文字，是当下常见的一种现代化广告形式。广告灯箱应顺道路方向安装，亮度符合 JGJ/T 163—2008《城市夜景照明设计规范》要求，不能对行人产生眩光。

交通信号及标识照明是商业街重要的公共灯光设施，其他设施和照明灯光都不得对交通信号及标志造成干扰和遮挡，如图 7-4-2 所示。

树木、草坪、花坛、喷泉水景在夜晚也会给商业街夜晚增添多姿多彩的韵味和风光。商业街建造小型旱喷泉、喷水池或跌水较为经济实用。注意给喷泉水景创造相对安静的暗环境。树木的照明宜选用埋地照树灯，避免对行人造成眩光。

小品、雕塑、灯饰照明是商业街甚至一个城市地域文化内涵的缩影，是商业街夜景照明的亮点。小品和雕塑宜用中小型投光灯照射，具有立体感。投光灯要安置在隐蔽安全处，不会对行人和游客造成眩光。

埋地投光灯灯泡功率要适当，避免亮度过大产生眩光，或因灯罩表面温度过高灼伤行人。

灯饰是人工制作的独立彩色发光构筑景观，无论白天与夜晚均具有很强的观赏性。灯饰内投光源可以选用荧光灯、节能灯、彩色灯泡、LED、冷极管、光纤等，如图 7-4-3~ 图 7-4-5 所示。

图 7-4-3　商业街中的灯饰（摄影：李文华）

大型商场或娱乐场所前往往建有小型广场，除了建有喷泉、花坛外，还有庭院灯或埋地灯。为避免强光干扰游人的视线，庭院灯的表面亮度不可过大。为了降低灯具表面亮度，可在光源外面加装磨砂玻璃罩、PC管（板）或使用反光照明庭院灯具。

图 7-4-4　北京三里屯商业街中的灯饰（摄影：李文华）

投光灯或埋地灯不能影响交通或造成眩光。投光灯要隐蔽安放在花坛灌木背人处，或使用灯柱将投光灯托起。埋地灯要科学计算投光方向，合理选择埋地位置。

地面安装的所有照明灯宜按照明系统进行供电，灯杆、地面灯外壳要可靠接地，接地电阻小于 10Ω，必要时设置漏电保护。电缆地下穿管敷设。

图 7-4-5　北京王府井商业街中的灯饰效果（摄影：李文华）

橱窗照明是商店的眼睛，商业街的亮点，是展现商店特色和吸引顾客的重要手段之一，多以陶瓷金卤灯、荧光灯作基本照明，以卤钨灯作重点照明。金属器件橱窗照明，宜采用扩散性好的直管形荧光灯；时装、鞋帽橱窗照明，宜采用线光源和聚光灯相结合的方式，即直管型荧光灯和低压卤素灯相结合；珠宝、玻璃器皿、手表等橱窗照明，宜采用聚光的低压卤素灯照射，从不同角度照射商品样品，使商品具有一定的水平照度和垂直照度，充分显现展品的质地和体感，显现展品个性。

橱窗照明没有固定模式，应具有一定的灵活性。橱窗照明光源应该隐蔽，尽量避免观者看到光源。随着展品的调换和季节的变化，橱窗照明也应随之变化。白天和夜晚，应对橱窗照明进行分组控制。

各商店的橱窗照明在整条街照明规划的基础上，突出自身照明的特点和个性，橱窗照明设施的布置宜与行人视线垂直。

商店橱窗、门口、店标等照明设计效果如图 7-4-6~ 图 7-4-14 所示。

图 7-4-6　商业街中的橱窗照明（摄影：李文华）

图 7-4-7　商店门口的照明（摄影：李文华）

图 7-4-8　商店橱窗及店标的照明（摄影：李文华）

图 7-4-9　商店店标照明（摄影：李文华）

图 7-4-10　橱窗及店标照明的整体协调案例（摄影：李文华）

图 7-4-11　服装专卖店橱窗照明示例
（摄影：李文华）

图 7-4-12　女装专卖店橱窗照明
设计示例（摄影：李文华）

图 7-4-13　商业街照明示例
（摄影：李文华）

图 7-4-14　商业街标识照明示例
（摄影：李文华）

二、中层门面和标识照明

1. 霓虹灯

霓虹灯色彩艳丽，可以根据需要组成文字和图案，按设定程序进行变化，动感强烈，容易引起行人的注意，如图 7-4-15 所示。霓虹灯位置应有一定高度且闪烁不宜过于频繁，避免引起行人视觉不适。

图 7-4-15　霓虹灯店标照明（摄影：李文华）

2. 投光灯

用小型支架将小型投光灯伸出，照射店名标牌，既经济又实用。注意按相关标准配置灯具间距和外伸长度，选定宽光束小型投光灯的功率。店名和标牌表面要亮度均匀，不能对行人产生眩光。

3. 灯箱

在经过设计的灯箱内设置荧光灯，用内透光的方法显现灯箱外表面文字及图像。灯箱醒目但不刺眼，视觉与广告效果较好。制作灯箱成本较低，小型店铺、连锁店铺等应用较多。有些城镇把临街店铺门头灯箱尺寸和样式进行统一，在一定程度上可以改善市容市貌，算是一种有益尝试，但也应该允许多样化和个性化的存在，以防“千城一面”现象的出现。

4. 霓虹灯、LED 等反光

在墙面的前方，用支架安装标牌店名图文，其后用霓虹灯、LED 等勾画图文轮廓，利用标牌墙面的反光，显现店名图文，别具情趣，格调高雅。

门面和标识照明一定要样式新颖、特色鲜明、光彩醒目，其亮度多为背景亮度的 2 ～ 3 倍。相邻店铺的门面标牌形式和色彩，尽量有所区别，以免单调乏味。好的门面和标牌照明能明确巧妙地昭示店内商品特色，有助于招揽顾客，如图 7-4-16、图 7-4-17 所示。

图 7-4-16　建筑物立面中层门面和店标照明生动灵活

图 7-4-17　建筑物立面中层门面和店标照明样式新颖

三、户外显示屏照明

近年来，户外显示屏作为一种户外媒介在商业步行街及其他街区大量涌现，以越来越清晰美艳的效果不厌其烦地滚动播出广告、新闻、文娱节目等，以吸引人们的注意力，将宣传推广的力度最大化，如图 7-4-18、图 7-4-19 所示。

图 7-4-18　上海市商业街建筑物顶部的大屏幕

图 7-4-19　北京市商业街建筑物顶部的大屏幕

四、顶层店名及大型广告照明

顶层店名及大型广告照明设计要点如下。

（1）上层屋顶可用投光灯或轮廓照明呈现建筑物的天际轮廓线。

（2）用霓虹灯做店名或大型广告照明，是最常用的表现形式。大型霓虹灯店名或广告的色彩和图案变化，可以引起较大范围的行人注意，宣传效果很强大。

（3）广告牌的投光灯照明。采用小功率宽光束投光灯在大型广告牌上部、下部或上下部同时照射广告牌，使其达到需要的亮度和均匀度，这种方法经济可靠，使用广泛，宣传效果良好。

（4）灯箱结合霓虹灯的广告照明。在大型灯箱广告表面关键文字或图案上配置霓虹灯，勾画出它们的轮廓，使灯箱广告的重点图文鲜亮突出，经济实用，有较好的层次感、立体感，如图 7-4-20 所示。

图 7-4-20　商业街建筑物立面上层大型广告照明

五、商业街建筑物的立面照明

商业街建筑物立面照明设计要点如下。

（1）根据建筑物周围环境的亮暗和建筑物表面材料的明暗及反射率选择合适的被照面照度。

（2）研究建筑物的特点，用恰当的夜景照明方法充分体现建筑物的特征和使用功能，如图 7-4-21 所示。大平面或立面使用投光灯照明，造型优美的建筑物使用轮廓照明，造型复杂的欧式建筑采用小功率多层多点照明，大屏幕玻璃使用内透光照明或加上投光照射非玻璃部分，显现整体建筑形体美。要注意用灯光的照度、色彩、动静体现建筑的格调。书店、高档饭店、高级专业店等泛光照明要庄重大方，色彩无需艳丽，不求灯光的闪烁和变化；大型商场、超市泛光照明要显得醒目引人；标牌广告应新颖靓丽，有一定的色彩和节奏变化；娱乐场所泛光照明要求活泼欢快，灯光的亮度和色彩变化节奏快，动感强；机关、教堂泛光照明则应宁静清幽。

（3）明确建筑物的远近观赏面。近观赏面多为建筑物的正立面，注意自下而上三层灯光的色彩、照度相互协调配合，力求格调一致。远观赏面是建筑物的中上部分，照度、色彩、照明方式的选择要有整体意识，做到与近观赏面协调有序。

图 7-4-21　上海市南京路商业街建筑物的立面照明（摄影：李文华）

图 7-4-22　北京市三里屯商业街广场冬季照明（摄影：李文华）

（4）合理布置立面照明灯具。立面照明灯具的布置应尽量隐蔽，可以布置在周边较矮建筑物的顶部，也可以在合适的地面位置专设 3 ~ 5m 与建筑和环境协调的灯柱，还可以安放在花坛隐蔽处等。

（5）高塔塔尖、高大建筑物的顶部等要适度提高亮度，强调色彩变化，既可起到画龙点睛的作用，又可以对航空飞行起到警示作用。

（6）注意控制商业街照明造成的光污染和彩色污染。

（7）充分利用功能照明。利用室内外功能照明——室内灯光、橱窗照明、景观照明、立面照明、标识广告照明等，装饰室外夜景照明，作为商业街立面照明和道路照明的补充。功能照明利用得当，可以大量减少商业街的立面照明和道路照明投入。

六、广场照明

广场照明效果如图 7-4-22~ 图 7-4-24 所示。广场照明的设计要点如下。

图 7-4-23　北京市三里屯商业街广场夏季照明（摄影：李文华）

图 7-4-24　北京市三里屯商业街广场夏季照明俯瞰（摄影：李文华）

（1）商业广场的照明应和商业建筑、入口、橱窗、广告标识、道路、广场中的绿化、小品及娱乐设施的照明统一规划，相互协调。

广场照明应有构成视觉中心的亮点，视觉中心的亮度与周围亮度的对比度宜为 3 ~ 5，不宜超过 5 ~ 10。

大型商场和建筑物外的小型广场，作为人流聚散和停车使用。小型广场的照明设计既相对独立，又是大型商场和建筑物夜景照明的室外延伸，应浑然一体。小型广场多与道路相邻，广场照明应该成为商场建筑物照明和道路照明沟通的桥梁。

（2）小型广场的照明设计要与道路照明相协调。如广场照明的灯杆布置不会影响道路照明灯杆的整体性布置，广场照明的灯光对车行道照明不能造成过大影响。

广场的出入口、人行道、车行道等位置应设置醒目的标识照明。除重大活动外，广场照明不宜采用动态和彩色光照明，若使用动态照明或彩色光不得干扰对交通信号灯的识别。

（3）小型广场是大型商场和建筑物的重要组成部分，其亮度可以高出一般商业街人行道照明的一倍，应选择显色性好的光源，如金卤灯等，在距地面 3m 的高度空间范围内，尤其需要较好的垂直照度以利于顾客和行人的互相观察。

广场公共活动区域、建筑物和特殊景观元素的照明应该统一规划，相互协调。

（4）灯杆、灯具应该时尚华丽，一般以商场正门为轴心，两侧对称布置。各种照明设施可以成为一个小的照明体系。照明灯杆大都选择时尚型或豪华型庭院灯，灯柱高度一般在 3 ~ 6m，可以满足广场垂直照度的需要。最好不要采用高杆灯或半高杆灯，建议使用慢速转动的多面体广告牌，以增加广场的“活力”，又不影响受众休闲娱乐。

广场应选用上射光通过比不超过 25% 且具有合理配光的灯具；除满足功能要求外，还应具有良好的装饰性且不得对行人和机动车驾驶员产生眩光和对环境产生光污染。

（5）小型广场内经常建有小品、雕塑、喷泉、花坛等，可以用埋地灯等进行投光照射。彩色喷泉和水幕电影等在亮背景下，观赏效果不好，在规划设计小广场时要慎重考虑。花坛一般不需要另设草坪灯，茂密树冠可以在树杈上安装绿化投光灯。

广场绿地、人行道、公共活动区域及主要出入口的照度标准值应符合表 7-4-1 的规定。

表 7-4-1　广场绿地、人行道、公共活动区域和主要出入口的照度标准值

照明场所	绿地	人行道	公共活动区域				主要出入口
水平照度（lx）	≤ 3	5 ~ 10	市政广场	交通广场	商业广场	其他广场	20 ~ 30
			15 ~ 25	10 ~ 20	10 ~ 20	5 ~ 10	

（6）地面上不摆放投光灯等照明器材，必要时选用埋地灯。缆线入地，以便于行走和保证安全。

（7）小型广场的照明也要纳入夜景照明控制系统，设置一般、节日、半夜灯等控制模式。

（8）广场地面的坡道、台阶、高差处应设置照明设施。

（9）建筑物顶部照明设施不能成为接闪器，照明设施外金属构件应与防雷接地线可靠连接。

第五节　商业街的照明管理

一、商业街照明常见问题

商业街照明涵盖了商业街的道路照明、市政公用设施照明、交通信号照明、广告照明、景观照明、建筑物立面照明等诸多照明领域，投资属众多单位或商家，涉及相关利益方复杂多元，如果没有有效的总体规划和统一管理，商业街照明将会出现灯光混杂、破坏景观的难堪局面。商业街照明常见问题有以下几种。

（1）商业街照明没有设定的文化风格，盲目攀比亮度，色彩单一或杂乱。建筑物夜景照明没有个性特点，建筑物夜景照明受到其他照明灯光的干扰或遮挡。

（2）道路照明与绿化照明配合不当。出现树木枝叶遮挡路灯灯光，强光下花坛草坪灯或投光灯不能发挥绿化照明功能，人行道上绿化投光灯影响交通或产生眩光等。

（3）道路照明与其他市政公用设施照明配合不当。道路照明与公交停车站或地铁站照明重叠。电话亭、消火栓、时钟等处光线昏暗，造成使用不便，不能充分发挥各自功能。

（4）各行业部门或商家独立设置照明，如有商家在自家门前自设大型华灯或庭院灯，造成照明灯柱林立，各路段照度差异过大，令司机和行人感觉不良。

（5）某些灯柱或灯光影响了交通信号或标志信号。

（6）商业街门面标牌设置凌乱，门面标牌照明过于单一或陈旧。

二、制订商业街照明总体规划

商业街是城市购物、游览中心之一，集中体现一个城市的特征和文化内涵。因此，从商业街的建筑物、市政公用设施建设到商业街照明的建设和管理，都应该有科学合理的总体规划。商业街要从城市规模、交通、购物、历史沿革和城市发展前景等实际情况出发，确定其数量和具体位置，真正确保商业街的功能和效益。城市要从实际出发，在制订科学合理的城市发展总体规划时，要包括商业街建设的总体规划及其照明总体规划。

（1）商业街照明要与城市的整体照明规划相吻合。作为城市照明的一部分，商业街照明的照度水平、色彩等都应依据城市照明总体规划制定合理的标准。

（2）商业街照明规划要体现城市的历史、文化、地域特征。譬如北京，作为文化古都，其商业街照明可采用古朴典雅的照明灯具，与商业街建筑风格、文化脉络融为一体，充分展示城市悠久深邃的历史文明。一些新兴城市的商业街，则可以用现代化风格的灯具，体现现代化城市的蓬勃发展和锐意创新。

（3）控制商业街总照度标准。制定一条商业街内各街段，直至各个大型建筑物的照度、色彩标准，避免盲目攀比亮度。确定重点建筑物、一般建筑物的照度标准，使商业街照明科学有序。

（4）商业街的道路照明、绿化照明、信号标志照明等要统一规划设计，做到协调统一。

（5）商业街的大型商家、饭店、机关前的广场、绿化照明设计，要在商业街的道路照明、市政公用设施照明总的规划设计前提下进行。照明设计不能相互重叠，杆柱不能影响交通和观瞻。

（6）确定重点建筑物夜景照明的基本方法、色彩、照度的总控制，充分展示建筑物的个性，避免大批建筑物夜景照明效果雷同。

（7）对建筑物立面三层空间的地面照明、橱窗照明、标牌门头照明、大型广告照明，要有总的亮度、高度、照明方法的规定，不能杂乱无章，不能灯光扰人。

（8）规划大型建筑物立面照明的总体照度、色彩和效果要求。

三、科学统一管理商业街照明

1. 法制化管理

健全商业街照明法规、规章和制度，做到依法管理。组织照明建设，治理光污染，保障商业街照明设施的正常运行，打击盗窃和恶意破坏城市夜景照明设施的行为。

2. 科学化管理

把道路照明、市政公用设施照明、建筑物立面照明等纳入统一管理，才能发挥最大的效能。制定照明维护制度，根据平日、节日、重大节日，确定夜景照明设施的开关灯时间，按照周期清洁照明灯具，更换光衰严重光源，维修损坏电器，保证照明设施的正常运行。

3. 现代化管理

建立自动监控系统，节约人力物力，规范科学实现现代化管理。

第八章　城市光污染控制及绿色照明与节能

第一节　城市光污染控制

一、光污染的概念与类别

光污染问题早在 20 世纪 30 年代被提出，首先提出光污染的是国际天文界，他们认为光污染是城市夜景照明使天空发亮造成对天文观测的负面影响，后来英美等国称之为“干扰光”，在日本则称之为“光害”。中国的南京紫金山天文台、上海天文台、云南天文台，日本的东京天文台等都是受光污染影响导致无法开展观测工作而被迫搬迁到新址。

2001 年 8 月 7 日，美国一家研究机构公布了一个令世人为之哗然的数据：夜晚的华灯造成的光污染已使全世界 2/3 的人对银河系视而不见，“仰望星空”已经成为现代人的奢望，在西欧和美国等发达地区和国家看不到灿烂星空的居民比例竟高达 99%。研究人员之一埃尔维奇说：“许多人已经失去了夜空，而导致这一苦果的正是我们滥用灯光，它们使夜空失色。”他认为，现在世界上约有 2/3 的人生活在光污染里。

而在目前，我国的一项研究结果也表明，光污染对人眼的角膜和虹膜造成伤害，引起视疲劳和视力下降。我国高中生近视率达 60% 以上的主要原因，并非用眼习惯所致，而是视觉环境受到严重污染。

什么是光污染？广义地说，光污染（light pollution）是过量的光辐射，是包括可见光、紫外与红外辐射对人体健康和人类生存环境造成的负面影响的总称。

光污染主要着眼于对环境的影响，不能单纯根据一个区域或照明设备的亮度水平或出光量来评价，还要考察出射光线是否对环境产生负面的影响。

国际上一般将光污染分成3类，即白亮污染、人工白昼和彩光污染。

1. 白亮污染

阳光照射强烈时，城市里建筑物的玻璃幕墙、釉面砖墙、磨光大理石和各种涂料等装饰反射光线，明晃白亮，炫眼夺目。专家研究发现，长时间在白色光亮污染环境下工作和生活的人，视网膜和虹膜都会受到程度不同的损害，视力急剧下降，白内障的发病率高达45%。还使人头昏心烦，甚至发生失眠、食欲下降、情绪低落、身体乏力等类似神经衰弱的症状。

夏天，玻璃幕墙强烈的反射光进入附近居民楼房内，增加了室内温度，影响正常的生活。有些玻璃幕墙是半圆形的，反射光汇聚还容易引起火灾。烈日下驾车行驶的司机会出其不意地遭到玻璃幕墙反射光的突然袭击，眼睛受到强烈刺激，很容易诱发车祸。

2. 人工白昼

夜幕降临后，商场、酒店上的广告灯、霓虹灯闪烁夺目，令人眼花缭乱。有些强光束甚至直冲云霄，使得夜晚如同白天一样，即所谓人工白昼。在这样的“不夜城”里，夜晚难以入睡，扰乱人体正常的生物钟，导致白天工作效率低下。

人工白昼还会伤害动、植物，强光可能破坏昆虫在夜间的正常繁殖过程。

照明生态安全的恶化，人工灯光的光点可以传到数千米以外。不少动物虽然远离光源，但也受到光的作用。它们受到人工照明的刺激后，夜间也精神十足，消耗了用于自卫、觅食和繁殖的精力。

在1986年的幼龟出生期，大西洋沿岸到处都可以看到死海龟。原来，新孵出的海龟通常是根据月亮和星星在水中的倒影而游向水中的。可是，由于地面上的光超过了月亮和星星的亮度，使得那些刚出生的小海龟误把陆地当海洋，因缺水而丧了命。

鸟类在迁徙期最容易受人工光的干扰。它们原本在夜间是以星星定向的，城市的夜景照明光却常常使它们迷失方向。一群仙鹤因德国马尔堡的灯光广告过亮，结果在城市上空整整飞了一夜，最后精疲力竭地掉到了地上。而芝加哥的一幢高楼每年都会杀死大约1000只候鸟，它们误把高楼的灯光当作星星，迷路后撞死在大楼上。据美国鸟类专家统计，每年都有10000万只候鸟因撞上高楼上的广告灯而死去。城市里的鸟还会因灯光而不分四季，在秋季筑巢，结果因气温过低而冻死！

3. 彩光污染

舞厅、夜总会安装的黑光灯、旋转灯、荧光灯以及闪烁的彩色光源构成了彩光污染。据测定，黑光灯所产生的紫外线强度大大亮于太阳光中的紫外线，且对人体有害影响持续时间长。人如果长期接受这种照射，可诱发流鼻血、脱牙、白内障，甚至导致白血病和其他癌变。彩色光源让人眼花缭乱，不仅对眼睛不利，而且干扰大脑中枢神经，使人感到头晕目眩，出现恶心呕吐、失眠等症状。科学家最新研究表明，彩光污染不仅有损人的生理功能，还会影响心理健康。

限于篇幅等原因，在本章节中将主要分析探讨夜间室外照明的光污染。它是指夜间室外照明，如建筑或构筑物的景观照明、道路与交通照明、广场或工地照明、广告标志照明和园林山水景观照明等所产生的溢散光、天空光、眩光和反射光形成的干扰光，对人体健康、交通运输、天文观察、动植物生长及生态环境等产生的负面影响或称危害的总称。

二、光污染的产生

随着城市夜景照明的迅速发展，特别是大功率高强度气体放电灯在建筑夜景照明和广场、道路照明中的广泛采用，建筑立面和地面（含广场及路面等）的表面亮度不断提高，商业街的霓虹灯、灯光广告和标志越来越多，而且规模越来越大。图 8-1-1 所示是宇航员从太空看地球夜景的情况。由图可以看出，在发达国家中不少地区的夜间照明十分明亮，特别是那些被人们誉为不夜城的拉斯维加斯、纽约、东京、巴黎、伦敦、开罗、新加坡、香港等大都市，每当夜幕降临，便变成灯的海洋，夜景十分华美，然而光污染问题也十分突出。而发展中国家的部分地区夜间照明亮度也不低，而且发亮的面积不断扩大的势头十分迅猛。

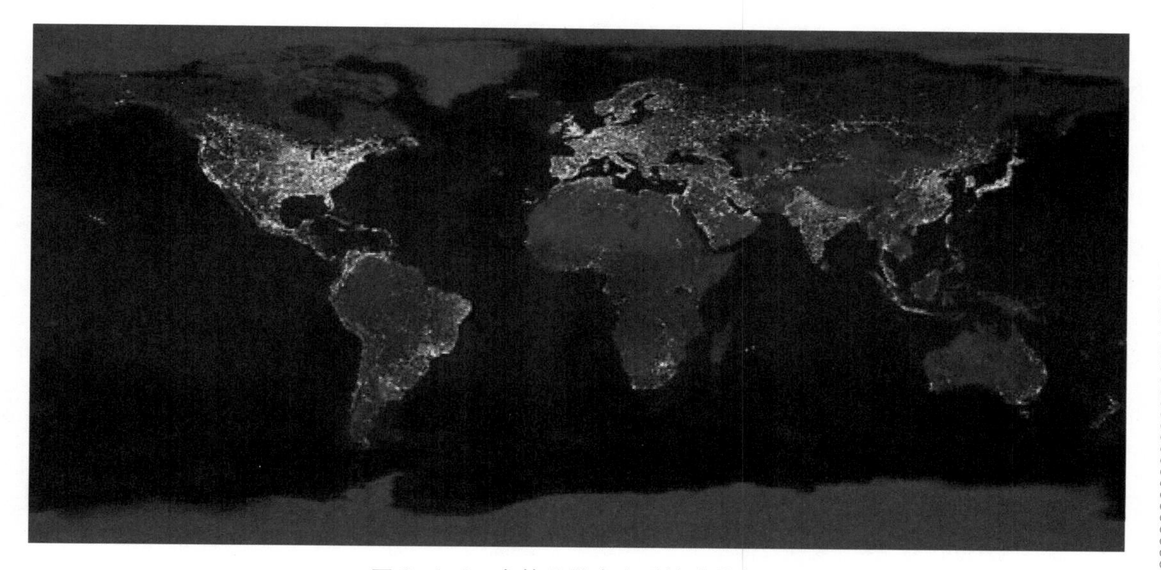

图 8-1-1　宇航员从太空看地球的夜景

图 8-1-2 所示是室外夜间照明的光污染及其影响的基本情况示意。室外夜间照明产生的溢散光或经被照对象表面反射光形成的光污染，主要表现：一是使天空发亮或称引起天空光，或称大气或天文光污染；二是产生的干扰光（含眩光）对人们正常的工作或休息，对交通运输，对动植物生产和生态环境、城市气候等都会产生不同程度的影响。

1. 夜间室外照明的光污染主要来源

（1）建筑或构筑物夜景照明产生的溢散光和反射光。

（2）商业街的建筑物、店面和广告标志照明，特别是高亮度的霓虹灯、投光灯广告及灯箱广告照明产生的溢散光、眩光和反射光。

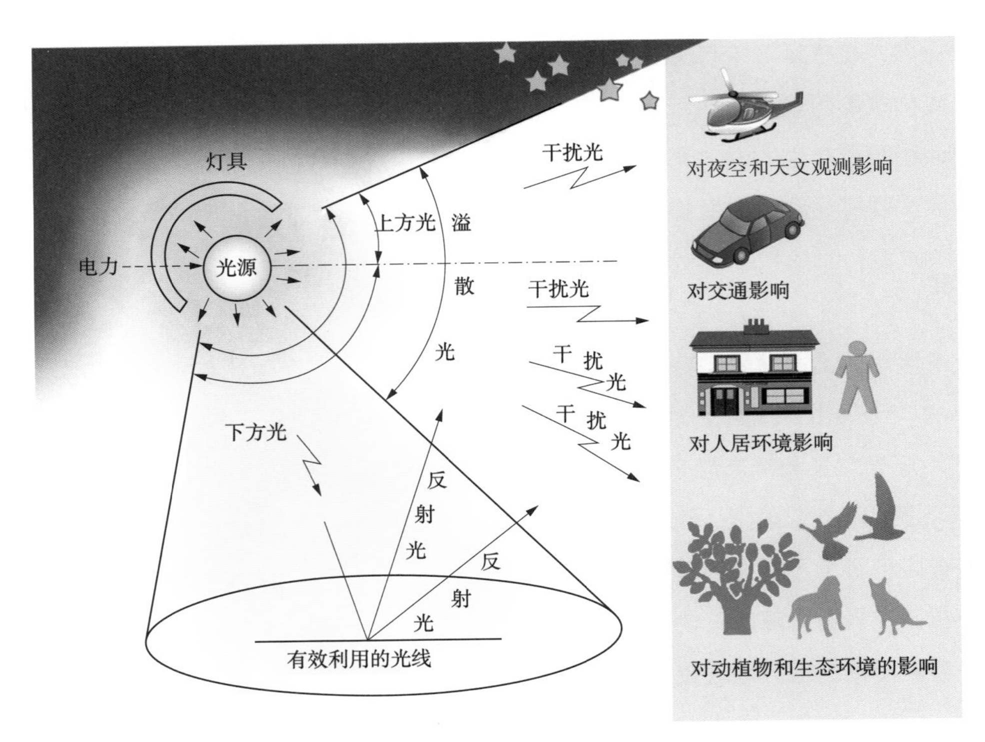

图 8-1-2　室外夜间照明的光污染及其影响

（3）商业街以外地区的城市广告标志照明产生的溢散光和眩光。

（4）各类道路照明产生的溢散光和反射光。

（5）园林、绿地和旅游景点的景观照明产生的溢散光和干扰光。

（6）广场、体育场馆、工厂、工地、矿山、港口、码头及立交桥等大面积照明产生的溢散光、干扰光和反射光。

2. 引起光污染的主要原因

（1）无规划、盲目无序地发展城市夜间室外功能和景观照明。

（2）部分城市或业主相互攀比亮度，误认为夜间照明越亮越好，以致照明的亮度越来越高。

（3）控制光污染的标准和规范不健全，即使国际照明委员会和部分发达国家有控制光污染的规定，但是实施力度不够，未能在实践中推广应用和落实。

（4）夜景照明规划、设计，特别是照明水平的确定，光源和灯具的选择，照明布灯方案等没有或不完全执行控制光污染的标准或规定。

（5）照明设施的管理制度和措施不健全。

三、光污染的危害

夜间室外照明光污染的危害通常有 5 个方面，如图 8-1-3 所示。

（1）光污染破坏夜空环境，造成夜空亮度升高，致使望远镜仪器设备观测能力下降，严重影响天文观测。

（2）光污染影响人的正常生活、工作、休息，干扰人的生理节律，危害人体健康。

（3）光污染严重干扰交通信息源的收集，对陆地交通、海上交通、空中交通产生负面影响。

（4）光污染对动植物产生不良影响，严重破坏所在地区生态平衡。

（5）光污染对城市环境造成严重污染和负面影响，导致城市气候异常情况时有发生。

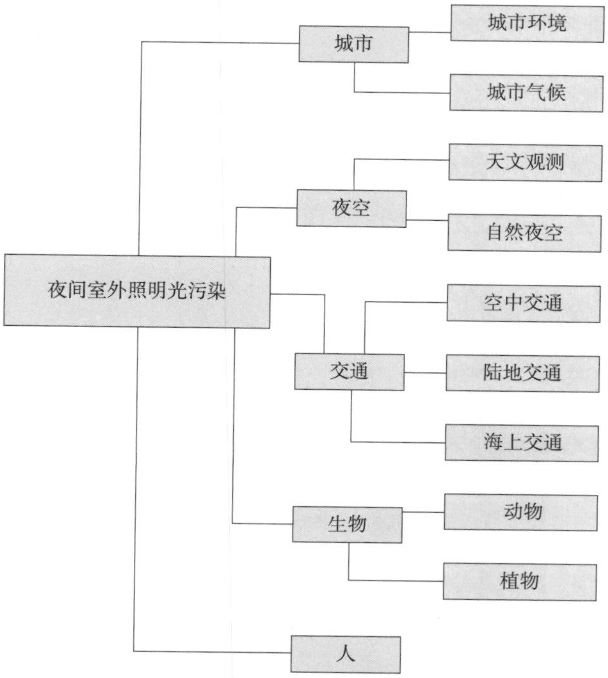

夜间室外照明光污染
城市
城市环境
城市气候
夜空
天文观测
自然夜空
交通
空中交通
陆地交通
海上交通
生物
动物
植物
人

图 8-1-3　夜间室外照明光污染示意

四、光污染的防治原则

（1）防治光污染以防为主，防治结合，防患于未然。

（2）防治光污染要从城市照明的规划、设计等源头开始预防。

（3）依法进行城市照明规划、设计、使用，严格执行相关国标。

五、光污染的防治方法

1. 建筑与景观照明的光污染防治

（1）严格执行相关国际和国标进行建筑与景观的照明设计。

（2）根据建筑与景观的功能、特征、饰面材料科学选用合理的照明方式。

（3）采用合理方式方法将投光灯产生的溢散光、干扰光降到最低限度。

（4）依法控制使用激光、探照灯、空中玫瑰灯等较可能产生严重光污染的灯具。

2. 商业街照明的光污染防治

（1）商业街的广告灯箱、投光灯广告、霓虹灯广告、灯光招牌等的密度、造型、尺寸、安置方式等必须要有统一规划和控制。

（2）大型广告招牌尽量使用自发光的灯箱或者从上方安置投光灯照射广告招牌，广告灯箱等的亮度要严格控制其照度标准值。

（3）商业店铺形象尽量依靠店内透光，既可以节能又有助于防控光污染。

3. 道路照明的光污染防治

（1）严格按照道路照明规范要求设计、选用灯具的配光类型、布光方式、安装高度和间距。对常规照明的机动车道必须选用截光、半截光型路灯灯具，在指向角度（90°）方向上所发出的最大光强值不得超过 1000cd，灯具悬挑高度不宜超过安装高度的 1/4，灯具仰角不宜超过 15°。

（2）严格按照国家和国际标准规定的路灯高距比布置路灯，路灯灯杆密度应该安排适度，避免盲目追求路面高照度，反而导致道路路面反射到天空的干扰光增量。

（3）慢车道、人行道、绿化带照明应该合理分布，并慎用装饰照明。住宅区道路照明的灯杆布置应该避免靠近民宅，灯具要求具有遮光措施，以免导致光线射入居民房间，影响居民休息和生活。尤其在飞机场附近的高速路应严格控制干扰光，同时还应该禁止使用与机场跑道灯光颜色相同的路灯颜色，以免飞机降落时遭受误导。

4. 城市广告照明光污染的防治

（1）广告投光照明灯具的配光、安装位置、投光方向应该经过科学计算，合理布置。

（2）投光灯应该安装在广告牌的上方，由上向下照射，如图 8-1-4 所示。

图 8-1-4　广告投光灯尽量安排在广告牌的上方

（3）投光灯应该具备防溢散光的措施。

（4）依据相关国标科学计算，严格控制广告和标识的表面亮度。

5. 园林绿地和旅游景点光污染的防治

（1）严格按照相关国标和国际标准的规定针对树木进行照明设计，选择合理的照明方向，尽量少用直接由下向上照射的照明方式，以避免大量的上射光溢散到天空，如图 8-1-5 所示。

图 8-1-5　庭院灯具应尽量选用上射光少的产品

（2）绿地和花坛的照明方法和投光方向应该合理，以避免干扰光干扰行人、司机。灯具要配光合理并具有遮光措施。庭院灯具等的射出光线尽量向下，以减少其射向天空的几率。

（3）旅游景点应尽量不使用探照灯、激光灯、空中玫瑰灯等大功率、光束亮度特别高的灯具，如果必须使用，则应该加强管理，严格控制开灯时间和频率。

第二节 绿色照明与节能

一、绿色照明与节能的概念

1. 绿色照明

人口、资源和环境是当前世界各国普遍关注的重大问题，它关系到人类社会经济的可持续发展，而其中的资源和环境与照明关系最为密切。

20 世纪 70 ~ 80 年代，全球面临能源危机，国际上环境保护浪潮兴起，节约能源，保护全球环境成为全人类的共识。能源危机引起国际社会特别是一些发达国家对照明节能的重视，一些国家相继提出诸多照明节能的原则并积极采取相应措施。“绿色照明”（Green Lights）、“绿色照明计划”（Green Lights Program）等全新理念和举措就是在这样的背景下，于 1991 年由美国环保局（EPA）率先提出，随后，大批绿色照明工程采用民间合作的方式被积极推进和实施，成效良好，并很快得到联合国等国际组织机构的关注和支持，联合国及诸多国家相继制定照明节能政策、照明节能标准及具体技术对策。目前，绿色照明工程在一些国家已取得越来越大的社会、经济和环境效益。绿色照明实质上是全球兴起的节约能源，保护环境的绿色行动的组成部分。绿色照明的前景广阔，有巨大的发展潜力。大力度、全方位实施绿色照明是我国今后照明科技的长远发展目标。

绿色照明是节约能源、保护环境，有利于提高人们生产、工作、学习效率和生活质量，促进身心健康的照明。绿色照明要以人为本，为人们创造舒适、安全、有益身心健康的光环境。

绿色照明是指通过科学的照明设计，采用效率高、寿命长、安全和性能稳定的照明电器产品（电光源、灯用电器附件、灯具、配线器材以及调光控制和控光器件），改善人们工作、生活、学习条件和质量，从而创造一个高效、舒适、安全、经济、有益的环境，充分体现现代文明的照明。

2. 节能

《中华人民共和国节约能源法》中所称“节能”，是指“加强用能管理，采取技术上可行、经济上合理以及环境和社会可以承受的措施，减少从能源生产到消费各个环节中的损失和浪费，更加有效、合理地利用能源”。

该法强调“国家鼓励、支持节能科学技术的研究和推广，加强节能宣传和教育，普及节能科学知识，增强全民的节能意识。”在该法中规定了“任何单位和个人都应当履行节能义务，有权检举浪费能源的行为”。

《中华人民共和国节约能源法》还规定对尚无国家标准的，国务院有关部门可以依法制定有关节能的行业标准，并报国务院标准化行政主管部门备案。制定有关节能的标准应当做到技术上先进、经济上合理，并不断加以完善和改进。

中国节能认证
Energy Conservation Certification

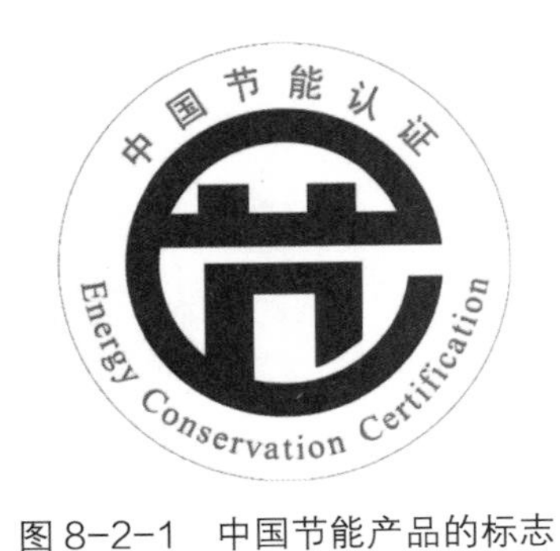

图 8-2-1　中国节能产品的标志

国务院管理节能工作的部门会同国务院有关部门对生产量大面广的用能产品的行业加强监督，督促其采取节能措施，努力提高产品的设计和制造技术，逐步降低本行业的单位产品能耗。

我国的节能认证工作由中国节能产品认证管理委员会管理。该委员会是根据《中华人民共和国产品质量认证管理条例》和《中华人民共和国节约能源法》的有关规定成立的，是国家质量监督检验检疫总局授权国家经贸委牵头组建的，是代表国家对节能产品实施认证的唯一机构。管理委员会按照国家有关法律、法规和规章及有关国际公约、惯例，结合节能工作特点进行认证活动，采用国内统一、国际上通用的第三方认证制度。

我国的节能产品的标志由“能”的英文“energy”的第一个字母“e”构成一个圆形图案，中间包含了一个变形的汉字“节”，寓意为节能，如图 8-2-1 所示。凡带有这种标识的产品均为节能产品，节能照明产品上也有这种标识。

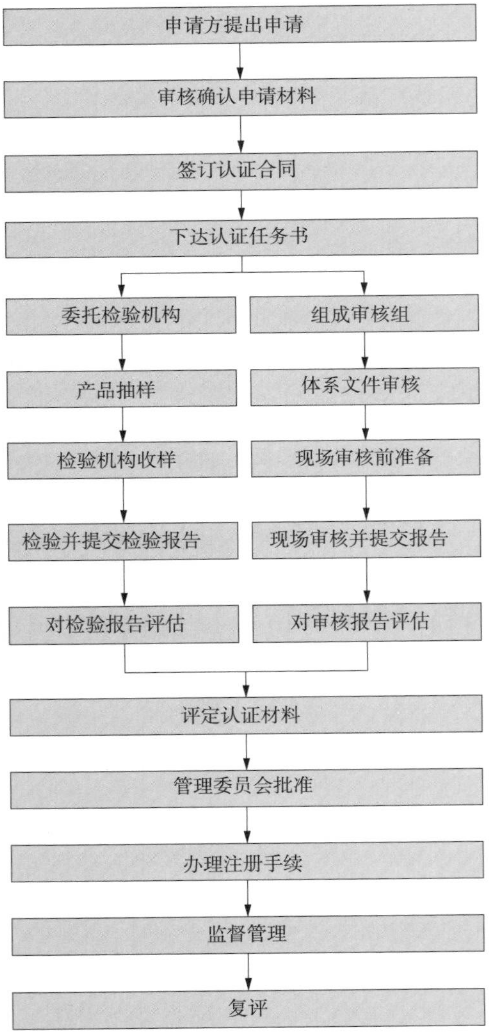

申请方提出申请
审核确认申请材料
签订认证合同
下达认证任务书
委托检验机构
组成审核组
产品抽样
体系文件审核
检验机构收样
现场审核前准备
检验并提交检验报告
现场审核并提交报告
对检验报告评估
对审核报告评估
评定认证材料
管理委员会批准
办理注册手续
监督管理
复评

图 8-2-2　中国节能产品认证流程示意图

目前我国对许多照明产品进行了节能认证。节能产品认证是依据相关的标准和技术要求，经节能产品认证机构检测确认并通过颁布节能产品认证证书和节能标志，证明某一产品为节能产品的活动。企业可根据自愿的原则，向国家节能产品认证中心申请节能产品认证。我国节能产品认证流程如图 8-2-2 所示。

开展照明产品节能认证是我国绿色照明工程促进项目的重要组成部分。目前，已经开展认证的照明产品包括：自镇流荧光灯、单端荧光灯、双端荧光灯、高压钠灯、金属卤化物灯、管形荧光灯用镇流器、高压钠灯用镇流器和金属卤化物灯用镇流器等。

二、实施绿色照明的必要性

人口、资源和环境是世界各国普遍关注的问题，它对人类经济社会的可持续发展有深远的影响。我国改革开放 30 多年来，经济快速发展，但能源资源短缺、环境污染的矛盾也日益突出。贯彻落实科学发展观，节能减排，建设节约型社会，促进经济又好又快发展，已成为全国当前和今后相当长一个时期确立的发展战略。

绿色照明的宗旨是提高照明质量，节约能源，保护生态环境，以获得显著的经济效益、社会效益和环境效益。实施绿色照明正是建设节约型社会的一项重要措施。

中国于 1996 年开始实施《中国绿色照明工程实施方案》，至今成效显著。

中国目前已制订常用照明光源及其镇流器能效标准，住宅、公共建筑以及工业建筑的照明节能标准，开展了国家实验室照明电器产品的一致性比对，强化了测试能力，以多种形式和渠道宣传绿色照明的意义和好处，努力提高国民的节能环保意识；组织了专业性及绿色照明教育和培训，开展节能认证和标识工作；通过开展大宗采购、供需侧（DSM）照明节能试点和质量承诺等活动，为照明节电积累了宝贵经验，为节电产品推广奠定了良好的基础。

1. 实施绿色照明是节能的需要

人工照明主要来源于由电能转换为光能，而电能又大多来自于化石燃料的燃烧。据目前估算，地球上的石油、天然气和煤炭的可采年限有限，世界能源不容乐观。节约能源，对于地球资源的保存，延长其枯竭年限，实现人类社会可持续发展具有重大意义。

我国照明用电约占全国发电量的 13%，目前已达到每年 3000 多亿 kW·h，约为 3 个三峡水电站的总发电量。据统计，2001 ~ 2010 年全国绿色照明工程已经累计节电 1033 多亿 kW·h，实现照明节能 10% 左右，成效显著。

但令人担忧的是，我国人均照明用电量平均只有 180kW·h，与发达国家年人均照明用电量约为 1200kW·h 相比较，明显处于处于严重偏低水平，因此照明总用电量每年都在不断增长，未来用电需求量大的惊人，足见节约能源任务之艰巨。

2. 实施绿色照明是环保的需要

电是一种二次能源，它必须消耗一次能源（煤炭、石油、天然气、水力、核能等）以火力发电、水力发电、核能发电等方式才能获得。在我国，火力发电装机容量约占总装机容量的 75%，并且主要以煤炭为发电原料。用此方式，在发电过程中，会产生大量二氧化硫、氮氧化物等有害气体以及粉尘等污染物，造成地球的臭氧层破坏、地球变暖、酸雨以及粉尘污染等问题。地球变暖的因素中，50%是由二氧化碳形成的，而地球上大约 80%的二氧化碳来自煤炭等化石燃料的燃烧。美国有专业资料显示，每节约 1 kW·h 的电能，可减少大量大气污染物，如表 8-2-1 所示。由此可见，节约电能，对于环境保护的意义重大。通过绿色照明工程，节约照明用电量，就可以相应减少发电过程中污染物的排放量。

采用新型高效光源，还可以减少灯管内汞的含量，减少破碎废弃照明产品向环境排放的有毒物质，也可以达到环境保护的目的。

实施绿色照明，抑制光污染，可以保护人们的生活环境，保护动植物，保护生态环境。

表 8-2-1 每节约 1 kW·h 的电能，可减少的空气污染物的传播量 单位：g

燃料种类	空气污染物		
	SO_2	NO_x	CO_2
燃煤	9.0	4.4	1100
燃油	3.7	1.5	860
燃气	—	2.4	640

3. 实施绿色照明是提高照明品质的需要

提高照明品质，应以人为本，有利于生产、工作、学习、生活和保护身心健康。人类长期在自然光下生活，人眼对自然光的适应性好，自然光条件下的视觉灵敏度高于人工光的5%～20%以上。实施绿色照明，充分利用自然光，采用高效优质的照明电器产品，有利于构建舒适、安全的光环境，提高人们的工作和生活质量。具体体现在照明的照度应符合该场所视觉工作的需要，而且有良好的照明质量，如照度均匀度、良好的眩光限制和光源的显色性以及较长使用寿命等。

节约能源和保护环境必须以保证数量和质量为前提，创造有益于提高人们生产、工作、学习效率和生活质量，保护身心健康的绿色照明，为达此目的，采用高光效的光源、灯具和电器附件以及科学合理的照明设计是至关重要的。

三、照明节能原则

当前国际上普遍认同，在考虑和制订节能政策、法规和措施时，所遵循的原则是，必须在保证有足够的照明数量和质量的前提下，尽可能节约照明用电，这才是照明节能的唯一正确原则。照明节能主要是通过采用高效节能照明产品，提高质量，优化照明设计等手段，达到受益的目的。

为节约照明用电，国际照明委员会（CIE）特提出9条节电原则。

（1）根据视觉工作需要，决定照明水平。

（2）得到所需照度的节能照明设计。

（3）在考虑显色性的基础上采用高光效光源。

（4）采用不产生眩光的高效率灯具。

（5）室内表面采用高反射比的材料。

（6）照明和空调系统的热结合。

（7）设置不需要时能关灯或灭灯的可变装置。

（8）不产生眩光和差异的人工照明同天然采光的综合利用。

（9）定期清洁照明器具和室内表面，建立换灯和维修制度。

照明节能是一项系统工程，要从提高整个照明系统的效率来考虑。照明光源的光线进入人的眼睛，最后引起光的感觉，这是复杂的物理、生理和心理过程，欲达到节能的目的，必须从组成节能系统的各个因素加以分析考虑，以提出节能的技术措施。

四、中国涉及照明节能的现行标准和规范

1999年11月1日，我国第一个照明产品能效标准GB 17896—1999《管形荧光灯镇流器能效限定值及节能评价值》由原国家技术监督局正式批准和发布。随后，我国又先后发布和实施了涉及照明节能规定的关于光源和镇流器等照明产品的标准和规范，分别有：《普通照明用双端荧光灯能效限定值及能效等级》、《普通照明用自镇流荧光灯能效限定值及能效等级》、《单端荧光灯能效限定值及节能评价值》、《高压钠灯能效限定值及能效等级》、《高压钠灯镇流器能效限定值及节能评价值》、《金

属卤化物灯镇流器能效限定值及能效等级》和《金属卤化物灯能效限定值及能效等级》，等等。

以上标准分别对产品的能效限定值和节能评价值（能效等级、目标能效限定值）作了规定。所谓能效限定值就是产品的能效应不低于此数值，否则就不可以进入市场。所谓节能评价值（能效等级、目标能效限定值）是希望产品所应具有的能效数值。

我国已发布的能效标准皆为强制性国家标准。

涉及照明节能规定的关于照明设计的标准和规范有：《建筑照明设计标准》、《城市道路照明设计标准》、《城市夜景照明设计规范》等。

我国的照明设计标准中所规定的各类建筑在不同场所的照明照度数值或亮度数值，是经过大量科学实验验证并经过实践证明的合理结果。按照这样的标准来进行设计就能够满足功能需要。若再要无限制提高标准，对视觉功能没有什么太大的作用，反而会造成能源浪费。

但是，现在很多场所的照明往往超过照明标准所规定的数值，例如，某些办公大楼、商场、道路、广告、景观等照明，就有设计照度值超过照度标准值的现象，造成能源浪费。另外，因照明方式的选择不合理也有可能造成能源浪费。例如，在同一场所的不同区域有不同照度要求时，为贯彻照度有高有低的原则，采用分区一般照明，使整体的能耗很高。所以正确执行照明设计标准是实施照明节能的前提，实施照明节能与执行照明设计标准不是对立的。

作为照明节能的评价标准，以上几个标准分别规定了被照明房间、场所、建筑物立面夜景照明的照明功率密度值（现行值和目标值），即被照明房间、场所、建筑物立面单位面积上所消耗的照明电功率上限。

照明功率密度值 LPD（Lighting Power Density），是在上述照明设计标准中采用的一个重要评价指标。该标准规定了我国 7 类建筑主要照明场所的最大功率密度值（LPD），即每平方米建筑面积照明用电功率限定指标。这 7 类建筑包括居住、办公、商业、旅馆、医院、学校和工业建筑。

除居住建筑外，其他 6 类建筑照明场所的功率密度值，在标准中被规定为强制性照明节能评价指标。该标准的颁布充分反映了为满足我国全面建设小康社会的新形势和新要求，有必要把照明水平和照明质量提升到一个新的水准，同时反映了照明用电必须致力于提高能效，最大限度地节约电能，促进资源和环境的保护，以适应我国的能源形势和经济社会的可持续发展的总要求。

表 8-2-2 中就是《城市夜景照明设计规范》中关于建筑物立面夜景照明的照明功率密度值（LPD）上限值。表 8-2-3 是国际照明委员会（CIE）第 150：2003 号技术报告中对不同环境下照明区域与光环境的划分。表 8-2-4 中是各级机动车交通道路的照明功率密度值（LPD）。

表 8-2-2　建筑物立面夜景照明的照明功率密度值（LPD）

建筑物饰面材料		城市规模	E2 区		E3 区		E4 区	
名称	反射比 ρ		对应照度（lx）	功率密度（W/m^2）	对应照度（lx）	功率密度（W/m^2）	对应照度（lx）	功率密度（W/m^2）
白色外墙涂料，乳白色外墙釉面砖，浅冷、暖色外墙涂料，白色大理石	0.6 ~ 0.8	大	30	1.3	50	2.2	150	6.7
		中	20	0.9	30	1.3	100	4.5
		小	15	0.7	20	0.9	75	3.3
银色或灰绿色塑铝板、浅色大理石、浅色瓷砖、灰色或土黄色釉面砖、中等浅色涂料、中等色塑铝板等	0.3 ~ 0.6	大	50	2.2	75	3.3	200	8.9
		中	30	1.3	50	2.2	150	6.7
		小	20	0.9	30	1.3	100	4.5
深色天然花岗石、大理石、瓷砖、混凝土，褐色、暗红色釉面砖、人造花岗石、普通砖等	0.2 ~ 0.3	大	75	3.3	150	6.7	300	13.3
		中	50	2.2	100	4.5	250	11.2
		小	30	1.3	75	3.3	200	8.9

注：为保护 E1 区（天然暗环境区）的生态环境，建筑立面不应设置夜景照明。

表 8-2-3　环境照明区域分类

区域	周围环境	光环境	举例
E1	自然	天然黑夜	自然公园、保护区
E2	乡下、乡村	低区域亮度	工业或居住性的乡村
E3	郊区	中区域亮度	工业或居住性的郊区
E4	城市	高区域亮度	城市中心、商业区

表 8-2-4　各级机动车交通道路的照明功率密度值（LPD）

道路级别	车道数（条）	照明功率密度值 LPD（W/m^2）	对应的照度标准（lx）
快速路主干路	≥ 6	1.05	30
	< 6	1.25	
	≥ 6	0.7	20
	< 6	0.85	
次干路	≥ 4	0.70	15
	< 4	0.85	
	≥ 4	0.45	10
	< 4	0.55	
支路	≥ 2	0.55	10
	< 2	0.60	
	≥ 2	0.45	8
	< 2	0.50	

注：1. 本表仅适用于高压钠灯，当采用金属卤化物灯时，应将表中对应的 LPD 乘以 1.3。
2. 本表仅适用于设置连续照明的常规路段。
3. 设计计算照度高于标准照度时，LPD 标准值不得相应增加。

第三节 实施照明节能的技术措施

根据《国务院关于加强节能工作的决定》要求，要充分认识加强节能工作的极端重要性和紧迫性，用科学发展观统领节能工作，加快构建节能型产业体系，着力抓好重点领域的节能工作，大力推进节能技术进步，加大节能监督管理力度，建立健全节能保障机制，加强节能管理队伍建设和基础工作，切实加强节能工作的组织领导。政府、城市照明主管部门以及相关部门，应认真贯彻国务院的决定，建立完善的监管制度和措施，密切配合，协调联动；城市景观照明行业、照明设施用户、社会各界以至广大市民，也应增强节约用电、保护环境的意识，共同促进城市景观照明的绿色与节能工作，以满足人民群众需要，实现全面建设小康社会和国民经济的可持续发展。

一、绿色节能照明的内容

从城市绿色照明工程系统的观点来看，绿色节能照明包括以下主要内容。

（1）完善的法规政策和管理体制是城市绿色照明工程的保证。

（2）合理规范的照明专项规划是实施城市绿色照明工程的依据。

城市照明规划确定了城市照明发展的目标和主题，规定了城市照明建设和管理的基本原则，是城市总体规划的一个重要组成部分，是节约能源、保护生态、提高城市照明质量、改善城市人居环境的前提条件，是实施城市照明工程建设的基础和依据。

（3）高效节能的照明电器产品是城市绿色照明工程的基础。

没有高效节能的照明电器产品，城市绿色照明工程就是一句空话。劣质的节能灯和电子镇流器等照明电器产品，在使用过程中不能达到光效、寿命等相关的技术指标，既不节能，也不节约；损坏以后如果处理不当，还会成为电子垃圾，并可能造成汞等有害物质对环境的污染，不仅不能实现绿色照明，还可能带来严重的隐患，结果适得其反。

（4）科学的照明技术是实施城市绿色照明工程的手段，实现绿色照明，要有好的光源质量，还要有科学的照明技术，两者缺一不可。科学的照明技术应符合以下要求：①消除眩光，控制污染；②照度合理，分布均匀；③根据照明环境，实现照明目的；④充分合理地利用天然光；⑤科学的维护管理设计。

（5）绿色与节能必须贯穿于整个系统。城市绿色照明工程是一个完整的系统，城市景观照明建设和管理全过程的每一个方面、每一个环节都必须坚持绿色照明、节能环保的理念。

城市景观照明建设是贯彻城市景观照明专项规划和方案设计意图，按照相关标准和规范，并在此基础上对城市景观照明实现艺术创造的过程。城市景观照明建设过程涉及对施工企业的资质、工程建设质量、安全、节能、环保和监督、指导、检查、验收等各个方面。必须抓好这个关键环节，确保工程质量和照明效果的优良与稳定。

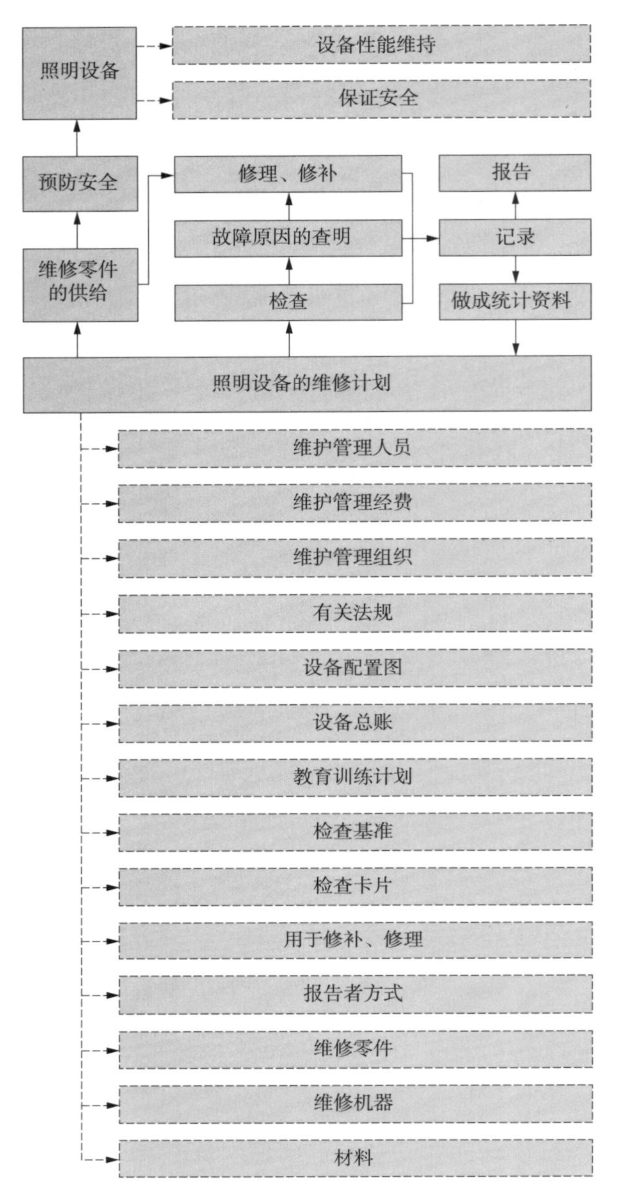

图 8-3-1　照明设备常规维护管理制度示意图

采用法制化、科学化、现代化的管理手段，对景观照明设施的安全运行、日常维护、节约能源、保护生态等依法进行管理，是城市景观照明绿色与节能的重要环节。

照明设备常规维护管理制度如图 8-3-1 所示。

二、照明节能的主要技术措施

照明节能是一项系统工程，要从提高整个照明系统每个环节的效率来考虑问题。照明节能的主要技术措施如下。

（一）正确确定照明标准

GB 50034—2013《建筑照明设计标准》中的低、中、高 3 档照度范围值，综合诸多条件因素，参照国际照明委员会（CIE）照度标准的规定，其照度值基本与国际标准接轨。为了节约电能，在照明设计时，应根据工作、生产、学习和生活对视觉的要求确定照度，具体说要根据识别对象大小、亮度对比以及作业时间长短、识别速度、识别对象是静态和动态、视看距离、年龄大小确定照度。在新照明标准中，根据视觉工作的特殊要求以及建筑等级和功能的不同，不论满足几种条件，可按照度标准值分级只能提高或降低一级的规定，即选用的照度值，贯彻该高则高或该低则低的原则。此外，还规定了设计的照度值与照度标准可有 ±10 的误差，使照度标准值的选择具有一定灵活性。

在建筑与景观照明设计中要做到照明节能，可以考虑以下几个方面。

（1）正确选择按被照构、建筑物功能和场所及其背景的亮暗程度和表面装饰材料等情况所需的照度或亮度的标准值。

（2）正确选择被照构、建筑物和相关夜景元素照明的照度均匀度。

（3）应尽量减少夜景照明中的眩光和光污染。室外照明的光污染（光干扰）不得超过国际照明委员会（CIE）规定的最大光度指标。

（4）正确选择夜景照明的最大功率密度（LPD）值。

（5）有关夜景照明的照度、亮度、均匀度、最大功率密度值及限制光污染的最大光度指标等参数。

（二）合理选择照明方式

（1）尽量采用混合照明。建筑与景观照明设计中尽量采用混合照明方式，有益于被照构、建筑物的光色主次分明，视觉效果虚实相生，空间延展感良好，也有益于节约能源，在技术经济方面是合理的。

（2）采用分区一般照明。在同一场所不同区域有不同照度要求时，为节约能源，贯彻所选照度在该区该高则高和该低则低的原则，就应采用分区一般照明方式。

（3）采用加强照明。在高大的房间或场所可采用一般照明与加强照明相结合的方式，在上部设一般照明，在柱子或墙壁下部装壁灯照明，比单独采用一般照明更节能。

（4）采用高强度气体放电灯（HID 灯）的间接照明。因 HID 灯光通量大、发光体积小，在低空间易产生照度不均匀和眩光，利用灯具将光线投向反射面，再经反射面反射到工作面上，没有照度不均匀、眩光和光幕反射等问题，照明质量提高，也不失为一种节电的照明方式。

（5）构、建筑物立面的泛光照明不宜均匀照亮，宜明暗变化，不但节约电能且艺术效果良好。

（6）内透光照明方式有利于节约投资和节约电能。

（三）合理使用高光效照明光源

光源光效由高向低排序为低压钠灯、高压钠灯、金属卤化物灯、三基色荧光灯、普通荧光灯、紧凑型荧光灯、高压汞灯、卤钨灯、普通白炽灯。

除光效外，当然还要考虑显色性、色温、使用寿命、性能价格比等技术参数指标合适的基础上选择光源。

为节约电能，合理选用光源的主要措施如下。

1. 尽量减少白炽灯的使用量

夜景照明应选用气体放电光源，不应选用普通白炽灯。

白炽灯因其安装使用方便，价格低廉，目前在国际上以及我国的生产和使用量仍占照明光源的首位，但因其光效低、寿命短、耗电高，应尽量减少其使用量。一般情况下，室内外照明不应采用普通照明白炽灯，在特殊情况下需采用时，不应采用 100W 以上的白炽灯泡。最好采用光效稍高的双螺旋白炽灯、充氪白炽灯、涂反射层白炽灯或小功率卤钨灯。双螺旋灯丝型白炽灯的光通量比单螺旋灯丝型白炽灯的提高约 10%。在防止电磁干扰、开关频繁、照度要求不高、点燃时间短和对装饰有特殊要求的场所，可采用白炽灯。

2. 推广使用细管径（管径不大于 26 mm）的 T8 或 T5 直管形荧光灯或紧凑型荧光灯

目前，T8 荧光灯管与传统的 T12 荧光灯相比，节电量达 10%。T5 荧光灯管与 T8 荧光灯管相比，不但管径小，大大减少了荧光粉、汞、玻管等材料的使用，而且普遍采用稀土三基色荧光粉发光材料，并涂敷了保护膜，光效明显提高。如 28WT5 荧光灯管光效约比 T1 2 荧光灯提高 40%，比 T8 荧光灯提高约 18%。

细管径直管形荧光灯光效高、启动快、显色性好，特别要推广使用稀土三基色荧光灯。T5 灯在欧洲的一些国家的应用已占荧光灯的 70%。选用细管径荧光灯比粗管径荧光灯节电约 10%，选用中间色温 4000K 直管形荧光灯比 6200K 高色温直管形荧光灯约节电 12%。紧凑型荧光灯光效较高、寿命长、显色性较好，安装简便。随着生产技术的发展，已有 H 形、U 形、螺旋形和外形接近普通白炽灯的梨形产品，使其能与更多的装饰性灯具通用。用它取代白炽灯，可节约电能。

在室外场所可采用紧凑型荧光灯，比如，管径 26mm 的 T8 型或 16mm 的 T5 型荧光灯，作为装饰照明或重点照明。

当构、建筑物采用内透光照明时，宜用荧光灯照明。

在高空部位或维修困难的部位，可采用高光效和长寿命的无极荧光灯。

3. 积极推广高光效、长寿命的金属卤化物灯和高压钠灯等灯具品类

高压钠灯和金属卤化物灯是目前高强度气体放电灯（HID）中主要的高效照明产品。

高压钠灯的特点是寿命长（24000h）、光效高（100 ~ 120lm/W）可广泛用于道路照明、泛光照明和广场照明等领域，用高压钠灯替代高压汞灯，在相同照度下，可节电约 37%。

金属卤化物灯是光效较高（75 ~ 95lm/W）的高强气体放电灯，同时它的寿命长（8000 ~ 20000h），显色性好，因而其应用量日益增长，特别适用于有显色性要求的较大空间。可广泛应用于工业照明、城市景观工程照明、商业照明和体育场馆照明等领域。采用高压钠灯光效更高，寿命更长，价格较低，但其显色性差，多用于辨色要求不高的场所。

针对建筑与景观的泛光照明应选用金属卤化物灯和高压钠灯之类的高强度气体放电灯。

当建筑与景观采用轮廓照明时，宜用高亮度的美耐灯或通体发光光导纤维照明。

当建筑与景观强调局部重点照明时可采用低功率的高强度气体放电灯、卤钨灯或 PAR 灯。

4. 逐步减少高压汞灯的使用量

高压汞灯光效较低、寿命短、显色指数不高，不宜推广使用。光效低的自镇流高压汞灯也不应采用。

5. 扩大发光二极管（LED）的应用

LED 的特点是寿命长、光利用率高、耐振、温升低、低电压、显色性好和节电，适用于装饰照明、建筑夜景照明、标志或广告照明、应急照明及交通信号灯等。目前 5 W 的 LED，其光效达 30 ~ 40lm/W，具有广阔的应用前景。

6. 选用符合节能评价值的光源

目前我国已制定了双端荧光灯、单端荧光灯、自镇流荧光灯、高压钠灯以及金属卤化物灯的能效标准，在选用照明光源时，应选用符合节能评价值的光源，以满足节能的要求。

以 2010 年世博会中国国家馆夜景照明工程为例，每届世博会都展现了当时社会最新的科学技术发展成果，体现在上海世博会，LED 照明技术的大量运用无疑是最大的亮点之一。在中国馆照明的设备使用中，大量采用了 LED 大功率投光灯，比如国家馆和地区馆的所有建筑立面照明，全部使用了 LED 泛光灯。通过对各种光源的分析和比较，结合中国馆照明设计概念，最终确定以新型高效 LED 照明光源作为中国馆夜景照明的电光源，并结合高效陶瓷金属卤化物灯。在满足夜景照明设计效果的同时，尽量减少能耗以达到绿色节能的目的。如果中国馆全部采用传统光源进行照明，经计算耗电量将达到 600kW 之多，但中国馆专门配备的配电站留给夜景照明用的额度只有不到 300kW。

2010 年上海世博会中国馆照明设计的主要技术指标如表 8-3-1 所示。中国馆夜景照明效果如图 8-3-2 所示。

表 8-3-1　2010 年上海世博会中国馆照明设计的主要技术指标

应用灯具产品	光束角（°）	色温（K）	数量	系统功率（W）	安装位置	投射部位
HL18WW3000L1030 BK VS1（暖色）条形高功率 LED 投光灯	10×30	3000	192	30	核心筒与地面交接位置	立柱洗墙
HL18A-R 1030（红色）条形高功率 LED 投光灯	10×30	红色	192	30	核心筒与地面交接位置	立柱洗墙
HF36A-CW5400-L10 BK VS1（红色）方形高功率 LED 投光灯	10	红色	130	55	核心筒周圈地面	横梁下部
HF36A-WW3000-L10 BK VS1（暖色）——主馆	10	3000	120	55	核心筒周圈地面	横梁下部
HF36A-WW3000-L10 BK VS1（暖色）——地区馆	10	3000	212	55	地区馆外围灯柱	地区馆外立面
陶瓷金卤灯 150W	非对称	3000	1000	175	室内靠窗地面	格栅天花
陶瓷金卤灯 250W		4000	1000	275	地区馆外围灯柱	地区馆外立面

图 8-3-2　2010 年上海世博会中国馆夜景照明效果（摄影：李文华）

（四）合理选用高效率节能灯具

1. 选用高效率灯具

在满足眩光限制、配光要求、减少光污染的条件下，选用灯具效率推荐值如表 8-3-2 所示。

表 8-3-2　合理选用灯具效率推荐值　　%

灯具类型	灯具配件	灯具效率
荧光灯具	开敞式	75
	带透明保护罩	65
	带磨砂或棱镜保护罩	60
高强度气体放电灯灯具	开敞式	75
	格栅或透光罩	60
	投光灯具（带格栅或透光罩）	不应低于 55
常规道路照明灯具		不应低于 70
泛光灯具		不应低于 65
间接照明灯具（荧光灯或高强度气体放电灯）		不宜低于 80

2. 选用控光合理灯具

根据使用场所条件，采用控光合理的灯具，使灯具出射光线尽量照在照明场地上。如蝙蝠翼式配光灯具、块板式高效灯具等，块板式灯具可提高灯具效率 5%～20%。

3. 选用光通量维持率好的灯具

应选用光通量维持率高的灯具和灯具反射器表面的反射比高、透光罩的透射比高的灯具。如选用涂二氧化硅保护膜、反射器采用真空镀铝工艺和蒸镀银光学多层膜反射材料以及采用活性炭过滤器等，以提高灯具效率。

4. 选用灯具光利用系数高的灯具

使灯具发射出的光通量最大限度地落在工作面上，利用系数值取决于灯具效率、灯具配光、室空间比和室内表面装修色彩等。

道路照明应采用截光型灯具和半截光型灯具。

5. 尽量选用不带附件的灯具

灯具所配带的格栅、棱镜、乳白玻璃罩等附件引起光输出的下降，灯具效率降低约 50%，电能消耗增加，不利于节能，因此最好选用开敞式直接型灯具。

6. 采用照明与空调一体化灯具

采用此类灯具的目的在于在夏季时将灯所产生的热量可排出 50%～60%，以减少空调制冷负荷 20%；在冬季利用灯所排出的热量，以降低供暖负荷。利用此类灯具，约可节能 10%。

（五）正确选择光源附件

1. 应选择功耗低、性能好和安全可靠的镇流器

目前在我国绝大多数气体放电灯使用传统型电感镇流器，其优点是寿命长、可靠性高和价格相对低廉，其缺点是体积大、重量重、自身功率损耗大，约为灯功率的 20%～25%，有噪声、功率因数低、灯频闪等，是一种不节能的镇流器。

电子镇流器的优点是节能，其自身功耗低，只有 3～5W 的功耗、高功率因数、灯光效率高、重量轻、体积小、启动可靠、无频闪、无噪声、可调光、允许电压偏差大等；缺点是目前生产成本较高导致产品价格相对较高。从长远利益来看，电子镇流器值得大力推广应用。

节能型电感镇流器是采用低耗材料，其能耗介于传统型和电子型之间，目前在我国有较普遍的应用。

有条件时尽量采用节能型电感镇流器或电子镇流器，以节约电能。

2. 气体放电灯配电感镇流器时应设置电容补偿

气体放电灯配电感镇流器时，所设置的电容补偿功率因数应不小于 0.85。有条件时，宜在灯具内装设补偿电容，以降低线路能耗和电压损失。

（六）正确选择照明控制方式

（1）道路照明、广场和庭院照明应采用自动控制，如采用光控、时控、程控或几种控制相结合的控制方式。

（2）建筑与景观夜景照明可采用平日、一般节假日和重大节假日的分挡照明控制方式。

（3）道路照明可采用双光源灯，下半夜关掉一盏灯，也可采用下半夜能自动降低灯泡功率的镇流器，以降低灯泡消耗的功率。

（4）采用低电压供电时，宜用控制线或单电源控制方式。

（七）加强照明维护与管理

（1）应定期进行照明维护，换下非燃点光源或光衰较大的光源。

（2）应定期清洗灯具，以保证有较高的光通量输出。

（八）合理设计照明的供配电系统

（1）配电箱位置应尽量设在靠近负荷中心，靠近电源侧。

（2）三相配电干线的各相负荷应分配平衡，最大相负荷不应超过二相负荷平均值的 11 5%，最小相负荷不应小于平均值的 85%。

（3）照明负荷宜采用三相供电，当负荷很小时，可采用单相供电，线路负荷电流值不宜超过 30A。

（4）照明单相分支回路负荷不宜超过 16A，当采用大功率气体放电灯时，不宜超过 30A。

（5）照明配电干线的功率因数不宜低于 0.9；气体放电灯宜装设补偿电容，功率因数不宜低于标准值。

（6）功率在 1000W 以上的高强度气体放电灯宜采用电压为 380V 的灯泡。

（7）应有独立的配电线路供电，中间不宜连接其他用电负荷。

（8）公共建筑和工业建筑的公共场所，宜采用集中控制，为了节能，宜按建筑使用条件和天然光状况分区、分组控制。体育馆、影剧院、候机厅、报告厅等公共场所应采用集中控制，并按需要采取调光或降低照度的控制措施。天然采光良好的场所，应按场所照度自动开关灯或调光。大中型建筑可采用集中或集散、多功能或单一功能的自动控制系统。大中型建筑的配电设计，应预留独立的供夜景照明配电回路。

分户计算用电量，有利于节电。建立照明运行和维护管理控制。

（9）照明配电干线和分支线应采用铜芯绝缘导线或电缆，分支线截面不应小于 $1.5mm^2$，有利于用电安全，提高可靠性，同时降低线路电能损耗。

（10）照明配电线路的截面积应满足载流容量和允许电压损失的要求。从配电变压器到灯头的电压损失值不宜大于额定电压的 5%。

过高的电压将使照度过分提高，会导致光源使用寿命降低和能耗过分增加，不利节能；而过低的电压，使照度降低，影响照明质量。照明灯具的端电压不宜大于其额定电压的 105%，一般工作场所不宜低于其额定电压的 95%。

（11）照明单相回路及两相回路，其中性线截面应和相线截面相等；主要供电给气体放电灯的三相配电线路，中性线截面不应小于相线截面。

（九）建筑环境与节能

太阳能是“取之不竭，用之不尽”的，无污染的可再生资源，每天送到地球表面的辐

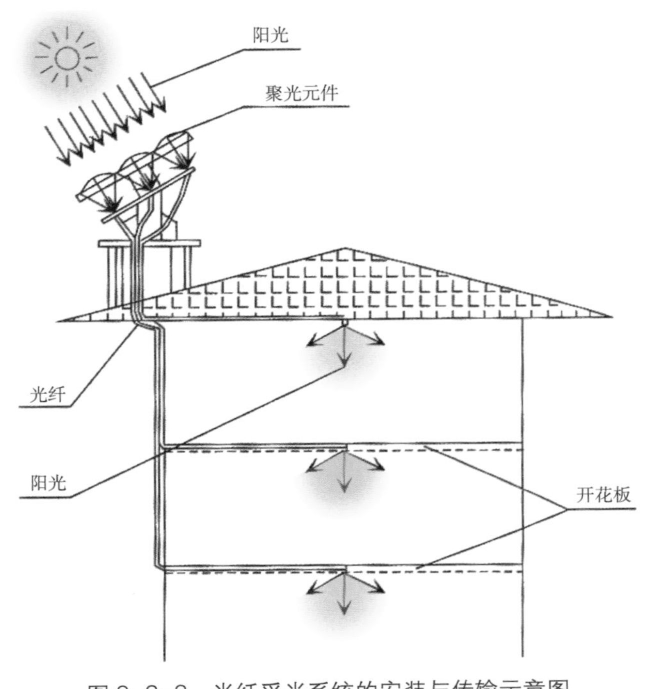

图 8-3-3　光纤采光系统的安装与传输示意图

射能大约相当于 2.5 亿万桶石油。在可能条件下，应尽可能积极利用天然光能，以节约电能，其主要措施如下。

（1）房间的采光系数或采光窗地面积比应符合《建筑采光设计标准》的规定。

（2）室内的天然光照度，随室外天然光的变化，宜自动调解人工照明照度。

（3）有条件时宜利用各种导光和反光装置，将天然光引入室内进行照明。

图 8-3-3 所示就是光纤采光系统将自然的太阳光在不进行能量转换的前提下，经聚光采光器高效汇集后直接由传光光纤传输至使用场所采光的示意图。光纤采光系统运用光电传感技术，精密跟踪太阳，灵敏性高、无探测盲区。光纤采光系具有体积小、借助于光纤可以形成比较丰富的照明方式、对建筑结构破坏性小、现场施工可操作性强等优点。

（4）有条件时宜利用太阳能作为能源。

太阳能利用技术与市场的发展，对于缓和愈演愈烈的一次性能源的危机，减少环境污染，已经产生积极地经济和社会效益。

为了科学合理地分析和比较任何节能照明项目长期的经济投入，南京理工大学的梁人杰与李坚两位教授提出了“综合照明成本”的概念：

综合照明成本 = 初期投资 + 运行耗电费用 + 光源更换费用 + 其他维修费用

其中，综合照明成本可以按 5 年期、10 年期、20 年期、25 年期等计算，对节能照明项目的经济投入进行分析与比较。

在以下案例中，南京理工大学的梁人杰和李坚两位教授根据目前灯具整体寿命的普遍情况，暂时按 10 年期进行了详细的分析。该例中“其他维修费用”一项从略。

案例：某旅游园林景区采用常规灯具与采用太阳能灯具的经济性分析与比较[1]

某旅游园林景区，根据绿化园林景观的面积，以及园内丰富的山丘、河道、小溪、曲径、干道、草坪等资源布局规划，简单的夜景照明需要安装庭园灯 100 只，园林灯 200 只，需用多芯电缆约 9000m。

首先，分析比较采用普通灯具与采用太阳能灯具的费用支出状况。如表 8-3-3 ～表 8-3-9 所示，其中表 8-3-3 ～表 8-3-5 为传统庭园灯和园林灯的费用；表 8-3-5 ～表 8-3-7 为太阳能庭园灯和园林灯的费用；表 8-3-9 为传统灯和太阳能灯具的经济性比较。

根据表 8-3-3 ～表 8-3-9 的数据分析，可得出以下 4 个初步结论。

（1）本例中的园林景区，粗看起来太阳能灯具与传统灯具相比“综合照明成本”似乎大致相当或略有节省。

表 8-3-3　传统庭院灯和园林灯“初期投资估算”

开支项目	单价（元）	总量	总价（万元）
庭院灯的投入	1800	100 只	18
园林灯的投入	320	200 只	6.4
输电电缆投入	14/m（5 芯）	9000m	12.6
电控机柜投入	1000	2 台	0.2
电缆铺埋费用	4.2/m	9000m	3.78
庭院灯安装费	200/ 只	100 只	2.0
园林灯安装费	60/ 只	200 只	1.2
初期投资估算	—	—	44.18

表 8-3-4　传统庭院灯和园林灯 10 年“运行耗电费用估算”

计算方式	光电功率 × 数量 × 每天开灯小时 ×10 年总天数 × 电费千瓦时单价
10 年耗用电能费用（万元）	0.012W×300 只 ×10h×365 天 ×10 年 ×0.6 元 =7.884

表 8-3-5　传统庭院灯和园林灯 10 年运行中“光源更换费用”估算

计算方式	10 年总运行小时数 ÷ 光源寿命时数 × 光源数量 × 光源单价
10 年更换光源费用（万元）	365 天 ×10 年 ×10h÷4000h×300 只 ×24 元 =6.57

表 8-3-6　太阳能庭院灯和园林灯“初期投资估算”

开支项目	单价（元）	总量	总价（万元）
太阳能庭院灯的投入	4200	100 只	42
园林灯的投入	600	200 只	12
输电电缆投入	—		—
电控机柜投入	—		—
电缆铺埋费用	—		—
太阳能庭院灯安装费	200/ 只	100 只	2.0
园林灯安装费	10/ 只	200 只	0.2
初期投资估算	—	—	56.2

表 8-3-7　太阳能庭院灯和园林灯 10 年“运行耗电费用估算”

计算方式	光电功率 × 数量 × 每天开灯小时 ×10 年总天数 × 电费千瓦时单价
10 年耗用电能费用（万元）	—

表 8-3-8　太阳能庭院灯和园林灯 10 年运行中“光源更换费用”估算

计算方式	10 年总运行小时数 ÷ 光源寿命时数 × 光源数量 × 光源单价
10 年更换光源费用（万元）	—

❶ 案例节选自梁人杰和李坚两位教授的专业论文《太阳能技术的应用要点与发展方向剖析》。

表 8-3-9　太阳能庭院灯和园林灯与传统庭院灯和园林灯的费用比较　　单位：万元

	初期投资	运行耗电费用 + 光源更换费用	综合照明成本
传统庭院灯和园林灯	44.18	14.545	58.725
太阳能庭院灯和园林灯	56.2	—	56.2

（2）露天或室外照明中应用太阳能的另一个重要优点是节省了电缆投资。在露天或室外照明的条件下，利用太阳能的好处除了能节省电网电能外，还能大幅减少高昂的输电电缆投资，从而有利于节省有色金属。对常规照明中电缆用量较大的室外照明或者道路照明工程，则应首先斟酌利用太阳能一体化灯具的可行性，因为这样将大量节省电缆投资，应给予高度的重视。

（3）露天或室外照明中应用太阳能的另一个重要优点是节省电控箱的投资。由于采用了一体化太阳能灯具，实现了单灯自动控制，因此节省了传统电网供电系统中必需的输配电控制箱，总体上可对节约投资有所贡献。

（4）园林景区中节省“初期投资”中的电缆、“运行耗电费用”和“光源更换费用”的投入是降低太阳能照明系统“综合照明成本”的关键因素。

在上述例子中，太阳能灯具“综合照明成本”的节省或者说与传统灯具“综合照明成本”所取得的平衡，主要得益于节省了对“初期投资”中的电缆投入、10 年“运行耗电费用”以及“光源更换费用”的投入。

实际上，这仅仅是对所提供的例子进行直观的分析所得出的结论。

该案例更多专注于经济方面的比较，尚未涉及更具深远意义的环保方面的比较和分析。

利用太阳能作为能源的路灯和太阳能电池板如图 8-3-4、图 8-3-5 所示。

（5）提高室内外各表面的反射比，以提高照度，节约电能。

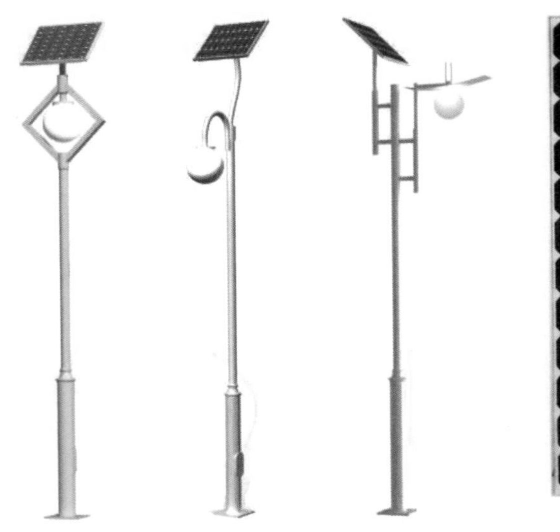

图 8-3-4　利用太阳能作为能源的路灯

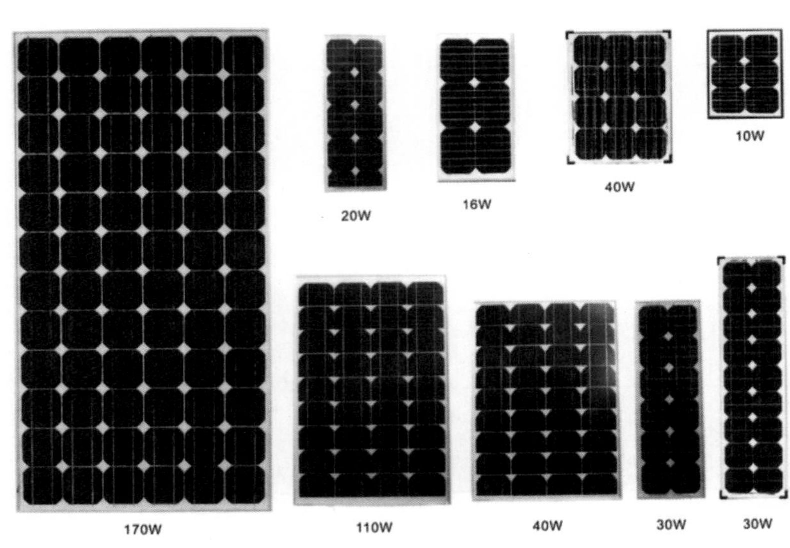

图 8-3-5　为路灯提供电能的太阳能电池板

附录一

照明设计常用术语

1. 辐射

能量以电磁波或离子形式发射或传播的过程。这些电磁波或离子形式亦称辐射。

2. 光

任何可能直接引起视觉的辐射，亦称可见辐射。它的光谱范围没有明确的界线，一般波长 λ 为 380 ~ 780nm（10^{-9}m）之间。

3. 绿色照明

绿色照明是节约能源，保护环境，有益于提高人们生产、工作、学习效率和生活质量，保护身心健康的照明。

4. 视觉作业

在工作和活动中，对呈现在背景前的细部和目标的观察过程。

5. 光通量

根据辐射对标准光度观察者的作用导出的光度量。对于明视觉有

$$\Phi=K_m\int_o^\infty \frac{d\Phi_e(\lambda)}{d\lambda}\upsilon(\lambda)d\lambda$$

式中 $\frac{d\Phi_e(\lambda)}{d\lambda}$——辐射通量的光谱分布；

$\upsilon(\lambda)$——光谱光（视）效率；

K_m——辐射的光谱（视）效能的最大值，单位为流明每瓦特（lm/W）。在单色辐射时，明视觉条件下的 K_m 值为 683lm/W（λ_m=555nm 时）。

该量的符号为 Φ，单位为流明（lm），1lm=1cd · 1sr。

6. 流明

光通量的 SI 单位，符号为 lm。1lm 等于均匀分布 1cd 发光强度的一个点光源在一球面度（sr）立体角内发射的光通量。

7. 发光强度

发光体在给定方向上的发光强度是该发光体在该方向的立体角元 $d\Omega$ 内传输的光通量 $d\Phi$ 除以该立体角元所得之商，即单位立体角的光能量公式为

$$I=\frac{d\Phi}{d\Omega}$$

该量的符号为 I，单位为坎德拉（cd），1cd=1lm/sr。

8. 坎德拉

发光强度的 SI 单位，符号为 cd。它是国际单位制 7 个基本量值单位之一。

9. 亮度

由公式 $d\Phi/(dA\cos\theta d\Omega)$ 定义的量，即单位投影面积上的发光强度，其公式为

$$L=\frac{d\Phi}{dA\cos\theta d\Omega}$$

式中　$d\Phi$——由给定点的束元传输的并包含给定方向的立体角 $d\Omega$ 内传播的光通量；

dA——包括给定点的射束截面积；

θ——射束截面法线与射束方向间的夹角。

该量的符号为 L，单位为坎德拉每平方米（cd/m^2）。

10. 亮度因数

在规定的照明和观察条件下，表面上某一点在给定方向的亮度因数等于该方向的亮度与同一照明条件下，全反射或全透射的漫射体的亮度之比。

11. 照度

表面上一点的照度是入射在包含该点的面元上的光通量 $d\Phi$ 除以该面元面积 dA 所得之商，即

$$E=\frac{d\Phi}{dA}$$

该量的符号为 E，单位为勒克斯（lx），$1lx=1lx/m^2$。

12. 维持平均照度

规定表面上的平均照度不得低于此数值。它是在照明装置必须进行维护的时刻，在规定表面上的平均照度。

13. 照度比

给定表面的照度与作业面上一般照明的照度之比。

14. 参考平面

测量或规定照度的平面。

15. 作业面

在其表面上进行工作的参考平面，也是规定和测量照度的平面。

16. 水平面照度

水平面上一点的照度。

17. 垂直面照度

垂直面上一点的照度。

18. 亮度对比

视野中识别对象和背景的亮度差与背景亮度之比，即

$$C=\frac{\Delta L}{L_b}$$

式中　C——亮度对比；

ΔL——识别对象亮度与背景亮度之差；

L_b——背景亮度。

19. 识别对象

识别的物体和细节（如需识别的点、线、伤痕、污点等）。

20. 维护系数

照明装置在使用一定周期后，在规定表面上的平均照度或平均亮度的该装置在相同条件下新装时在同

一表面上所得到的平均照度或平均亮度之比。

21. 利用系数

作业面（或另外规定的参考平面）上接受的光通量与光源发射的额定光通量之比。

22. 照明方式

照明设备按其安装部位或使用功能构成的基本制式。

23. 一般照明

为照亮整个场所而设置的均匀照明。

24. 分区一般照明

对某一特定区域，如进行工作的地点，设计成不同的照度来照亮该区域的一般照明。

25. 局部照明

特定视觉工作用的、为照亮某个局部而设置的照明。

26. 混合照明

由一般照明与局部照明组成的照明。

27. 正常照明

在正常情况下使用的室内外照明。

28. 应急照明

因正常照明的电源失效而启用的照明。应急照明包括疏散照明、安全照明、备用照明。

29. 疏散照明

作为应急照明的一部分，用于确保疏散通道被有效地辨认和使用的照明。

30. 安全照明

作为应急照明的一部分，用于确保处于潜在危险之中的人员安全的照明。

31. 备用照明

作为应急照明的一部分，用于确保正常活动继续进行的照明。

32. 值班照明

非工作时间，为值班所设置的照明。

33. 警卫照明

用于警戒而安装的照明。

34. 障碍照明

在可能危及航行安全的建筑物或构筑物上安装的标志灯。

35. 频闪效应

在以一定频率变化的光照射下，观察到物体运动显现出不同于其实际运动的现象。

36. 光强分布

用曲线或表格表示光源或灯具在空间各方向的发光强度值，也称配光。

37. 光源的发光效能

光源发出的光通量除以光源功率所得之商，简称光源的光效。单位为流明每瓦特（lm/W）。

38. 灯具

将一个或多个光源发射的光线重新分布，或改变其光色的装置，包括固定和保护光源以及将光源与电源连接所必需的所有部件，但不包括光源本身。

39. 调光器

能改变照明装置中灯的光通量，并调节照度水平的装置。

40. 灯具效率

在相同的使用条件下，灯具发出的总光通量与灯具内所有光源发出的总光通量之比，也称灯具光输出比。

41. 照度均匀度

表示给定平面上照度变化的量。通常用最小照度与平均照度之比表示；有时指最小照度与最大照度之比。

42. 眩光

由于视野中的亮度分布或亮度范围的不适宜，或存在极端的对比，以致引起不舒适感觉或降低观察细部或目标的能力的视觉现象。

43. 直接眩光

由视野中，特别是在靠近视线方向存在的发光体所产生的眩光。

44. 不舒适眩光

产生不舒适感觉，但并不一定降低视觉对象的可见度的眩光。

45. 统一眩光值

它是度量处于视觉环境中的照明装置发出的光对人眼引起不舒适感主观反应的心理参量，其值可按 CIE 统一眩光值公式计算。

46. 眩光值

它是度量室外体育场和其他室外场地照明装置对人眼引起不舒适感主观反应的心理参量，其值可按 CIE 眩光值公式计算。

47. 反射眩光

由视野中的反射引起的眩光，特别是在靠近视线方向看见反射像所产生的眩光。

48. 光幕反射

视觉对象的镜面反射，它使视觉对象的对比降低，以致部分地或全部地难以看清细部。

49. 灯具遮光角

光源最边缘一点和灯具出口的连线与水平线之间的夹角。

50. 显色性

照明光源对物体色表的影响，该影响是由于观察者有意识或无意识地将它与参比光源下的色表相比较而产生的。

51. 显色指数

在具有合理允差的色适应状态下，被测光源照明物体的心理物理色与参比光源照明同一色样的心理物理色符合程度的度量。符号为 R。

52. 特殊显色指数

在具有合理允差的色适应状态下，被测光源照明 CIE 试验色样的心理物理色与参比光源照明同一色样的心理物理色符合程度的度量。符号为 R_i。

53. 一般显色指数

八个一组色试样的 CIE1974 特殊显色指数的平均值，通称显色指数。符号为 R_a。

54. 色温度

当某一种光源（热辐射光源）的色品与某一温度下的完全辐射体（黑体）的色品完全相同时，完全辐射体（黑体）的温度，简称色温。符号为 T_c，单位为开尔文（K)。

55. 相关色温度

当某一种光源（气体放电光源）的色品与某一温度下的完全辐射体（黑体）的色品最接近时完全辐射体（黑体）的温度，简称相关色温。符号为 T_{cp}，单位为开尔文 (K)。

56. 色品

用色品坐标或主波长和纯度表示的颜色性质。

57. 色表

与色刺激和材料质地有关的颜色的主观表现。

58. 同色异谱

具有同样颜色而光谱分布不同的两个色刺激。

59. 光源量维持率

灯在给定点燃时间后的光通量与其初始光通量之比。

60. 光谱能量分布

用某些辐射量的相对光谱分布描述辐射的光谱特性。光源的光谱能量分布通常是指作为波长的函数的光源光度量（光通量、发光强度等）的光谱密集度。

61. 反射比

在入射辐射的光谱组成、偏振状态和几何分布给定状态下，反射的辐射通量或光通量与入射的辐射通量或光通量之比。符号为 ρ 。

62. 照明功率密度

单位面积上的照明安装功率（包括光源、镇流器或变压器），单位为瓦特每平方米（W/m^2）。

63. 室形指数

表示房间几何形状的数值。其计算式为

$$RI=\frac{ab}{h(a+b)}$$

式中 RI——室形指数；

a——房间宽度；

b——房间长度；

h——灯具计算高度。

64. 室空间比

北美采用的表示房间几何形状的数值，以符号 RCR 表示。其计算式为

$$RCR=\frac{5h(L+W)}{LW}$$

65. 距高比

照明装置中两个相邻灯具中心之间的距离与灯具至工作面的悬挂高度之比。

66. 视野

当头和眼睛不动时，人眼能观察觉到的空间范围。

67. 视觉作业

在工作和活动中，必须观察的呈现在背景前的细节或目标。

68. 视觉环境

视野中除视觉作业以外的所有部分。

69. 视角

被识别的物体或细节对观察点所形成的张角，通常以弧分来度量。

70. 视觉敏锐度

人眼区分物体或细节的能力，以眼睛刚好可以分辨的两个相邻物体（点或线）的视角的倒数定量表示。

71. 采光系数（昼光因数）

在室内给定平面的一点上，由直接或间接地接受来自天空漫射光产生的照度与同一时刻该天空半球在室外无遮拦水平面上产生的天空漫射光照度之比。

72. 干扰光

由于户外照明设施的溢散光强度、方向或光谱不适当引起人们烦恼、分心或视觉能力下降的光线。

73. 光环境

是指由各种反射与透射光所构成的符合人们生理、心理要求的视觉空间环境。是照明系统（天然光和人工光）和环境中所有表面的光度特性的综合效果。

74. 天空光

日光在通过地球大气层时由于被空气中的尘埃和气体分子扩散，白天的天空呈现出一定的亮度就是天空光，也称天空辉光。天空辉光又分为：

（1）自然天空辉光。天体和地球大气上层辐射过程引起的天空辉光。

（2）非自然天空辉光。人工辐射源（主要是室外人工照明）形成的天空辉光，包括直接向上发出的光辐射和经由地面反射到空中的光辐射。

75. 照明工程

根据室内外环境空间的照明功能，进行照明美学创意和照明技术综合设计以及在此基础上进行施工设计和对照明设施进行安装调试，并进行检测、验收的最终付诸实施达到预定要求的系统工程。

76. 光污染

人工光（干扰光或过量的光辐射，含可见光、紫外和红外光辐射）对人体健康和人类生存环境造成的不利影响的总称。

室外照明的光污染主要是因为建筑立面照明、道路照明、广场照明、广告照明、标志照明、体育场和停车场等室外功能照明和景观照明产生的干扰光或超标准光对人、环境、天文观测、交通运输等造成的负面影响的总和。

77. 干扰光

干扰光又称障害光。是指在特定场合下溢散光数量、方向或光谱引起烦恼不适、分心或视觉信息能力下降的光线。

78. 溢散光

又称外溢光，是指从照明装置散射出来，照射到照明范围以外的光线。

79. 道路照明

将灯具安装在高度通常为 15m 以下的灯杆上，按一定距离有规律的连续设置在道路的一侧、两侧或中央分车带上的照明。

80. 高杆照明

一组灯具以固定方向安装在高度等于或大于 20m 的灯杆顶部进行大面积照明的一种照明方式。

81. 环境比

机动车车行道外侧 5m 宽带状区域内的路面平均照度与相邻的 5m 宽车行道路面上的平均照度之比，符号为 *SR*。

82. 夜间景观

在夜间通过自然光和灯光塑造的景观，简称夜景。

83. 夜景照明

泛指体育场场地、建筑工地和道路照明等功能性照明以外，所有室外公共活动空间或景物的夜间景观照明，亦称景观照明。

84. 泛光照明

通常由投光灯来照射某一情景或目标，使其照度比其周围照度明显高的照明。

85. 轮廓照明

利用灯光直接勾画建筑物和构筑物等被照对象的轮廓的照明方式。

86. 内透光照明

利用室内光线向室外投射的照明方式。

87. 动态照明

通过照明装置的光输出的控制形成场景明、暗或色彩等变化的照明方式。

88. 熄灯时段

为控制干扰光的光污染要求比较严格的时间段。

89. 环境区域

为限制光污染，根据环境亮度状况和活动的内容，对相应区域做的划分。

90. 维护系数

照明装置在使用一定周期后，在规定表面上的平均照度或平均亮度与该装置在相同条件下新装时，在规定表面上所得到的平均照度或平均亮度之比。

附录二

常用电气图形符号

名　称	图　形　符　号
球形灯	
局部照明灯	
矿山灯	
安全灯	
防爆灯	
防水防尘灯	
深照型灯	
广照型灯	
天棚灯、吸顶灯	
花灯（吊灯）	
弯灯（马路弯灯）	
壁灯	
投光灯	
聚光灯	
泛光灯	
荧光灯（日光灯）	荧光灯一般符号 双管灯 3 管灯
防爆荧光灯	
定时器（限时装置）	t
定时开关	
钥匙开关	
按钮	普通型 密闭型 防爆型
单相插座	
暗插座	
防水（密闭）插座	
防爆插座	
带保护接点的插座（三孔）	单相插座
暗装带保护接点的插座	
防水带保护接点的插座	

名　称	图　形　符　号
事故照明灯	
自带电源的事故照明灯（应急灯）	
开关一般符号	
单极开关	明装开关 暗装开关 防水（密闭）开关 防爆开关
双极开关	明装双极开关 暗装双极开关 防水双极开关 防爆双极开关
三极开关	明装三极开关 暗装三极开关 防水三极开关 防爆三极开关
单极拉线开关	暗 明
单极双控拉线开关	
单极即时开关	t
双控开关（单极三线）	
具有指示灯的开关	
多拉开关（如用于不同照度）	
调光开关	
插座箱、插线板、多功能插座	
多个插座（多功能插座，图中表示 3 个插座）	形式 1 形式 2 3
具有保护板的插座	
具有单极开关控制的插座	
具有连锁开关的插座	
具有隔离变压器的插座	

续表

名　　称	图形符号	名　　称	图形符号
带保护接地插孔的三相插座	明装 暗装 防水 防爆	电信插座（多媒体插座）	用下列文字符号区分： TP—电话　PC—电脑 TX—电传　TV—电视 M—传声器　FM—调频 喇叭
吊扇		抽油烟机排风扇	
热水器		电阻加热装置	
感应加热炉		电话有线分路站	
架空线路		中性线、零线	
保护线		保护线和零线共用	
向上配线（由此向上布线）	如：由1楼向2楼	向下配线（由此向下布线）	
电杆的一般符号		带照明灯的电杆	一般符号 指出投光方向 示出灯具
动力—照明配电箱		信号板、信号箱、信号屏	
照明配电箱（屏）		架空配电箱	
落地配电箱		多种电源配电箱	
直流配电屏		交流配电屏	
分线盒	可加注：$\frac{A-B}{C}D$ A—编号　B—容量 C—线序　D—用户线	室内分线盒	内容同上$\frac{A-B}{C}D$
室外分线盒	内容同上$\frac{A-B}{C}D$	分线箱	内容同上$\frac{A-B}{C}D$
壁龛分线箱	内容同上$\frac{A-B}{C}D$	天线	
电话		电缆中间接线盒	
电缆分支接线盒		二分配器	
三分配器		电缆穿管保护	可加注文字符号表示规格数量
配电室（表示1根进线，5根出线）		示出配线照明引出位置	一般符号 墙上引出
36V以下的线路		控制及信号线路	
挂在钢索上的线路		避雷线（网）	
电源引入线		接地或接零线路（包括避雷接地网）	
接地装置（有接地极）		阀型避雷器	
电铃操作盘		刀开关	
杆上变压器		安装或敷设标高（m）	用于室内平面、剖面 ±0.000 用于总平面图上的室外地面 ±0.000
地面出线盒		配电盘编号	
电钟		配电盘支路编号	
变电所		移动用电设备的配电箱或插接箱	

附录三

照明设计师国家职业标准（2019 修订版）

1. 职业概况

1.1 职业名称：照明设计师

1.2 职业定义：根据室内外空间场所的功能需求，对其光环境进行技术与艺术等综合设计的人员。

1.3 职业等级：本职业共设三个等级，分别为：助理照明设计师（国家职业资格三级）、照明设计师（国家职业资格二级）、高级照明设计师（国家职业资格一级）。

1.4 职业环境：室内、常温。

1.5 职业能力特征：具有较强的艺术表现能力、表达能力、沟通能力、计算能力和组织协调能力，视觉、听觉正常，色觉敏锐。

1.6 基本文化程度：大专毕业（或同等学历）。

1.7 培训要求

1.7.1 培训期限：全日制职业院校教育及函授和网络教育，根据其培养目标和教学计划确定。晋级培训期限：助理照明设计师不少于 96 标准学时；照明设计师不少于 72 标准学时、高级照明设计师不少于 48 标准学时。

1.7.2 培训教师：培训助理照明设计师的教师应具有照明设计师及以上职业资格证书或相关专业中级专业技术职务任职资格；培训照明设计师的教师应具有高级照明设计师职业资格证书或相关专业高级专业技术职务任职资格；培训高级照明设计师的教师应具有高级照明设计师职业资格证书或相关专业高级专业技术职务任职资格 2 年以上。

1.7.3 培训场地设备：理论知识及实际操作培训场地应为满足教学实际需要的场所。

1.8 鉴定要求

1.8.1 适用对象：从事或准备从事本职业的人员。

1.8.2 申报条件

——助理照明设计师（具备以下条件之一者）

（1）连续从事本职业 5 年以上；

（2）具有本专业或相关专业【1】大学专科及以上学历证书；

（3）具有其他专业大学专科及以上学历证书，连续从事本职业 1 年以上；

（4）大学本科（学制四年或五年）的在读大学生需按照就读学校的规定，所修与照明设计相关课程【2】，并取得学分累计达到 10 学分及以上。

——照明设计师（具备以下条件之一者）

（1）连续从事本职业工作10年以上；

（2）取得本职业助理照明设计师职业资格证书后，连续从事本职业工作3年以上；

（3）取得本专业或相关专业【1】大学本科学历证书后，连续从事本职业工作4年以上；

（4）取得本专业或相关专业硕士研究生学历证书或硕士学位证书后，连续从事本职业工作1年以上；

（5）取得本专业或相关专业博士研究生学历证书或博士学位证书后。

——高级照明设计师（具备以下条件之一者）

（1）连续从事本职业工作15年以上；

（2）取得本职业照明设计师职业资格证书后，连续从事本职业工作3年以上；

（3）具有本专业或相关专业【1】硕士研究生学历证书或硕士学位证书，连续从事本职业或相关职业工作5年以上；

（4）具有本专业或相关专业博士研究生学历证书或博士学位证书，连续从事本职业或相关职业工作3年以上。

所有等级都需经本职业照明设计师正规培训达规定标准学时数，并取得结业证书。

注：

【1】相关专业是指：建筑学、景观建筑设计、环境艺术工程、光源与照明、城乡规划、电气工程及其自动化、建筑电气与智能化等。

【2】与照明设计相关课程：建筑学、工业设计、艺术设计、工厂供电、电气照明、可编程控制、供配电设计以及其他课程。

1.8.3 鉴定方式：分为理论知识考试和专业能力考核。理论知识考试采用闭卷笔试方式，专业能力考核采用现场实际操作或模拟操作方式进行。理论知识考试和专业能力考核均实行百分制，成绩皆达60分及以上者为合格。照明设计师、高级照明设计师还须进行综合评审。

1.8.4 考评人员与考生配比：理论知识考试考评人员与考生配比为1：50，每个标准教室不少于2名考评人员；专业能力考核考评员与考生的配比为1：30，且不少于2名考评员；综合评审委员3至5人。

1.8.5 鉴定时间：各等级理论知识考试时间不少于90分钟；专业能力考核时间不少于300分钟。综合评审时间不少于15分钟。

1.8.6 工作范畴及掌握技能：

——助理照明设计师

助理照明设计师只能辅助设计，设计场所包括：住宅、学校、办公、一般工业厂房、道路、园林景观；主要掌握照明基础知识、识别各种建筑图纸、电气照明图纸、对光源、灯具的学习、调研，掌握AutoCAD、Photosho等常用照明设计软件。

——中级照明设计师

中级照明设计师以照明设计为主，设计场所包括：医院、旅馆、商业、会展、交通建筑、公园、广场等的功能照明设计、道路、水景、建筑物、构筑物夜景照明设计；对设计标准、设计要点熟悉，要求会绘制电气照明图。要求前期调研、选用光源和灯具进行照明计算，得到照明方案并进行优化，绘制照明电气图纸，Dialux、PPT 等相关软件的掌握。

——高级照明设计师

高级照明设计师掌握复杂场所照明设计，熟悉照明经济、项目管理，对照明设计进行交底和服务。

掌握场所：体育场馆、博物馆等功能照明设计、城市照明规划、智慧城市及照明新技术新手法的应用、MBA 课程等。

附录四

灯具国家标准目录

GB 7000—2008 《灯具》

GB/T 7002—2008 《投光照明灯具光度测试》

GB/T 7256—2015 《民用机场灯具一般要求》

GB/T 9316—2007 《摄影用电子闪光装置安全要求》

GB/T 9468—2008《灯具分布光度测量的一般要求》

GB/T 22907—2008《灯具的光度测试和分布光度学》

GB/T 9473—2017 《读写作业台灯性能要求》

GB/T 12045—2003 《船用防爆灯技术条件》

GB/T 13954—2004 《特种车辆标志灯具》

GB 13961—2008 《灯具用电源导轨系统》

GB 24461—2009 《洁净室用灯具技术要求》

GB/T 24909—2010《 装饰照明用 LED 灯》

GB/Z 26212—2010 《室内照明不舒适眩光》

GB/Z 26213—2010 《室内照明计算基本方法》

GB/Z 26214—2010 《室外运动和区域照明的眩光评价》

GB/T 29293—2012 《LED 筒灯性能测量方法》

GB/T 29294—2012 《LED 筒灯性能要求》

GB/T 3978—2008 《标准照明体和几何条件》

参考文献

[1] 张绮曼，郑曙旸．室内设计资料集［M］．北京：中国建筑工业出版社，1992.

[2] 建筑设计资料集编委会．建筑设计资料集：第二册［M］．北京：中国建筑工业出版社，1995.

[3] 梁华，陈振武，任炽明，等．宾馆酒店工程设计手册［M］．北京：中国建筑工业出版社，1995.

[4] 吴硕贤，夏清．室内环境与设备［M］．北京：中国建筑工业出版社，1996.

[5] 孙建民．电器照明技术［M］．北京：中国建筑工业出版社，1998.

[6] 来增祥，陆震纬．室内设计原理：上册［M］．北京：中国建筑工业出版社，2004.

[7] 来增祥，陆震纬．室内设计原理：下册［M］．北京：中国建筑工业出版社，2004.

[8] 杜异．照明系统设计［M］．北京：中国建筑工业出版社，2005.

[9] 邓雪娴，周燕珉，夏晓国．餐饮建筑设计［M］．北京：中国建筑工业出版社，2005.

[10] 中岛龙兴．照明设计入门［M］．马俊，译．北京：中国建筑工业出版社，2005.

[11] 邹瑚莹，王路，祁斌．博物馆建筑设计［M］．北京：中国建筑工业出版社，2005.

[12] 王晓，闫春林．现代商业建筑设计［M］．北京：中国建筑工业出版社，2005.

[13] 彭妙颜．现代灯光设备与系统工程［M］．北京：人民邮电出版社，2006.

[14] 李恭慰．建筑照明设计手册［M］．北京：中国建筑工业出版社，2006.

[15] 阴振勇．建筑装饰照明设计［M］．北京：中国电力出版社，2006.

[16] 刘加平．建筑物理［M］．北京：中国建筑工业出版社，2006.

[17] 日本建筑学会．光和色的环境设计［M］．刘南山，李铁楠，译．北京：机械工业出版社，2006.

[18] 北京照明学会照明设计专业委员会．照明设计手册［M］．北京：中国建筑工业出版社，2006.

[19] 郝洛西．城市照明设计［M］．沈阳：辽宁科学技术出版社，2005.

[20] 沙伦・麦克法兰．照明设计与空间效果［M］．张海峰，译．贵阳：百通集团，贵州科学技术出版社，2005.

[21] 王建国，张彤．安藤忠雄［M］．北京：中国建筑工业出版社，2002.

[22] 弗朗西斯・D.K. 程．建筑图像词典 [M]. 北京：中国建筑工业出版社，1998.

[23] 中国照明学会，《中国照明工程年鉴》编委会．中国照明工程年鉴 [M]. 北京：中国电力出版社，2006.

[24] 北京照明学会，北京市市政管理委员会．城市夜景照明技术指南［M］．北京：中国电力出版社，2004.
[25] 张昕，徐华，詹庆旋．景观照明工程［M］．北京：中国建筑工业出版社，2006.
[26] 马丽．环境照明设计［M］．上海：上海人民美术出版社，2008.
[27] 李铁楠．景观照明创意和设计［M］．北京：机械工业出版社，2005.
[28] 中国照明学会，北京照明学会．绿色照明 200 问［M］．北京：中国电力出版社，2008.
[29] 吴蒙友，殷艳明．城市商业街灯光环境设计［M］．北京：中国建筑工业出版社，2006.
[30] 中国市政工程协会城市道路照明专业委员会，城市道路照明技术情报总站．城市照明工程施工手册［M］．北京：中国电力出版社，2007.
[31] 李文华．室内照明设计［M］．北京：中国水利水电出版社，2007.
[32] 中国照明学会，《中国照明工程年鉴》编委会．中国照明工程年鉴［M］．北京：中国机械工业出版社，2008.
[33] CJJ 45—2006 城市道路照明设计标准［S］．北京：中国建筑工业出版社，2007.
[34] JGJ/T 163—2008 城市夜景照明设计规范［S］．北京：中国建筑工业出版社，2008.
[35] GB 50034—2013 建筑照明设计标准［S］．北京：中国建筑工业出版社，2014.